计算机技术入门丛书

数据分析与应用入门

Python版

潘晓 吴雷 王书海 ◎ 编著

清华大学出版社
北京

内 容 简 介

本书是数据分析类课程的入门教材，系统整理了数据分析的知识体系，以分析流程为主线阐述了数据分析的主要方法和基于 Python 的技术应用。

全书共分为 9 章，包括数据分析简介，数据分析的方法，NumPy 和 pandas 基础，数据获取与导入，数据预处理，数据探索，数据挖掘概述，基本统计图形，文本、网络和地理空间可视化。从第 2 章开始，在阐述基础知识的同时设计了大量例题，按照“分析需求→Python 代码展示→例题解析→运行结果”的模式对知识点进行剖析。全书提供习题、答案及程序源码。

本书可作为普通高等院校数据分析处理相关课程的学生的教材使用，也可供刚刚步入数据分析领域的从业人员参考。

图书在版编目(CIP)数据

数据分析与应用入门：Python 版/潘晓，吴雷，王书海编著. —北京：清华大学出版社，2022.12
(计算机技术入门丛书)
ISBN 978-7-302-62182-9

Ⅰ. ①数… Ⅱ. ①潘… ②吴… ③王… Ⅲ. ①软件工具—程序设计 Ⅳ. ①TP311.561

中国版本图书馆 CIP 数据核字(2022)第 214334 号

策划编辑：魏江江
责任编辑：王冰飞
封面设计：刘 键
责任校对：韩天竹
责任印制：刘海龙

出版发行：清华大学出版社
网 址：http://www.tup.com.cn，http://www.wqbook.com
地 址：北京清华大学学研大厦 A 座 **邮 编**：100084
社 总 机：010-83470000 **邮 购**：010-62786544
投稿与读者服务：010-62776969，c-service@tup.tsinghua.edu.cn
质量反馈：010-62772015，zhiliang@tup.tsinghua.edu.cn
课件下载：http://www.tup.com.cn，010-83470236
印 装 者：小森印刷霸州有限公司
经 销：全国新华书店
开 本：185mm×260mm **印 张**：18.5 **字 数**：430 千字
版 次：2022 年 12 月第 1 版 **印 次**：2022 年 12 月第 1 次印刷
印 数：1～1500
定 价：59.80 元

产品编号：092680-01

前言

大数据时代下，以信息技术为支撑的数据分析与研究方法正深刻地改变着传统科学探索的工作方式，成为人类科技发展与知识获取的一种新兴模式。为了使堆积如山的数据能更好地被人们利用，需要对数据进行有意义的处理。大数据时代对人类的数据驾驭能力提出了新的挑战，也为人们获得更为深刻、全面的洞察能力提供了前所未有的空间与潜力。因此，寻求有效的数据处理技术和方法已经成为现实的迫切需求。

本书的写作目的是使读者了解数据分析的基础理论，掌握运用 Python 进行科学计算、数据处理、分析和可视化的方法，具备处理和解决大量数据问题的能力。全书共分为 9 章，如表 0-1 所示。

表 0-1　全书知识体系

知识体系	章节
基础知识	第 1 章　数据分析简介
	第 2 章　数据分析的方法
	第 3 章　NumPy 和 pandas 基础
数据分析技术	第 4 章　数据获取与导入
	第 5 章　数据预处理
	第 6 章　数据探索
	第 7 章　数据挖掘概述
数据可视化	第 8 章　基本统计图形
	第 9 章　文本、网络和地理空间可视化

1. 基础知识

第 1 章数据分析简介，介绍数据、数据分析等基本概念以及数据分析的作用、步骤和常用工具等；第 2 章介绍数据分析方法；第 3 章是 Python 中常用的 NumPy 和 pandas 数据分析包。

2. 数据分析技术

第 4～7 章以 Python 为基础介绍数据的主要分析技术。第 4 章主要介绍数据获取、网络爬虫以及不同种类文件的导入、导出方式；第 5 章介绍数据预处理的主要步骤和相关方法，包括数据清洗、数据集成、数据规约和数据变换等；第 6 章阐述数据探索的主要方法，包括基本描述性统计、分组与聚合分析、参数估计、假设检验和相关性分析等；第 7 章介绍数据挖掘的概念、问题与任务，以及从基础知识、代表性算法、评估分析等方面，重点介绍了数据挖掘常用的分析方法，包括分类分析、关联分析和聚类分析。

3. 数据可视化

第 8 章介绍了基于 Python 的三种常用绘图包，分别是 Matplotlib、pandas 和 Seaborn，可绘制的图形类型包括线图、直方图、条形图、龙卷风图、饼图、散点图、气泡图、箱线图、雷达图和数据分布图等。第 9 章概要介绍了网络图、文本数据、地理数据等非数值型数据的可视化方法。

书中每章的最后都给出了配套的习题，便于教师教学和测试，学生巩固知识点并启发全面思考。

与现有以介绍 Python 编程语法、数据挖掘与机器学习理论的书籍不同，本书是数据分析类课程的入门教材，系统整理了数据分析的知识体系，以分析流程为主线阐述了数据分析的主要方法和基于 Python 的技术应用。从第 2 章开始，在阐述基础知识的同时设计了大量例题，按照“分析需求→Python 代码展示→例题解析→运行结果”的思路对知识点进行剖析。设计的例题有助于教师授课和学生自学理解。采用较受欢迎的编程语言 Python 作为分析工具，代码简洁、易读性好，且易上手。全书提供习题、答案及源码。建议至少进行 32 学时的授课和学习。

本书可作为普通高等院校数据分析处理相关课程的学生的教材使用，也可供刚刚步入数据分析领域的从业人员参考。

本书由潘晓、吴雷、王书海编著，第 1～3 章、第 7～9 章由潘晓编写，第 4～6 由吴雷编写，全书由王书海负责统稿定稿。本书在撰写过程中参考了如维基百科、知乎、CSDN 等互联网上优秀的资料。此外，特别感谢实验室的博士生和硕士生们进行的资料收集与整理，其中包括董慧、姜梦、鹿东娜和杜一凡，感谢石家庄铁道大学信息管理与信息系统专业的 2018 级和 2019 级学生作为第一批读者完成的勘误工作。感谢河北省自然科学基金项目(F2021210005)、河北省重点研发项目(21340301D)、河北省省级科技计划资助项目(21550803D)、河北省教育厅青年拔尖项目(BJ2021085)项目的支持。

感谢清华大学出版社在全书的校对和编辑出版过程中付出的巨大努力。由于作者水平有限，书中如有疏漏之处敬请读者提出宝贵意见。

潘　晓

2022 年 12 月

目录

随书资源

第1章

数据分析简介

【学习目标】

学完本章之后，读者将能掌握以下内容。

- 认识数据与数据分析。
- 数据管理技术经历的阶段和各个阶段的特点。
- 数据分析的步骤和作用。
- 常用的数据分析工具。
- 数据分析思维。

随着各种数据获取和感知设备的发展、行业应用系统规模的扩大，各行各业所产生的数据呈爆炸性增长，预示着人类逐渐从IT(Information Technology)时代走向DT(Data Technology)时代。大数据时代的到来，对人类数据驾驭能力提出了新的挑战，也为人们获得更为深刻、全面的洞察能力提供了前所未有的空间与潜力。对数据进行分析，挖掘其中的价值，利用数据指导决策已成为很多公司最重要的工作之一。以信息技术为支撑的数据分析与研究正深刻地改变着传统科学探索的工作方式。

1.1 开篇案例

学生的成绩一直都是教学研究中重点分析的内容之一，深入对学生成绩进行分析，对于制定与调整教学计划、提高教学质量非常有价值。本案例选取某高校的“本科生公共课成绩数据集”进行分析。该数据集记录了某高校一个专业连续五届毕业生在校期间的课程成绩等信息。表1-1展示了数据集中的部分信息。

表 1-1 某高校一个专业 2015—2019 年连续五届本科生的成绩数据集

学年	学期	考试科目	考试性质	学分	成绩	班级	学号
2018	秋	体育舞蹈	正常考试	1	80	B15	20151819
2018	秋	多媒体技术应用基础	正常考试	3	82	B15	20151801
2018	秋	音乐知识与作品鉴赏	正常考试	1.5	83	B15	20151801
…	…		…	…			…
2018	秋	C++面向对象程序设计	正常考试	4	75	B17	20172059
2018	秋	C++面向对象程序设计	补考	4	90	B17	20172031
2019	春	操作系统(B)	正常考试	3	65	B17	20172033
…	…		…	…			…
2020	春	大学英语Ⅱ	重考	4	55	B18	20182107
2021	夏	管理综合实习	正常考试	2	89	B18	20182107
2021	春	市场营销(C)	正常考试	1	71	B18	20182107
…	…		…	…			…
2021	夏	数据库技术综合训练	正常考试	3	89	B19	20192365
2020	秋	体育Ⅲ	正常考试	1	80	B19	20192365
2021	秋	web应用系统开发	正常考试	4	83	B19	20192401

在明确了数据集所记录的信息之后,再分析数据背后的规律,挖掘数据隐藏的信息,思考通过该数据集可以分析和解决哪些问题?例如,根据表 1-1 中学生成绩数据,可以寻找分析某学院(如土木学院、经济管理学院)等不同专业的成绩构成、分布、结构,结合具体专业发现专业特色和了解学生学情。

1.2 认识数据

1.2.1 数据

在数据科学中,各种符号(如字符、数字等)的组合、语音、图形、图像、动画、视频等媒体等统称为数据(Data)。数据是对现实数据对象(实体)的描述。属性是一个数据字段,表示数据对象的一个特征。在相关文献中,属性、维(Dimension)、特征(Feature)和列(Column)互换使用。

关于"什么是数据",至今没有唯一的权威定义。但至少以下两点取得了大家的共识。

(1)"数据"与"数值"是两个不同的概念。"数值"仅仅是"数据"的一种存在形式。除了"数值","数据"还包括文字、图形、图像、动画、语音等多种类型。

(2)数据与信息、知识和智慧等概念之间存在一定的区别与联系。图 1-1 是 DIKW 金字塔(DIKW Pyramid)。从图 1-1 中可以看出,从"数据"到"智慧"的认识转变过程,同时也是"从认识部分到理解整体、从描述过去(或现在)到预测未来"的过程。

1.2.2 数据类型

分类标准不同,数据类型也不同。按照所采用的不同计量尺度,可以将数据分为分类数据、顺序数据和数值型数据。

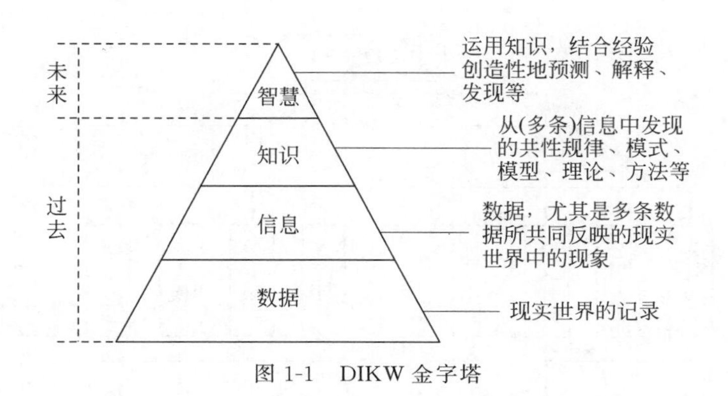

图 1-1　DIKW 金字塔

分类数据是只能归于某一类别的非数字型数据，它是对事物进行分类的结果，数据表现为类别，是用文字来表述的。例如，人口按照性别分为“男”“女”两类；企业按行业属性分为“医药企业”“家电企业”“纺织品企业”等，这些均属于分类数据。为便于统计处理，对于分类数据，可以用数字代码来表示各个类别。例如，用 1 表示“男”，0 表示“女”；用 1 表示“医药企业”，2 表示“家电企业”，3 表示“纺织品企业”等。

顺序数据是只能归于某一有序类别的非数字型数据。顺序数据虽然也是类别，但这些类别是有序的，比如将产品分为一等品、二等品、三等品、次品等；考试成绩可以分为优、良、中、及格、不及格等；一个人的受教育程度可以分为小学、初中、高中、大学及以上；一个人对某一事物的态度可以分为非常同意、同意、保持中立、不同意、非常不同意等。同样，顺序数据也可以用数字代码表示，比如 1——非常同意，2——同意，3——保持中立，4——不同意，5——非常不同意。

数值型数据是按数字尺度策略的观察值，其结果表现为具体的数值。现实中所处理的大多数是数值型数据。

分类数据和顺序数据说明的是事物的品质特征，通常用文字来表述，其结果均表现为类别，因此可以统称为定性数据；数值型数据说明的是现象的数量特征，通常用数值型表现，因此也可称为定量数据。

1.3　认识数据分析

目前，对于数据分析的概念还没有一个统一的标准定义。本书从广义和狭义两方面定义数据分析。广义数据分析包括狭义数据分析和数据挖掘，如图 1-2 所示，指根据一定的目标，通过统计分析、聚类、分类等方法发现大量数据中隐含信息的过程。

狭义的数据分析是指根据分析目的，采用对比分析、分组分析、交叉分析和回归分析等分析方法，对收集来的数据进行处理与分析，提取有价值的信息，发挥数据的作用，得到一个特征统计量结果的过程。

数据挖掘则是指从大量的、不完全的、有噪声的、模糊的、随机的实际应用数据中，通过应用聚类模型、分类模型、回归和关联规则等技术，自动提取有用信息、发现潜在价值的过程，其中体现了从大量的、未加工的材料中发现少量“金块”这一过程。

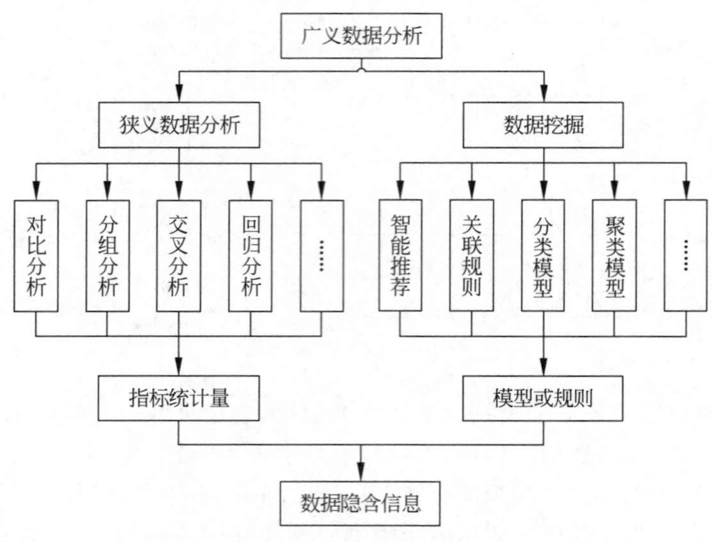

图 1-2 广义数据分析

1.3.1 数据管理的产生和发展

数据管理是指对数据进行分类、组织、编码、存储、检索和维护，它是数据处理的中心问题。随着计算机技术的不断发展，在应用需求的推动下，在计算机硬件、软件发展的基础上数据管理技术经历了人工管理、文件系统、数据库系统三个阶段。每一阶段的发展，数据存储冗余不断减小、数据独立性不断增强、数据操作更加方便。

1. 人工管理阶段

在计算机出现之前，人们运用常规的手段从事记录、存储和对数据加工，也就是利用纸张记录和利用计算工具(算盘、计算尺)进行计算，主要使用人的大脑来管理和利用这些数据。到了 20 世纪 50 年代中期，计算机主要用于科学计算。当时只有纸带、卡片、磁带等外存，没有磁盘等直接存取设备，也没有操作系统和管理数据的专门软件，数据处理的方式基本上是批量处理。该阶段管理数据主要包括四大特点，即数据不保存、应用程序管理数据、数据不共享、数据不具有独立性。

2. 文件系统阶段

20 世纪 50 年代后期到 20 世纪 60 年代中期，随着计算机硬件和软件的发展，磁盘、磁鼓等直接存取设备开始普及，这一时期的数据处理系统是把计算机中的数据组织成相互独立的被命名的数据文件，并可按文件的名字来进行访问，对文件中的记录进行存取的数据管理技术。但是，除了数据存取由文件系统完成以外，数据的内部结构、数据的维护仍由程序定义和完成。因此，数据文件与使用数据的程序之间仍存在很强的依赖关系。该阶段管理数据主要包括四大特点，即数据可以长期保存、有简单的数据管理功能、数据共享能力差、数据不具有独立性。文件系统阶段是数据管理发展中的一个重要阶段。

3. 数据库系统阶段

20 世纪 60 年代后期以来，计算机性能得到进一步提高，更重要的是出现了大容量磁盘，存储容量大大增加且价格下降。数据库系统克服了文件系统管理数据时的不足，满足和解决实际应用中多个用户、多个应用程序共享数据的要求，使数据为尽可能多的应用程序服务。该阶段管理数据主要包括五大特点，即数据结构化，数据共享性高，冗余少且易扩充，数据独立性高，数据由数据库管理系统统一管理和控制。

在时至今日的大数据时代，人们的每个动作、每次通话、每次消费、每份就诊记录……都正在被巨大的数字网络记录下来、串联起来。大数据正悄悄包围着我们，不管你有无感受到，它都在影响和改变着我们的生活，如图 1-3 所示。在大数据时代的背景下，人们无时无刻不在处理着堆积如山的数据，熟谙一切数据分析技术方法的分析者需要把繁多、复杂的数据通过统计分析进行提炼，以此研究出数据的发展规律，最大化地开发数据的功能，发挥数据的作用，体现了数据分析的重要性。

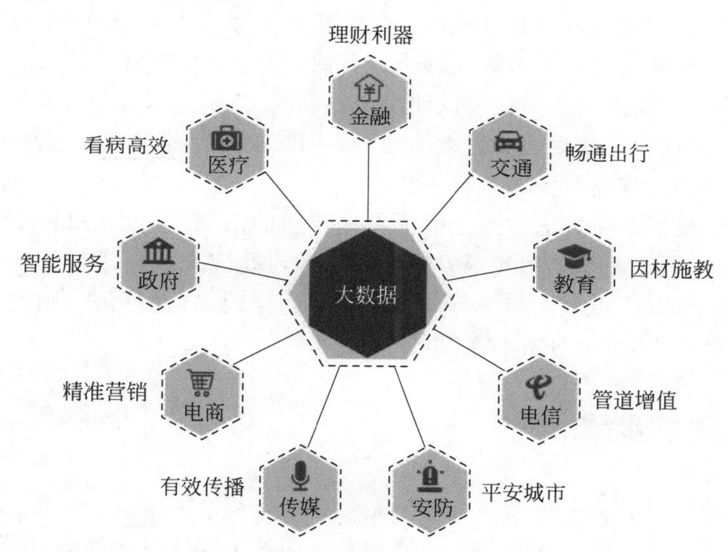

图 1-3 大数据时代背景下不同领域的应用

1.3.2 机器学习与人工智能

在谈到数据分析时，很多读者会联想到与数据分析相关的一些概念，如人工智能、机器学习、深度学习等。

人工智能（Artificial Intelligence，AI）是计算机科学的一个分支，主要研究、开发用于模拟、延伸和扩展人类智能的理论、方法、技术及应用系统等。目前，人工智能的主要领域大体上可以分为三方面：感知、学习和认知。感知，即模拟人的感知能力，对外部刺激信息（视觉和语音等）进行感知和加工，主要研究领域包括语音信息处理和计算机视觉等。学习，即模拟人的学习能力，主要研究如何从样例或与环境交互中进行学习，主要研究领域包括监督学习、无监督学习和强化学习等。认知，即模拟人的认知能力，主要研究领域包括知识表示、自然语言理解、推理、规划、决策等。

机器学习(Machine Learning, ML)是让计算机从数据中自动学习,得到某种知识(或规律)。作为一门学科,机器学习通常指一类问题以及解决这类问题的方法,即如何从观测数据(样本)中寻找规律,并利用学习到的规律(模型)对未知或无法观测的数据进行预测。其中,从观测数据中寻找规律的过程中使用的数据称为"训练数据"(Training Data),每个样本称为一个"训练样本"(Training Sample),训练样本组成的集合称为"训练集"(Training Set)。学得模型对应了关于数据的某种潜在的规律,这种潜在规律自身,则成为"真相"或"真实"(Ground-truth),学习过程就是为了找出或逼近真相。学得模型后,使用其进行预测的过程称为"测试"(Testing),被预测的样本称为"测试样本"(Testing Sample),测试样本组成的集合称为"测试集"(Testing Set)。

深度学习(Deep Learning, DL)是指机器学习的一个子问题,具有强大的能力和灵活性,将大千世界表示为嵌套的层次概念体系(由较简单概念间的联系定义复杂概念、从一般抽象概括到高级抽象表示)。和"浅层学习"不同,深度学习需要解决的关键问题是贡献度分配问题(Credit Assignment Problem, CAP),即一个系统中不同的组件(Components)或其参数对最终系统输出结果的贡献或影响。目前,深度学习采用的模型主要是神经网络模型,其主要原因是神经网络模型可以使用误差反向传播算法,比较好地解决贡献度分配问题。近年来,仰仗着大数据集和强大的硬件,深度学习已逐渐成为处理图像、文本语料和声音信号等复杂高维度数据的主要方法。

目前大量的机器学习方法被用于解决人工智能的问题,可以说机器学习是人工智能的一种实现方式,也是最重要的实现方式。深度学习是实现机器学习的一种方式或一条路径,其动机在于建立、模拟人脑进行分析学习的神经网络,它模仿人脑的机制来解释数据。无论哪一种技术,数据分析都是基础。

1.4 数据分析步骤

更为直观地理解数据分析就是仔细推敲数据的过程。一个数据分析问题,例如"分析学生的学习成绩",让人感觉无从下手。通常是因为这个问题过于抽象,让我们不知道"要做什么"。这时候就需要对问题进行拆解,把抽象的问题具体化,把复杂的问题简单化。如图 1-4 所示,数据分析的步骤可以划分为 10 个步骤。

1. 界定问题

界定问题即确定需要解决的问题是什么。在数据分析之初,需要确定所要研究的问题。只有明确了问题和目的,数据分析才不会偏离方向。通过界定问题,确保数据分析过程的有效进行。

2. 制定方案

制定方案是指针对界定好的问题,给出解决该问题的方案。方案中需要包括用来衡量方案的各个指标。为了使给出的方案更加合理,需要对思路进行梳理分析,并搭建分析

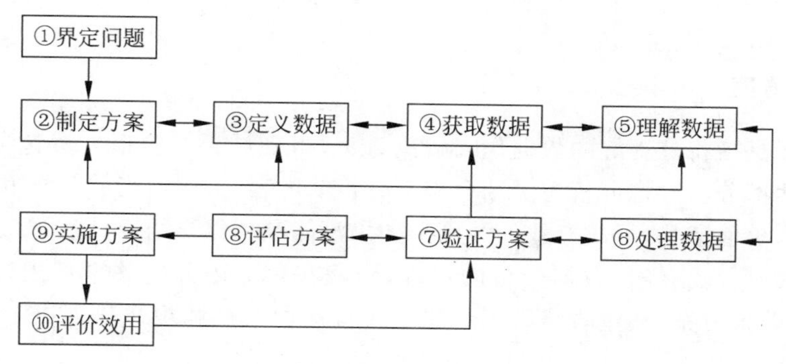

图 1-4 数据分析的步骤

框架，需要把分析目的分解成若干个不同的分析要点。也就是说，要达到数据分析的目的该如何具体开展数据分析，从哪几个角度进行分析，运用哪些理论和方法等。确定分析思路、制定合理方案可以为数据获取、理解、处理及分析提供清晰的指引方向。

3. 定义数据

定义数据指出了根据预设的解决方案，需要的数据有哪些，是什么形式的。定义数据不能无的放矢，方案中的每一个指标都需要找到合适的数据进行定义。只有准确地定义数据，才有可能顺利地实施方案，解决界定的问题。

4. 获取数据

获取数据需要考虑所需的数据是否可得，可以从哪里获取。这里的数据包括一手数据与二手数据，一手数据主要指可直接获取的数据，如公司内部的数据库、市场调查取得的数据等；二手数据主要指经过加工整理后得到的数据，如统计局在互联网上发布的数据、公开出版物中的数据等。数据的获取可以为数据分析提供素材和依据。

5. 理解数据

理解数据需要确定获取的数据蕴含哪些信息。为了更准确地理解数据，可以根据已有数据进行进一步的探索性工作，以获取更多有效信息。基于已有的信息量，可以回到第二步制定方案，找到更多的小问题。当然，也可能会在理解数据时发现目前的数据不足以支撑分析的需求，那么就可以回到第四步获取数据，补充所需要的信息。

6. 处理数据

处理数据指对获取到的数据进行加工整理，形成适合数据分析的样式，保证数据的一致性和有效性。处理数据的基本目的是从大量的、杂乱无章、难以理解的数据中抽取并推导出对解决问题有价值、有意义的数据。数据处理主要包括数据清洗、数据转换、数据抽取、数据合并、数据计算等处理方法。如爬虫获取的数据往往会比较杂乱，需要经过处理才便于使用。因此，需要对这些数据进行处理，尽量减少这些数据对数据分析的干扰。处理数据的过程，可以使用 Python、Excel、ETL 流程等工具。处理数据是数据分析前必不可少的阶段。

7. 验证方案

验证方案是指将处理好的数据代入解决方案，得到结果。验证方案包括数据分析和数据可视化两部分。数据分析需要结合需求分析的内容，采用适当的分析方法及工具，利用提取到的有价值信息，形成有效的结论。如果没能顺利得出结论，就需要定位到前面的环节，找出问题所在。经过数据分析的过程，隐藏在数据内部的关系和规律就会浮现出来，为了便于验证方案，通过表格和图形的形式将这种关系和规律呈现出来，这一过程称为数据可视化。

8. 评估方案

评估方案一般是指内部评估，评估得到的结果是否解决了最初的需求。可以采用方差分析、回归分析等方法将评估结果量化，以展示方案评估的效果。评估方案除了采用已制定的方案外，还可以对现有方案进行改进。如果存在可改进的部分，在保证方案可行的前提下，返回第7步验证方案进行优化。

9. 实施方案

在实施方案时，需要考虑以什么方式，能准时、保质保量地交付解决方案。实施方案之前，需要将前面的数据分析过程进行总结，并撰写出一份数据分析报告，把数据分析的起因、过程、结果及建议完整地呈现出来，以供决策者参考，由决策者决定方案的实施。其中，撰写数据分析报告是非常重要的一项工作。

10. 评价效用

评价效用一般是指外部评价。评价效用模块需要收集决策者等相关人员的建议与反馈。实施后的解决方案效果如何，有多少价值，产生了什么影响，需要如何改进等都属于评价效用的范畴。评价效用的内容也需要撰写在数据分析报告中，以便对数据进行全方位的科学分析，为进一步决策提供科学、严谨的决策依据，以制定出更合理的解决方案。

1.5 数据分析作用

在理解数据分析的概念和掌握数据分析步骤的基础上，接下来需要思考的是数据分析在工作和生活中的作用。只有当你对数据分析的目的有足够清晰的认识，开展数据分析时才会游刃有余。因此，越来越多的个人和企业开始重视数据分析。数据分析主要有三大作用，分别是现状分析、原因分析和预测分析。下面以企业经营为例对数据分析的作用进行介绍。

1. 现状分析

现状分析展现的是过去和现在发生了什么。以企业经营为例，现状分析可以了解企业现阶段的整体运行情况，通过各个经营指标的完成情况衡量企业的运营状态，以说明企业整体运营是更好了还是坏了，好的程度如何，坏的程度又到哪里；可以获知企业各项业务的构成，了解企业各项业务的发展及变动情况，对企业运行状况有更深入的了解。可以日报、周报、月报等形式展现出来。

2. 原因分析

经过第一阶段的现状分析，对企业的运营情况有了一个基本的了解，但是尚不明确企业现有的运营情况、业务变动等的具体原因，这时需要开展原因分析。一般通过专题分析来完成，根据企业运营情况选择针对某一现状进行原因分析。

3. 预测分析

预测分析关心的是将来会发生什么。在了解企业运营现状后，有时还需要对企业未来发展趋势做出预测，为企业制定经营目标以及提供有效的策略参考与决策依据，以确保企业的可持续健康发展。预测分析一般通过专题分析来完成，通常在制定企业季度、年度等计划时进行，其开展的频率没有现状分析及原因分析高。

综上，什么时候开展什么样的数据分析，需要根据自身的需求及目的来确定。

1.6 常用数据分析工具

工欲善其事，必先利其器。选择合适的数据分析工具可以在进行数据分析时达到事半功倍的效果，常用的数据分析工具有 Excel、SPSS、Python、R 语言、MATLAB 等。

1. Excel

Excel 是微软公司为 Windows 操作系统编写的一款电子表格系统，可以画各种图表、做方差分析、回归分析等基础分析。适合日常工作中简单的数据统计、数据整理以及数据展示等工作。

Excel 的优势之处在于其具有：数据透视功能，一个新手只要认真使用向导 1～2h 就可以马马虎虎解决一些问题；统计分析，其实包含在数据透视功能之中，但是非常独特，常用的检验方式一键搞定；图表功能，Excel 拥有各种丰富的可开发的图表形式；自动汇总功能，这个功能其他程序都有，但是 Excel 简便灵活；计算公式丰富。Excel 是一个基础的，且易上手的数据处理工具。

2. SPSS

SPSS 是 Statistical Product and Service Solutions 的缩写，是一款由 IBM 公司推出的用于分析运算、数据挖掘、预测分析和决策支持等一系列任务的软件产品及相关服务的总称。SPSS 可以用在经济分析、市场调研、自然科学等领域。

SPSS 数据分析工具的优势在于其易于操作、易于入门，结果易于阅读等。其特点是只要了解统计分析的原理，无须通晓统计方法的各种算法，即可得到需要的统计分析结果。除了数据录入及部分命令程序等少数输入工作需要键盘输入外,大多数操作可通过鼠标拖拽、单击"菜单""按钮""对话框"来完成。因此,研究人员就可以将精力集中在社会研究方法、市场研究方法、营销的业务问题上。

3. Python

Python是由荷兰人Guido van Rossum于1989年发明的一种面向对象的解释型编程语言,并于1991年公开发行第一个版本。之所以把Python语言列为数据分析的工具,是因为围绕它实现的各种数据分析与数据可视化的开源代码库被广泛应用。同时,Excel、SPSS等工具虽然具有可操作的界面,但并不能有效地结合Hadoop、Hive等组件处理海量数据,而这些都是Python可以胜任的。

Python数据分析工具的优势在于:内置了很多由C语言编写的库,操作起来十分方便;在网络爬虫的传统应用领域,在大数据的抓取方面都具有先天优势;具有非常快捷的开发速度,代码量少;具有丰富的数据处理包,使用十分方便;内部类型使用成本低,而且百万级别数据也可以采用Python处理。

4. R语言

R语言是专用于统计分析以及可视化的语言,是AT&T研发S语言时的产物,可以认为是S语言的另一种实现方式。同Python一样,R语言也提供了极其丰富的库函数来做统计和展现。因R语言太过强大且拥有大量的用户,为了能顺应用户的习惯,降低学习的成本,Python在数据处理上的很多库函数都是模仿R语言的实现,以保持与其基本一致的使用方式。

R语言数据分析工具的优势在于:从概念上讲,R语言更便于使用。假设你在处理多列数据,虽然只是在处理单个任务,但是却会看到所有的数据;数据都在内存中,只有调出数据才能看到,这样更便于关注手头的任务;在R语言中,通过代码执行所有操作,便于诊断并共享分析结果。

5. MATLAB

MATLAB是Matrix Laboratory(矩阵实验室)的缩写,是一款由美国The MathWorks公司出品的商业数学软件。主要用于数据分析、无线通信、深度学习、图像处理与计算机视觉、信号处理、量化金融与风险管理、机器人、控制系统、工程建模等各个领域。

MATLAB数据分析工具的优势在于:高效的数值计算及符号计算功能,能使用户从繁杂的数学运算分析中解脱出来;具有完备的图形处理功能,实现计算结果和编程的可视化;友好的用户界面及接近数学表达式的自然化语言,使学者易于学习和掌握;功能丰富的应用工具箱(如信号处理工具箱、通信工具箱等),为用户提供了大量方便实用的处理工具。

综上,为了在不同的数据分析情况下能够选取合适的数据分析工具,如表1-2所示,对几种较为常见的数据分析工具进行了比较。

表 1-2　常用的数据分析工具对比

工具名称	公司	是否免费	易用性	专业性	可编程	常用场景及领域
Excel	微软	否	高	低	是	非专业人士使用的简单统计分析软件。可以胜任日常工作中简单的数据统计、数据整理以及数据展示的工作
SPSS	IBM 公司	否	高	中	是	统计分析专业人士的入门级软件。可用于经济分析、市场调研等社会科学各个领域
Python	Google	是	中	高	是	完全的编程实现。可用于任何领域，并且与大数据组件结合可以方便地处理海量数据
R 语言	AT&T	是	中	高	是	同 Python
MATLAB	MathWorks	否	中	高	是	统计分析只是应用的一个方向，适合数据处理以及工程建模的各个领域

1.7　数据分析思维

在数据分析过程中，很多人不知道如何下手处理数据。这是因为在面对问题时，起初我们的想法往往是零散的。可以通过数据分析思维将零散的想法整理成有条理的思路，进而快速地解决问题。这里主要介绍分类、回归、聚类、相似匹配、频繁集发现、统计(属性、行为、状态)描述、链接预测、因果分析等数据分析思维。

1. 分类

分类是一种基本的数据分析思维。利用分类思维，可将数据对象划分为不同的部分和类型，再进一步分析，挖掘事物的本质。分类分析的目标是：将一批人(或者物)分成几个类别，或者预测他们属于每个类别的概率大小。例如，针对开篇案例中的数据，最简单的分类方式就是对该高校的学生按成绩分为优、良、中、差四个类别，这是一个典型的多分类问题。分类的标准可以是定性和定量两种，定性是指文本型类别，如男、女等；定量是指如成绩的数值型类别。当进行分类分析时，无论是按定性指标分类还是按定量指标分类，数据集的种类数都是已知的，即分类产生出的结果是固定的几个选项之一，只需判别其所属的类别即可。

2. 回归

回归是数据分析中重要的方法之一。采用回归分析的方法可以分析两个或多个变量之间的相关乃至因果关系。回归任务的目标是根据给定对象的属性变量预测输出变量的连续值。例如，分析体重和身高的关系时，可采用如图 1-5 所示的回归分析，其中的横坐标是身高，纵坐标是体重。回归分析的基本原理是通过一条曲线拟合已有数据。人们可以利用回归分析实现对研究对象的估计和预测。与分类相比，回归分析的结果是连续变量，而分类的结果是有限的离散变量。

3. 聚类

聚类分析是根据物以类聚的道理，将对象的集合分组为由类似的对象组成的多个类的过程。聚类任务的目标是：给定一批人(或物)，在不指定目标的前提下，看看哪些人(或物)之间更接近。如图 1-6 所示，假设横坐标代表体育成绩，纵坐标代表英语成绩，那么这批学生可以被聚为 4 类，右上角为全能型学生，右下角为体育偏爱者。聚类与上面的分类和回归的本质区别在于：分类和回归都会有一个给定的目标，但聚类是没有给定目标的。简单来讲，在对数据集进行聚类操作时，并不知道数据集包含多少类，只是将数据集中相似的数据归纳在一起。

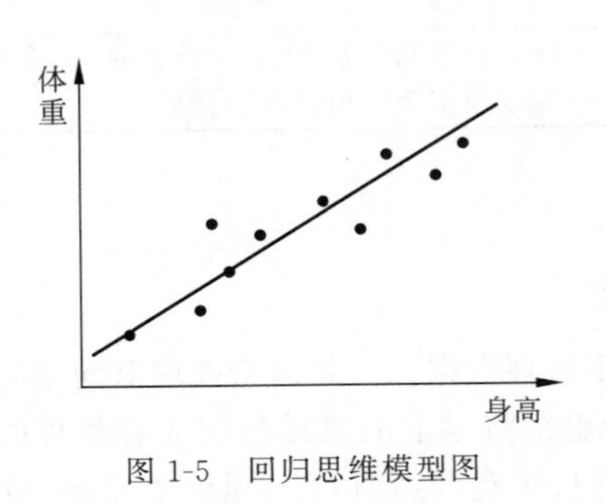

图 1-5　回归思维模型图

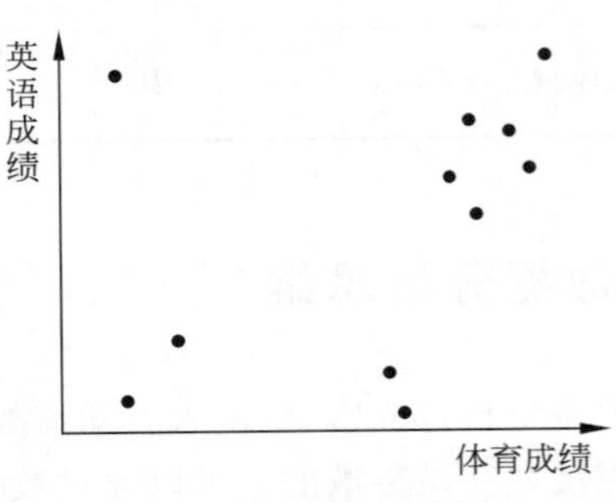

图 1-6　聚类思维模型图

4. 相似匹配

相似匹配是指在进行检索时，只要先将所需信息的大致特征描述出来，找出与检索提问具有类似特征的信息，然后在结果中进一步地查询以得到符合要求的结果。相似匹配任务的目标是：根据已知数据，判断哪些人(或物)跟特定的一个(一批)人(或物)更相似。例如，假设有一组其他高校学生成绩数据，可以检索开篇案例数据集中的具有相似特征的学生。

5. 频繁集发现

频繁集发现可以告诉我们在数据集中经常一起出现的变量，为可能的决策提供一些支持。频繁集发现是关联规则、相关性分析、因果关系、序列项集、局部周期性、情节片段等许多重要数据挖掘任务的基础。频繁集发现的目标是：找出经常共同出现的人(或物)。例如，“啤酒＋尿布”经典案例即属于频繁集发现。全球零售业巨头沃尔玛在对消费者购物行为分析时发现，男性顾客在购买婴儿尿片时，常常会顺便搭配几瓶啤酒来犒劳自己，于是尝试推出了将啤酒和尿布摆在一起的促销手段。

6. 统计(属性、行为、状态)描述

统计描述是通过图表或数学方法，对数据资料进行整理、分析，并对数据的分布状态、数字特征和随机变量之间的关系进行估计和描述的方法。统计描述任务的目标是：找出

具有哪些属性的人(或物)在什么状态下做什么事情。例如,针对开篇案例中每年每个学生补考的次数进行统计描述,通过统计描述发现“问题学生”的存在,对于一年内参与补考次数过多的学生重点关注。

7. 链接预测

链接预测是图数据挖掘中的一个重要问题,旨在预测图中丢失的边,或者未来可能会出现的边,主要用于判断相邻的两个结点之间的亲密程度。通常亲密度越大的结点之间的亲密分值越高。链接预测的目标是:预测本应该有联系(暂时还没有)的人(或物)。例如,在开篇案例中,针对“选修了‘数据分析工具与方法’的学生,是否有可能选修‘模型与决策’?”这一问题,可以采用链接预测的思维进行研究。

8. 因果分析

与相关关系相比,因果关系是对问题更本质的认识,即对变量或事件之间直接作用关系的阐述。例如,一种新型药物在给定患者人群中疗效如何?一个新的法规可避免多大比例的犯罪?因果关系的得出,一般分为四个步骤,即①在一个抽样样本中,偶尔发现某个有趣的规律;②拿到另一个更大的样本中,发现规律依然成立;③在能见到的所有样本上都判断一下,发现规律依然成立;④得出结论,这个规律是一个必然规律,因果关系成立。由此可见,因果关系是一种非常脆弱的关系,只要存在一个反例,因果关系就失败。

随着大数据时代的到来,很多大数据研究专家提出了大数据思维,包括数据核心思维、数据决策思维、数据全样思维、数据容错思维以及数据关联思维等。数据分析非常强大,不过依然要在具体的情景下,严格地选择假设,采用科学的分析方法才能得出有价值的结果。当然,数据分析的思维还有很多,需要在日常的学习和生活中不断探索,从不同的角度思考问题,进一步培养和强化数据分析思维。

小结

本章概述了数据管理的产生发展过程以及各个阶段的特点。数据管理技术经历了人工管理、文件系统、数据库系统三个阶段。其中,人工管理阶段管理数据特点为:数据不保存、应用程序管理数据、数据不共享、数据不具有独立性。文件系统阶段管理数据特点为:数据可以长期保存、有简单的数据管理功能、数据共享能力差、数据不具有独立性。数据库系统阶段管理数据特点为:数据结构化、数据共享性高、冗余少且易扩充、数据独立性高、数据由数据库管理系统统一管理和控制。

本章还介绍了数据、数据分析以及相关的概念。广义数据分析是指根据一定的目标,通过统计分析、聚类、分类等方法发现大量数据中的目标隐含信息的过程。数据分析在日常的分析中主要有三大作用,即现状分析、原因分析和预测分析。

数据分析的10个主要步骤,即界定问题、制定方案、定义数据、获取数据、理解数据、处理数据、验证方案、评估方案、实施方案、评价效用。常用的数据分析工具,如Excel、SPSS、Python、R语言、MATLAB等。

最后介绍了常用的数据分析思维,包括分类、回归、聚类、相似匹配、频繁集发现、统计(属性、行为、状态)描述、链接预测、因果分析等。

习题

请从以下各题中选出正确答案(正确答案可能不止一个)。

1. 随着计算机应用技术在各领域的不断推广,以及计算机硬件、软件的不断发展,数据管理技术没有经历以下哪个阶段?( )

A. 人工管理阶段　　B. 文件系统阶段

C. 数据库系统阶段　　D. 人工智能阶段

2. 某超市研究销售记录数据后发现,买啤酒的人很大概率也会购买尿布。这里采用的是以下哪类数据分析思维?( )

A. 频繁集发现　　B. 聚类

C. 分类　　D. 自然语言处理

3. 趋势分析法可以( )。

A. 明确一个指标是正向/负向　　B. 收集数据,观察指标走势

C. 树立趋势标杆,建立判断标准　　D. 将现状数据套入标杆,得出结论

4. 下列关于数据和数据分析的说法正确的是( )

A. 数据就是数据库中的表格

B. 文字、声音、图像这些都是数据

C. 数据分析不可能预测未来几天的天气变化

D. 数据分析中的数据是结构化的

5. 建立一个模型,通过这个模型根据已知的变量值来预测其他某个变量值,属于哪一类任务?( )

A. 根据内容检测　　B. 建模描述

C. 预测建模　　D. 寻找模式和规则

6. 通过以下方式获取到的数据属于一手数据的是( )。

A. 统计局在互联网上发布的数据　　B. 公开出版物中提及的数据

C. 经过市场调查得出的数据　　D. 公司内部获取的数据

7. 下面关于数据分析工具 Excel 的说法中错误的是( )。

A. Excel 拥有各种丰富的可开发的图表形式

B. Excel 拥有自动汇总功能

C. Excel 能有效地结合 Hadoop、Hive 等组件处理海量数据

D. Excel 适用于日常工作中简单的数据统计、数据整理以及数据展示等工作

8. 以下关于数据分析的作用说法不正确的是( )。

A. 数据分析的作用在于展示数据信息　　B. 数据分析的作用包括现状分析

C. 数据分析的作用包括原因分析　　D. 数据分析的作用包括预测分析

9. 以下属于狭义数据分析方法的是( )。

A. 对比分析　　　　B. 分组分析

C. 交叉分析　　　　D. 回归分析

10. 以下变量数据属于顺序数据的是(　　)。

A. 年龄

B. 性别

C. 汽车产量

D. 员工对企业改革措施的态度(赞成、中立、反对)

第2章

数据分析的方法

【学习目标】

学完本章之后，读者将掌握以下内容。

- 数据分析的作用。
- 针对现状分析的数据分析方法。
- 针对原因分析的数据分析方法。
- 针对预测分析的数据分析方法。

数据分析需要了解一定的数据分析方法。在理论的指导下，确定分析的入手点和关键点。如果没有理论和方法支撑，数据分析的结果可能无法完全解答用户的问题，甚至不符合最初的分析目的。数据分析具有现状分析、原因分析以及预测分析三大作用，本章将针对每一种作用对应的基本方法进行介绍。表 2-1 针对数据分析作用列出的分析方法不是相互独立的，在进行数据分析时常常需要综合起来运用。另外，不同作用的数据分析方法之间也不是相互割裂的，比如分组分析法也可以用于原因分析，结构分析法也可以用于现状分析等。

表 2-1　数据分析方法分类

数据分析作用	数据分析方法
现状分析	对比分析法、平均分析法、综合评价分析法等
原因分析	分组分析法、结构分析法、交叉分析法、杜邦分析法、漏斗图分析法、矩阵关联分析法、聚类分析法、帕累托分析等
预测分析	回归分析法、时间序列法、决策树法、神经网络法等

2.1　针对现状分析的数据分析方法

现状分析就是对当前的某一现象、状况等，离析出本质及其内在联系，寻找解决问题的主线，并以此解决问题。针对现状分析的数据分析方法有多种，较为常用的有对比分析法、平均分析法以及综合评价分析法等。

2.1.1　对比分析法

任何事物间都既有共性又有特性。通过对比容易分辨出事物的性质、变化、发展以及与别的事物的异同等，从而更深刻地认识事物的本质和规律。因此，人们历来把对比作为认识客观世界的基本方法。

通常对庞大、复杂的数据单独做分析，很难发现规律。通过汇总与对比，数据才会有意义。数据分析中各项数据指标没有好坏之分，要看选什么作为参照物。

所谓对比分析法，是指将两个或两个以上的数据进行比较，分析它们的差异，揭示这些数据所代表的事物发展变化情况和规律性。其特点是可以非常直观地看出事物某方面的变化或差距，可以准确、量化地表示出这种变化或差距。

对比分析法可以分为静态比较和动态比较两类。静态比较是在同一时间条件下对不同总体指标的比较，比如不同部分、不同地区、不同国家，也叫横向比较。动态比较是在同一总体条件下对不同时期指标数值的比较，也叫纵向比较。这两种方法既可单独使用，也可结合使用。比较的结果可用相对数表示，如百分数、倍数等指标。

对比分析法的比较维度较多，较为常见的有五个：与目标对比、不同时期对比、同级同部分同单位同地区对比、行业内对比和活动效果对比。

(1) 与目标对比，指实际完成值与目标进行对比，属于横向比较，如图 2-1 所示。将实际业绩与业绩目标进行对比，可以看出是否完成了既定目标。如果一年还未过完，处于某阶段，可把目标按时间拆分再进行对比，或直接计算完成率，再与时间进度(当天为止的累积天数、全年天数)进行对比。

(2) 不同时期对比，指选择不同时期的指标数值作为标准，属于纵向比较。倘若公司未赶上年度业绩目标的时间进度，那么可继续与自身的去年同期及上个月完成情况进行对比，如图 2-2 所示。与去年同期对比简称同比，与上个月完成情况对比简称环比。

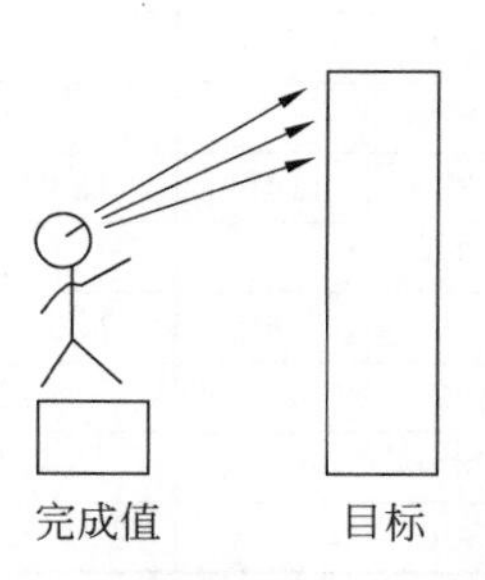

图 2-1　实际完成值与目标对比

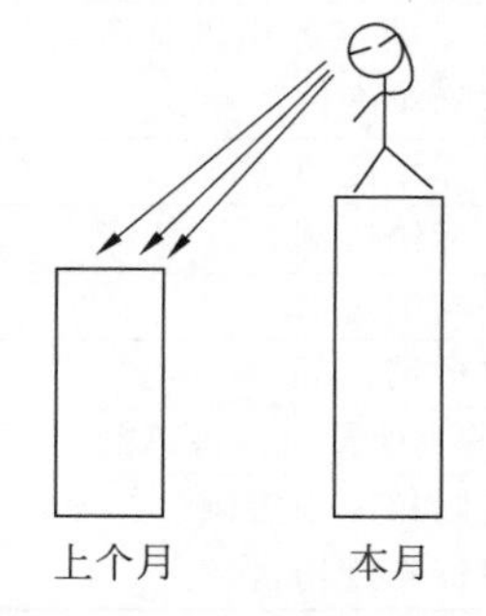

图 2-2　不同时期对比

(3) 同级部分、单位、地区对比，属于横向比较，如图 2-3 所示。这样可了解自身某一方面或各方面的发展水平在公司、集团内部或各地区处于什么样的位置，明确哪些指标是领先的，哪些指标是落后的，进而找出下一步发展的方向和目标。

(4) 行业内对比，与行业中的标杆企业、竞争对手或行业的平均水平进行对比，属于横向比较，如图 2-4 所示。通过与行业内对比，也可了解自身某一方面或各方面的发展水平，在行业内处于什么样的位置，明确哪些指标是领先的，哪些指标是落后的，进而找出下一步发展的方向和目标。

(5) 活动效果对比，指对某项营销活动开展前后进行对比，属于纵向比较，如图 2-5 所示。做这样的比较可以分析营销活动开展得是否有效，效果是否明显。例如，对企业投放广告的前后业务状况进行业务分析，了解投放的广告是否有效，如品牌知名度是否会提升，产品销量是否有大幅度增长等。

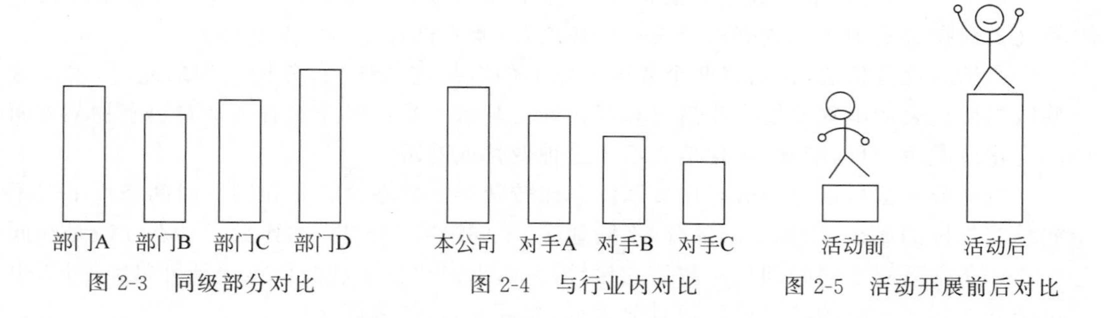

图 2-3 同级部分对比　　图 2-4 与行业内对比　　图 2-5 活动开展前后对比

例 2.1 表 2-2 和表 2-3 显示了某全国连锁的电子科技公司 A、B 两地区在 2019 年和 2020 年 1—3 月的销售额情况。针对表中数据从不同的维度对各个公司的业绩进行对比。

表 2-2 A 地区 2019 年与 2020 年 1—3 月销售额表(单位：万元)

分　公　司		A_1			A_2		
月份		1 月	2 月	3 月	1 月	2 月	3 月
2019	实际销售额	114	119	136	104	123	145
	平均销售额	123			124		
	目标销售额	100	120	130	100	120	130
总计	1—3 月实际销售总额	369			372		
	实际年度销售额	1450			1400		
	目标年度销售额	1400			1400		
2020	实际销售额	122	131	140	121	134	141
	平均销售额	131			132		
	目标销售额	120	130	140	120	130	140
总计	1—3 月实际销售总额	393			396		
	实际年度销售额	1550			1530		
	目标年度销售额	1500			1500		

表 2-3 B 地区 2019 年与 2020 年 1—3 月销售额表(单位：万元)

分公司		B_1			B_2		
月份		1 月	2 月	3 月	1 月	2 月	3 月
2019	实际销售额	104	118	129	97	116	129
	平均销售额	117			114		
	目标销售额	100	120	130	100	120	130
总计	1—3 月	351			342		
	实际年度销售额	1280			1320		
	目标年度销售额	1500			1500		
2020	实际销售额	131	129	133	125	124	138
	平均销售额	131			129		
	目标销售额	120	130	140	120	130	140
总计	1—3 月	393			387		
	实际年度销售额	1320			1300		
	目标年度销售额	1600			1600		

【例题解析】

从与目标对比的维度考虑，将 A、B 两个地区分公司 1—3 月份的实际销售额与目标销售额进行对比。2019 年 A 地区除了 A_1 分公司 2 月份未达到目标销售额外，其余都达到了目标销售额；在 B 地区，B_1 分公司在 2019 年、2020 年 1 月份和 B_2 分公司在 2020 年 1 月份达到目标销售额，除此之外，两个公司其他月份均未达到目标销售额。

从不同时期对比的维度考虑，各分公司自身各个月可以进行对比，也可以与去年同期进行对比。以 A_1 分公司为例，2019 年 A_1 分公司的实际销售额是逐月上升的；2020 年的实际销售额比 2019 年同期的实际销售额有所提高。

从同级地区的维度考虑，由于各地区的公司数量可能不一样，直接比较有效性比较差。这时用地区的实际总值除以该地区的公司数量，即用单个公司的平均值做比较。从 A 地区来看，2019 年 1—3 月份两个分公司总的实际销售额为 741 万元，平均销售额为 370.5 万元；2020 年 1—3 月份两个分公司总的实际销售额为 789 万元，平均销售额为 394.5 万元。从 B 地区来看，2019 年 1—3 月份两个分公司总的实际销售额为 693 万元，平均销售额为 346.5 万元；2020 年 1—3 月份两个分公司总的实际销售额为 780 万元，平均销售额为 390 万元。因此，2019 年和 2020 年 1—3 月份 A 地区的平均销售额较高，销售能力比较好。

以上列出了对比分析常用的五种维度，当然还有其他维度。运用时可根据实际情况采用不同的维度进行对比分析。值得注意的是，对比需要在统一的标准下进行，否则就失去了对比的意义。

2.1.2 分组分析法

数据分析除了对总体的数量特征和数量关系进行分析，常常也需要深入总体的内部进行分组分析。分组分析法是根据数据分析对象的特征，按照一定的标志(指标)，把分析对象划分为不同的部分和类型进行研究，进而揭示其内在的联系和规律性。

分组分析法的关键在于确定组数和组距,具体步骤如下。

第一,确定组数。根据数据本身的特点(如数据大小)确定。由于分组的目的之一是观察数据分布的特征,因此,确定的组数应适中。如果组数太少,数据的分布就会过于集中;组数太多,数据的分布就会过于分散,不便于观察数据分布的特征和规律。

第二,确定各组的组距。组距包括等距分组和不等距分组。组距可利用公式"组距=(最大值-最小值)÷组数"计算。采用等距分组还是不等距分组,取决于所分析研究对象的性质特点。在各单位数据变动比较均匀的情况下适合采用等距分组,在各单位数据变动很不均匀的情况下比较适合采用不等距分组。

第三,根据组距大小,对数据进行分组整理,划归至相应组内。分好组后,进行相应信息的分组汇总分析,对比各个组之间的差异以及与总体间的差异情况。

例 2.2 图 2-6 列举了某班学生的单科成绩,试运用分组分析法描述该科成绩概况。

91	78	73	65	89	75	88	73	62
67	63	83	92	54	69	79	88	64
74	87	69	72	91	58	90	68	85
83	88	78	86	79	82	78	82	75
77	90	79	55	88	76	89	79	66
86	78	84	73	53	79	76	68	82
69	77	69	89	76	83	67	81	63

图 2-6 成绩表(单位:分)

【例题解释】

首先,将该班的成绩分为 5 组,如表 2-4 所示。然后,确定组距。60 分及以上采用等距分组的方法,组距为 10,共四组{90 分及以上的,80～89 分的,70～79 分的,60～69 分}。60 分以下单独为一组。分好组后,统计在各个分数段内的人数,并计算百分比。

通过表 2-4 可以看出,该班共有 63 个学生,最高分为 92 分,最低分为 53 分,平均分为 76.67 分。该班 70～79 分的人占比最大,80～89 分的人占比次之。60～69 分的人占比为 22.22%。两端成绩优秀(即 90 分以上)和不及格的同学(60 分以下)分别占 7.94% 和 6.35%。

表 2-4 分组分析法样例结果

人数:63	实考人数:63	缺考人数:0
平均分:76.67	最高分:92	最低分:53
学生成绩/分	人数	百分率/%
≥90	5	7.94
80～89	19	30.16
70～79	21	33.33
60～69	14	22.22
<60	4	6.35

分组的目的是便于比较。把数据中具有不同性质的对象区分开，把性质相同的对象合并在一起，保持各组内对象属性的一致性、组与组之间属性的差异性，以便进一步运用各种数据分析方法来解构内在的数量关系。因此，分组分析法常常与对比分析法结合运用。

2.1.3　结构分析法

结构分析法是指被分析总体内的各部分与总体之间进行对比的分析方法，即总体内各部分占总体的比例，属于相对指标。其中，相对指标（比例）的计算公式：（总体某部分的值÷总体总量）×100％。一般某部分的比例越大，说明其重要程度越高，对总体的影响越大。结构分析法的优点是简单实用。

运用结构分析法包括如下 4 个步骤。

第一步：明确对象，即确定要观察结构的目标，如用户、商品、渠道、产品。

第二步：找到指标，尤其是核心指标。确定总体指标以及总体指标的组成部分。通常情况下，需要运用到分类，即按某种标准把总体指标分解为多个类别。例如，已选定观察用户，再确定要观察用户的付费、活跃、注册时间、区域分析等。注意，要避免指标面面俱到、太复杂。复杂的指标不仅提取数据麻烦，并且会使问题分析焦点模糊，不易得出结论。

第三步：计算各个指标占总体指标的比重。根据所拥有的资料，测算每个个体指标占总体指标的比重或比例。

第四步：比较分析、得出结论。根据计算的个体指标所占的比重及其变化程度和趋势，判断各构成部分是否合理、结构比例是否协调。

例 2.3　表 2-5 展示了 A 企业的现金收入情况，试运用结构分析法对该企业的现金收入情况进行分析。

表 2-5　A 企业的现金收入情况

来　源	金额/万元
销售取得的现金	25 600
税费返还	5600
与其他经营活动有关的现金	800
收回投资的现金	1200
处置固定资产收回的现金	400
借款收到的现金	6400

【例题解析】

首先，对现金收入的类别进行分类。销售取得的现金、税费返还和其他经营活动有关的现金属于经营活动的现金收入；收回投资的现金和处置固定资产收回的现金属于投资活动的现金收入；借款收到的现金是筹资活动的现金收入。计算不同类别现金收入占总现金收入的百分比，如表 2-6 所示。

从该表中看出：

(1) 企业当年收入的全部现金中,经营活动的现金收入占80%,筹资活动收入的现金占16%,投资活动收入的现金占4%。也就是说,企业当年收入的现金主要来自经营活动,也有一部分来自企业的筹资活动,而来自投资活动的比例很小。

(2) 在经营活动收入的现金中,主要来自销售的现金收入,占80%,其次是收到的增值税返还,占17.5%,收到的其他现金收入占2.5%。

(3) 在投资活动的现金收入中,收入对外投资的现金收入占75%,出售固定资产收入的现金占25%,在筹资活动收到的现金中,全部为借款收到的现金。

(4) 企业增加现金收入主要还是依靠经营活动,特别是来自销售的现金收入,其次是筹资。

表 2-6 A企业现金收入结构表

项目		金额/万元	结构所占百分比/%	在大类中所占百分比/%
经营活动的现金收入	销售取得的现金收入	25 600	80	80
	收到的税费返还	5600		17.5
	收到的与其他经营活动有关的现金	800		2.5
投资活动的现金收入	收回投资的现金收入	1200	4	75
	处置固定资产收回的现金	400		25
筹资活动的现金收入	借款收到的现金	6400	16	100
现金收入合计		40 000	100	

2.1.4 平均分析法

平均分析法就是运用平均数的方法来反映总体在一定时间、地点条件下某一数量特征的一般水平。通过特征数据的平均指标,反映事物目前所处的位置和发展水平。平均分析法主要有两个作用:第一,利用平均指标对比同类现象在不同地区、不同行业、不同类型单位等之间的差异程度;第二,利用平均指标对比某些现象在不同历史时期的变化,说明其发展趋势和规律。

在运用平均分析法时,分析不同类型数据采用的平均指标有所不同。常用的平均指标如图2-7所示。数值平均数是根据数据集合中全部数据计算出来的平均数,更能体现数据集合的平均水平。

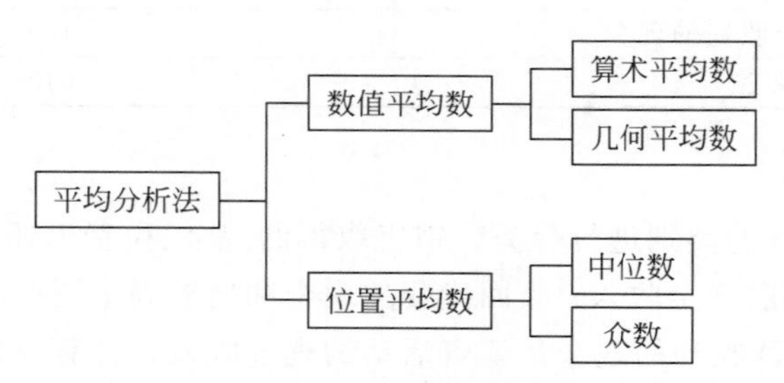

图2-7 平均分析法中常用的平均指标

数值平均数包括算术平均数和几何平均数。算术平均数又称均值，是统计学中最基本、最常用的一种平均指标，可分为简单算术平均数、加权算术平均数。算术平均数是加权平均数的一种特殊形式（特殊在各项的权重相等）。在实际问题中，当各项权重不相等时，计算平均数就要采用加权平均数；当各项权相等时，计算平均数就要采用算术平均数。当数据之间的关系不是加减关系，而是乘除关系时，如产品合格率、银行利率、平均发展速度等，计算平均数运用几何平均数。

位置平均数是在数据集合中选取一个能够反映数据特征的代表值，不需要所有数据参与计算。将数据集合中所有数据按大小顺序进行排序，如果数据个数为奇数，最中间位置的数据称为该数据集合的中位数；如果数据个数为偶数，那么中间两个数据的算术平均数称为该数据集合的中位数。数据集合中出现次数最多的数据称为该数据集合的众数。

2.1.5　综合评价分析法

数据分析评价的对象可能比较复杂。例如，假设有甲、乙、丙三个单位，经常会出现，从这几个指标看甲单位优于乙单位；从那几个指标看，乙单位优于丙单位；从其他指标看，丙单位又优于甲单位。分析者难以评价孰优孰劣。这种情况可以采用多变量综合评价分析法（简称综合评价分析法），即运用多个指标对多个参评单位进行评价。

综合评价分析法的基本思想是将多个指标转换为一个能够反映综合情况的指标来分析评价。主要有以下 5 个步骤。

第一，确定综合评价指标体系，即包含哪些指标，这是综合评价的基础和依据。

第二，收集数据，并对不同计量单位的指标数量进行标准化处理。

第三，确定指标体系中各指标的权重，以保证评价的科学性。

第四，对处理过的指标进行汇总，计算综合评价指标或综合评价分值。

第五，根据评价指数或分值对参评对象进行排序，并由此得出结论。

综合评价法有三个特点：①评价过程不是逐个指标顺次完成的，而是通过一些特殊方法将多个指标的评价同时完成；②在综合评价过程中，一般根据指标的重要性进行加权处理；③评价结果不是具有具体含义的统计指标，而是以指数或分值表示参评单位综合状况的排序。

在综合评价法中，常需要进行数据标准化和确定权重。

1. 数据标准化

在比较和评价某些指标时，经常会用到数据的标准化。数据的标准化是将数据按照比例缩放，使之落入一个小的特定空间。数据标准化后，可去除数据的单位限制，转换为无量纲的纯数值，便于不同单位或量级的指标能够进行比较和加权。常见数据标准化方法将在第 6 章详细介绍。

2. 权重确定

权重确定的方法比较多，如专家访谈法、层次分析法、主成分分析法、因子分析法、回归分析法等，这些方法较为复杂。这里介绍一种较为简单且常用的权重确定方法——目标优化矩阵表。目标优化矩阵表法假定把人脑的模糊思维,简换为计算机的1/0式逻辑思维,然后得出量化的结果。可以用于目标优化,也可用于任何项目的排序,如重要性排序。目标优化矩阵表的用法是将纵轴上的项目依次与横轴上的项目对比,由专家进行投票表决。如果纵轴上的项目比横轴上的项目重要,那么在两个项目相交的格子中填1,否则填0。最后,将每行数字相加,根据合计的数值进行排序。

例2.4 假设有4个人才评价的指标:人品、动手能力、创新意识和教育背景,利用目标优化矩阵表确定每个指标的权重。

【例题解析】

首先,将人品、动手能力、创新意识、教育背景4个指标依次填入矩阵表的第1行及第1列。从纵轴的"人品"指标开始,与横轴的四个指标逐一进行比较,即用"人品"对比"动手能力",假设"人品"比"动手能力"重要,输入"1";用"人品"对比"创新意识",假设"人品"没有"创新意识"重要,输入"0";用"人品"对比"教育背景",假设"人品"比"教育背景"重要,输入"1";以此类推。

然后,所有对比完成之后,将所有的分数横向相加,在"合计"列得出各项指标的得分。依据得到的合计得分进行各项指标的重要排序(重要程度依次下降)是"动手能力""人品""创新意识""教育背景"。由于教育背景为0分,但实际上它应该占有一定的比重,所以在每项指标的"合计"的基础上加1,得到新的重要性合计得分,得到的最终目标优化矩阵表如表2-7所示。

表2-7 目标优化矩阵表

人才评价	比较				合计	修正值	排序
	人品	动手能力	创新意识	教育背景			
人品		1	0	1	2	3	2
动手能力	0		1	1	2	3	1
创新意识	1	0		1	2	3	3
教育背景	0	0	0		0	1	4

最后,在不影响重要性的前提下,计算各个评价指标的权重(某指标权重=(某指标新的重要性合计得分÷所有指标新的重要性合计得分)×100%)。具体来讲,人品的权重为3÷10×100%≈30%;动手能力的权重为3÷10×100%=30%;创新意识的权重为3÷10×100%=30%;教育背景权重为1÷10×100%=10%。

2.2 针对原因分析的数据分析方法

数据分析不能仅关注问题的表征,也需要逐步找出问题的产生原因并加以解决。针对原因分析的分析方法有多种,较为常用的有交叉分析法、漏斗分析法、矩阵关联分析、聚类分析法以及帕累托分析法等。

2.2.1 交叉分析法

交叉分析法又称为立体分析法,是在纵向分析法和横向分析法的基础上,从交叉、立体的角度出发,由浅入深、由低级到高级的一种分析方法。这种方法弥补了"各自为政"分析方法所带来的偏差，对数据整理也很实用。

交叉分析法通常用于分析两个变量（字段）之间的关系，即同时将两个有一定联系的变量及其值交叉排列在一张表格内，使各变量值成为不同变量的交叉结点，形成交叉表，分析交叉表中变量之间的关系。交叉表的交叉结点是行和列的汇总字段，代表对既满足行条件，又满足列条件的记录的汇总（如求和、计数等）。

例 2.5 表 2-8 展示了 A、B、C 三个地区一、二月份三种水果销量，试运用交叉分析法描述不同地区与各水果销量的情况。

表 2-8 A、B、C 三个地区的水果产量数据表

月 份	水 果	地 区	销量/t
一月	苹果	A	48
		B	37
		C	29
	香蕉	A	23
		B	35
		C	20
	雪梨	A	44
		B	24
		C	42
二月	苹果	A	25
		B	33
		C	40
	香蕉	A	41
		B	28
		C	28
	雪梨	A	28
		B	32
		C	26

【例题解析】

首先绘制交叉表，行沿水平方向延伸（从左侧到右侧），A、B、C 地区的数据各占一行；列沿垂直方向延伸（从上到下），苹果、香蕉、雪梨各占一列。交叉结点表示某地区某水果的具体销售量，如表 2-9 所示。

表 2-9 水果产量交叉表结构表（单位：t）

地 区	苹 果	香 蕉	雪 梨	行 小 计
A	73	64	72	209
B	70	63	56	189
C	69	48	68	185
列小计	212	175	196	583

通过交叉表很容易了解：

一、二月份 A、B、C 三个地区苹果、香蕉、雪梨三种水果的总销量，即 583t。

一、二月份不同地区三种水果的销量(行小计)。A 地区三种水果的销量为 209t,B 地区三种水果的销量为 189t,C 地区三种水果的销量为 185t。

一、二月份三个地区不同水果的销量(列小计)。三个地区苹果的销量为 212t,三个地区香蕉的销量为 175t,三个地区雪梨的销量为 196t。

一、二月份各个地区不同水果的销量(各交叉结点值)。例如,一、二月份 A 地区苹果的销量为 73t。

2.2.2 漏斗分析法

漏斗分析法是常见的分析方法之一。“漏斗”是对涉及流程转化类事件的形象化描述,“漏斗”是从外表上的一种刻画,其实从物理结构上用“漏筛”的说法更精确。漏斗分析法从字面上理解就是用类似漏斗的框架对事物进行分析的一种方法,这种方法能对研究对象在“穿越漏斗”时的状态特征进行时序类、流程式的刻画与分析。

漏斗分析模型已经广泛应用于用户行为分析和 App 数据分析的流量监控、产品目标转化等日常数据运营与数据分析的工作中。以 B2C 的电商为例,用户从浏览页面到完成购买通常会有 4 个重要的环节,即用户通过主页或搜索的方式进入商品列表页,再到进入具体的商品详情页,接着将心仪的商品加入到购物车,最后将购物车内的商品结账完成交易。直观判断可知,经过这 4 个重要环节的用户数量肯定越来越少,进而形成锥形的漏斗效果。假设电商平台为推广某个产品做了相应的营销活动,用户购买该产品的 4 个环节转化率如图 2-8 所示。

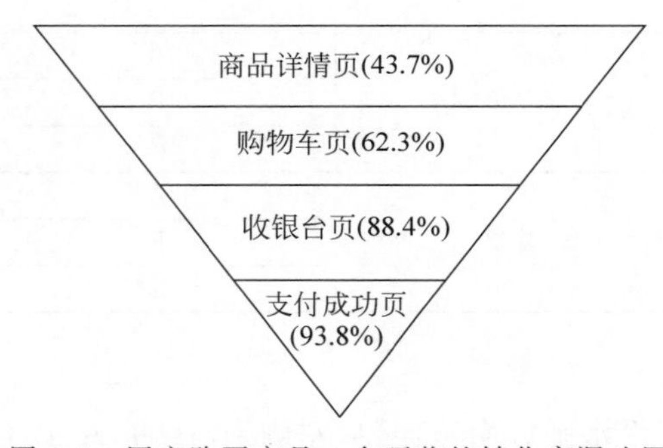

图 2-8　用户购买产品 4 个环节的转化率漏斗图

图 2-8 中涉及 4 个核心的环节。首先从商品详情页开始,其转换率为 43.7%,即在本次营销活动中,被触达的用户有 43.7%的比例会进入到商品详情页;然后是购物车页,该环节的转化率为 62.3%,即进入商品详情页的用户中,有 62.3%的用户会将商品加入到购物车;接下来是收银台页(即进入到支付页),其转化率为 88.4%,表示将商品加入到购物车的用户中,会有 88.4%的比例进入到支付环节;最后为支付成功页,转化率为 93.8%,说明在选择支付的用户中,有 93.8%的比例最后完成了支付,剩下的 6.2%的用户可能是改变主意了,或卡里余额不足等。

漏斗分析涉及四方面的要素:时间、结点、研究对象、指标。时间指的是事件何时开始、何时结束,也包括应用漏斗模型进行研究的时间段(也即是取数的时间范围),涵盖前后两个结点之间的时间间隔、某结点的停留时长等；结点包括起点、终点和过程性结点，涵盖这些结点的命名、标识等，结点的数量对应于漏斗的层级数；研究对象指的是参与事件或流程的主体，可能是一群人、某类用户或某个人；指标则是对整个事件流程进行分析的工具，也是对漏斗的描述与刻画。

在实际的应用中，数据分析人员可借助于漏斗分析法对网站运营过程中各个重要环节的转化率、运营效果和过程进行监控及管理，对于转化率特别低的环节，或者波动发生异常的环节加以有针对性的修正，进而保证转化率的提升，从而提升整体运营效果。

2.2.3　矩阵关联分析法

矩阵关联分析法简称矩阵分析法，是根据事务（如产品、服务等）的两个重要属性（指标）作为分析的依据，进行分类关联分析，找出解决问题的一种分析方法。假设给出两个属性为A和B，以属性A为横轴，属性B为纵轴，组成一个坐标系，在两个坐标轴上分别按某一标准（可取平均值、经验值、行业水平等）进行刻度划分，构成四个象限，将要分析的每个事物对应投射至这四个象限内，进行交叉分类分析，直观地将两个属性的关联性表现出来，进而分析每一个事务在这两个属性上的表现，因此也称为象限图分析法。

矩阵关联分析法的作用包括两点：第一，将有相同特征的事件进行归因分析，总结其中的共性原因；第二，建立分组优化策略。该分析方法的功能非常强大，只要两个指标之间线性无关且放在一起有意义都可以使用。在企业经营、市场研究中经常使用到，是一种非常实用的数据分析方法和工具。

如图2-9所示的矩阵是2010年某公司用户满意度调查情况，通过矩阵能够非常直观地看出公司在某方面竞争的优势和劣势，从而合理分配公司有限的资源，有针对性地确定公司在管理方面需要提升的重点。

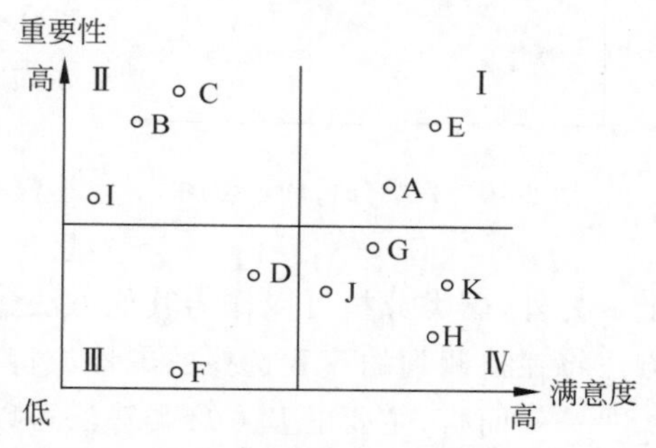

图2-9　2010年某公司用户满意度调查情况矩阵图

第Ⅰ象限：高度关注区，属于重要性高、满意度也高的象限。A、E两个服务项目落在这个象限上，该象限标志着用户对服务项目的满意度与其重要性成正比，即用户对公司提供某方面服务的满意程度与用户所认为此方面服务的重要程度相符合。因此，对这个象限上的两个服务项目，公司应该继续保持关注并给予支持。

第Ⅱ象限：优先改进区，属于重要性高、满意度低的象限。B、C、I这三个服务项目落在这个象限上，该象限标志着改进机会，用户对公司提供某方面服务的满意程度大大低于他们认为此方面服务的重要程度。因此，公司必须谨慎地确定什么类型的改进，须谨慎对待，如果确定确实是产品或服务存在问题，则要求进行改进，做好这几项服务项目，可以有效提高用户满意度，为公司赢得竞争优势。

第Ⅲ象限：无关紧要区，属于重要性低、满意度低的象限。D、F这两个服务项目落在这个象限上，该象限标志着用户对服务项目的满意度与其重要性成比例，即用户对公司某方面提供服务的满意程度与他们认为此方面服务的重要程度相符合。因此，对这个象限上的两个项目,公司应该进一步地关注用户对其期望值的变化。

第Ⅳ象限:维持优势区,属于重要性低、满意度高的象限。G、H、J、K 这四个服务项目落在这个象限上,该象限标志着资源过度投入,用户对公司提供某方面服务的满意程度大大超过了他们认为此方面服务的重要程度。因此,公司投入了比用户认为可满意的结果更多的时间、资金和资源,如果可能,公司应该把在此区投入过多的资源转移至其他更重要的产品或服务方面,如第二象限上的 B、C、I 三个服务项目上。

综上,矩阵关联分析法可以将有相同特征的事件进行归因分析,总结其中的共性原因;在解决问题和资源分配时,为决策者提供重要参考依据。先解决主要矛盾,再解决次要矛盾,有利于提高工作效率,并将资源分配到最能产生绩效的部门、工作中,有利于决策者进行资源优化配置。

2.2.4 聚类分析法

聚类分析简称聚类,是一个把数据对象(或观测)划分成子集的过程。每个子集是一个簇,簇中的对象彼此相似,但与其他簇中的对象不相似。图 2-10 展示了具有 3 个簇的例子。由聚类分析产生的簇称作一个聚类。

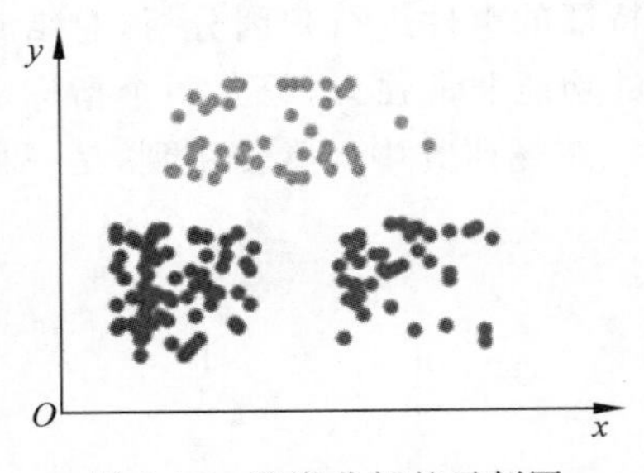

图 2-10 聚类分析的示例图

聚类是有用的,因为它可能发现数据内事先未知的群组。相同的数据集上,不同的聚类方法可能产生不同的聚类。分类和聚类的根本区别在于,在分类问题中,知道分类样例的分类属性值;在聚类问题中,需要在训练样例中找到这个分类属性值。因此,聚类也称为无监督学习,分类则被称为有监督学习。

聚类分析是数据分析中非常重要的一种方法,其不仅可以作为独立的工具使用,用来洞察数据分布,观察每个簇的特征,将进一步分析集中在特定簇的集合上。另外,聚类分析可以作为其他方法(如分类和定性归纳方法)的预处理步骤,之后这些方法将在检测到的簇和选择的属性或特征上进行操作。

一般而言,主要的基本聚类算法可以划分为四类,即划分方法、层次方法、基于密度的方法以及基于网格的方法,概要总结如表 2-10 所示。有些聚类方法集成了多种聚类方法的思想,因此有时很难将一个给定的算法只划归到一个聚类方法类别。此外,有些应用可能有某种聚类准则,要求集成多种聚类技术。

表 2-10 聚类方法分类

方法	特点
划分方法	(1) 发现球形互斥的簇; (2) 基于距离; (3) 可以用均值或中心点等代表簇中心; (4) 对中小规模数据集有效

续表

方　法	特　点
层次方法	(1) 聚类是一个层次分解(即多层); (2) 不能纠正错误的合并或划分; (3) 可以集成其他技术,如微聚类或考虑对象"连接"
基于密度的方法	(1) 可以发现任意形状的簇; (2) 簇是对象空间中被低密度区域分隔的稠密区域; (3) 簇密度:每个点的"邻域"内必须具有最少个数的点; (4) 可能过滤离群点
基于网格的方法	(1) 使用一种多分辨率网格数据结构; (2) 快速处理(典型地,独立于数据对象数,但依赖于网格大小)

2.2.5　帕累托分析法

帕累托分析法是制定决策的统计方法,用于从众多任务中选择有限数量的任务以取得显著的整体效果。帕累托分析法使用了帕累托法则,关于做20%的事可以产生整个工作80%效果的法则,可以通俗地理解为只要花费少量精力和时间解决累计占比达到80%的导致问题的因素,就能显著改善质量问题,没必要花费更多的精力和时间去解决20%的问题。

其原型是19世纪意大利经济学家帕累托所创的库存理论。20世纪50年代,这种理论被引入经济领域,形成ABC管理方法。ABC管理方法重点强调运用数据进行管理分析,把管理对象按照影响地位构成分为A、B、C三类,要求对A类因素特别注意,慎重处理,以保证重点、抓住关键,经济有效地使用人力、物力和财力。如图2-11所示,该图表示一个基本的帕累托分析图,从该图中可以看出,纵坐标可以包括两个,左边纵坐标表示频数,右边纵坐标表示频率,以百分数表示。横坐标表示影响质量的各项因素,按影响大小从左向右排列,曲线表示各种影响因素大小的累计百分数。画帕累托图时需将数据从大到小排序,即将数据以降序的方式进行排列,计算每列数据累计占比(即百分比数值)。有了百分比,即可对累计频率进行分级了。一般地,将曲线的累计频率分为三级,与之相对应的因素分为三类:把累积百分数为0~80%的那些称为A类因素,是主要因素;累积百分数为80%~90%的因素称为B类因素,是次要因素;累积百分数为90%~100%的因素为C类因素,在这一区域内的因素是最次要因素。

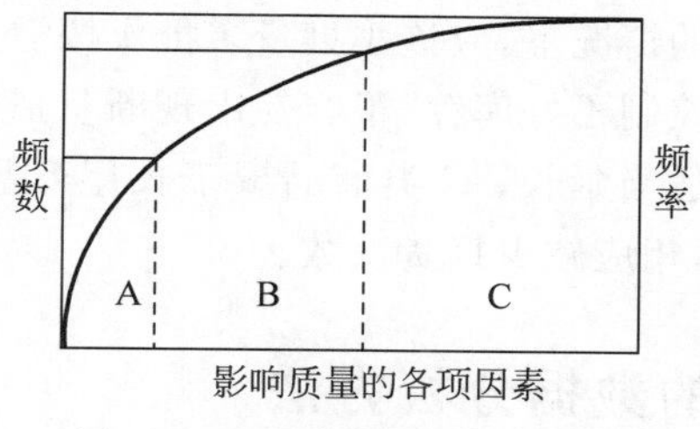

图2-11　帕累托分析法示意图

例 2.6 表 2-11 表示某公司 8 类产品的年度销售情况，试运用帕累托分析法对商品进行分类并说明次分类在商品的库存管理策略中的实际意义。

表 2-11 某公司产品销售情况表

产品名称	销售数量	销售额
(1)	465 436	15 230 105
(2)	427 898	10 945 853
(3)	391 874	10 311 949
(4)	28 461	7 109 223
(5)	26 985	5 011 662
(6)	24 368	3 877 821
(7)	23 758	3 656 845
(8)	23 197	3 563 236
总计	1 411 977	59 706 694

【例题解析】

首先，将产品按销售额降序排序，然后利用公式“累计销售额占比＝累计销售额÷销售总额”，计算每种产品的累计销售额占比显示在表 2-12 中。根据累计销售额的占比进行 ABC 划分，即将累计销售额占比为 0～80％的设为 A 类产品，累计销售额占比为 80％～90％的设为 B 类产品，累计销售额占比为 90％～100％的设为 C 类产品。通过分析得知：(1)(2)(3)(4)为 A 类产品，(5)(6)为 B 类产品，(7)(8)为 C 类产品。

表 2-12 某公司产品累计销售额占比表

商品名称	累计销售额	累计销售额占比	产品类型
(1)	15 230 105	0.255 082	A
(2)	26 175 958	0.438 409	A
(3)	36 487 907	0.611 119	A
(4)	43 597 130	0.730 188	A
(5)	48 608 792	0.814 126	B
(6)	52 486 613	0.879 074	B
(7)	56 143 458	0.940 321	C
(8)	59 706 694	1	C

一般来说，在商品的库存管理策略中，A 类商品对公司销售额贡献最大，这种商品备货周期短，在保证安全库存的情况下，应该小批量多批次按需存储，尽可能降低库存总量，减少仓储管理成本，但如果控制不好库存，很容易出现断货风险；B 类商品销售额贡献次之，这种商品备货周期可以适当延长；C 类商品属于长尾商品，备货周期更长，最好是集中采购，并适当增大库存量，相应减少订货次数。

2.3 针对预测分析的数据分析方法

预测分析是指根据客观对象的已知信息，运用各种定性和定量的分析理论与方法，对事物未来发展的趋势和水平进行判断和推测的一种活动。针对预测分析的数据分析方法有多种，较为常用的有回归分析法、时间序列分析法、决策树法以及神经网络等。

2.3.1　回归分析法

回归分析研究的是因变量（目标）和自变量（预测器）之间的关系。回归分析法指利用数据统计原理，对大量统计数据进行数学处理，并确定因变量与某些自变量的相关关系，建立一个相关性较好的回归方程（函数表达式），用于预测今后因变量变化的分析方法。

回归分析按涉及自变量的个数，分为一元回归分析（即对一个因变量和一个自变量建立回归方程）和多元回归分析（即对一个因变量和两个或两个以上的自变量建立回归方程）；按回归方程的表现形式不同，分为线性回归分析（即若变量之间是线性相关关系，可通过建立直线方程来反映）和非线性回归分析（即变量之间是非线性相关关系，可通过建立非线性回归方程来反映）。需要注意的是，应用回归法需要首先确定变量之间是否存在相关关系。

回归分析的主要内容包括以下三方面。

第一，建立相关关系的数学表达式。依据现象之间的相关形态，建立适当的数学模型，通过数学模型来反映现象之间的相关关系，从数量上近似地反映变量之间变动的一般规律。

第二，依据回归方程进行估计和预测。由于回归方程反映了变量之间的一般性关系，因此当自变量发生变化时，可依据回归方程估计出因变量可能发生相应变化的数值。因变量的回归估计值，虽然不是一个必然的对应值（其可能和系统真值存在比较大的差距），但至少可以从一般性角度或平均意义角度反映因变量可能发生的数量变化。

第三，计算估计标准误差。通过估计标准误差这一指标，分析回归估计值与实际值之间的差异程度以及估计值的准确性和代表性，还可利用估计标准误差对因变量估计值进行在一定把握程度条件下的区间估计。

因此，回归分析法的一般步骤为：根据自变量与因变量的现有数据以及关系，初设回归方程；求出合理的回归系数；相关性检验，确定相关系数；根据已得的回归方程与具体条件，确定事物未来状况，并计算预测值的置信区间。

例 2.7　表 2-13 中是某金融公司多次进行活动推广的费用及产品销售额。试运用一元线性回归模型对表中数据进行分析，并估计当活动推广费用为 60 万元时，销售额是多少万元？

表 2-13　某公司的活动推广费与销售额的数据表（单位：万元）

序号	活动推广费	销售额	序号	活动推广费	销售额
1	19	60	8	26	61
2	45	113	9	24	57
3	35	94	10	27	78
4	31	90	11	9	27
5	25	60	12	23	72
6	32	88	13	23	85
7	21	59	14	29	63

【例题解析】

首先，根据绘制预测目标，推广费是自变量，销售额是因变量。

其次，通过散点图看出两者具有明显的线性相关关系，如图 2-12 所示。经过计算活动推广费与销售额之间的相关系数 $r=0.898$，具有高度相关性（根据经验，$|r|\geqslant 0.8$ 时，可视为高度相关）。

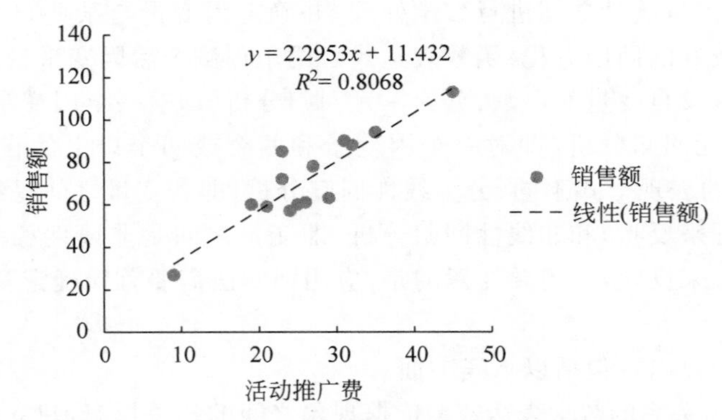

图 2-12　某公司活动推广费与销售额的散点图

再次，根据最小二乘法计算参数 $a=\dfrac{n\sum\limits_{i=1}^{n}x_iy_i-\sum\limits_{i=1}^{n}x_i\sum\limits_{i=1}^{n}y_i}{n\sum\limits_{i=1}^{n}x_i^2-(\sum\limits_{i=1}^{n}x_i)^2}=2.2953$，$b=\overline{y}-a\overline{x}=11.432$，则其方程可以写成 $y=2.2953x+11.432$。

然后，判定系数 R^2（即相关系数的平方）测度了回归直线度观测数据的拟合程度，该值的取值范围为[0,1]，越接近 1，说明回归直线与各观测点越接近，$R^2=0.8068$，接近 1，说明拟合效果不错。

最后，带入数值进行预测，即当 $x=60$ 时，$y=2.29x+11.43=148.83$，预测销售额大约为 148.83 万元。

2.3.2　时间序列分析法

时间序列分析法是指将经济发展、购买力大小、销售变化等同一变数的一组观察值，按时间顺序加以排列，构成统计的时间序列，然后运用一定的数字方法使其向外延伸，预计未来的发展变化趋势，确定预测值。其主要特点是以时间的推移来预测需求趋势，不受其他外在因素的影响。

一个时间序列通常由以下 4 种要素组成。

- 趋势：时间序列在长时期内呈现出来的持续向上或持续向下的变动。
- 季节变动：时间序列在一年内重复出现的周期性波动。它是受到诸如气候条件、生产条件、节假日或人们的风俗习惯等各种因素影响的结果。

- 循环波动：时间序列呈现出的非固定长度周期性变动。循环波动的周期可能会持续一段时间。但与趋势不同，它不是朝着单一方向的持续变动，而是涨落相同的交替波动。
- 不规则波动：时间序列中除去趋势、季节变动和周期波动之后的随机波动。不规则波动通常总是夹杂在时间序列中，致使时间序列产生一种波浪形或震荡式的变动。

时间序列可以分为平稳序列和非平稳序列两类。平稳序列是基本上不存在趋势的序列。这类序列中的各观察值基本上在某个固定水平上波动，虽然在不同的时间段波动的程度不同，但并不存在某种规律，波动可以看成是随机的。非平稳数据是包含趋势、季节性或周期性的序列，它可能只含有其中一种成分，也可能含有几种成分。因此，非平稳序列又可以分为有趋势的序列、有趋势和季节性的序列、几种成分混合而成的复合型序列。

时间序列分析法的基本思想是根据系统有限长度的运行记录（观察数据），建立能够比较精确地反映序列中所包含的动态依存关系的数学模型，并借以对系统的未来进行预报。其基本原理包括两方面：①承认事物发展的延续性，应用过去数据，推测事物的发展趋势；②考虑到事物发展的随机性，任何事物发展都可能受偶然因素影响，为此要利用统计分析中加权平均法对历史数据进行处理。

时间序列分析法建模一般分为三个步骤：第一，用观测、调查、统计、抽样等方法取得被观测系统时间序列动态数据。第二，根据动态数据作相关图，进行相关分析，求自相关函数。相关图能显示出变化的趋势和周期，并能发现跳点（即与其他数据不一致的观测值）和拐点（即时间序列从上升趋势突然变为下降趋势的点）。第三，辨识合适的随机模型，进行曲线拟合，即用通用随机模型去拟合时间序列的观测数据。

常用的时间序列模型如表 2-14 所示。

表 2-14　常用的时间序列模型

模型名称	描　述
平滑法	常用于趋势分析和预测，利用修匀技术，削弱短期随机波动对序列的影响，使序列平滑化。根据所用平滑技术的不同，可分为移动平均法和指数平滑法
趋势拟合法	把时间作为自变量，相应的序列观察值作为因变量，建立回归模型。根据序列的特征，可分为线性拟合和曲线拟合
组合模型	时间序列的变化主要受到长期趋势（T）、季节变动（S）、周期变动（C）和不规则变动（N）这四个因素的影响。根据序列的特点，可以构建加法模型（$x=T+S+C+N$）和乘法模型（$x=T\times S\times C\times N$）

2.3.3　决策树分析法

决策树分析法是指分析每个决策或事件（即自然状态）时，引出两个或多个事件和不同的结果，并把这种决策或事件的分支画成图形，这种图形很像一棵树的枝干，故称决策树分析法。决策树可以帮助人们理解和解决问题。

决策树是将决策过程各个阶段之间的结构绘制成一张箭线图，由决策结点、方案分支、状态结点与概率分支组成，如图2-13所示。方块表示决策结点，由结点引出若干条细支，每条细支代表一个方案，称为方案分支；圆圈表示状态结点，由状态结点引出若干条细支，表示不同的自然状态，称为概率分支。每条概率分支代表一种自然状态。在每条细枝上标明客观状态的内容和其出现概率。在概率分支的最末梢标明该方案在自然状态下所达到的结果(收益值或损益值)。这样树形图由左向右、由简到繁展开，组成了一个树状网络图。

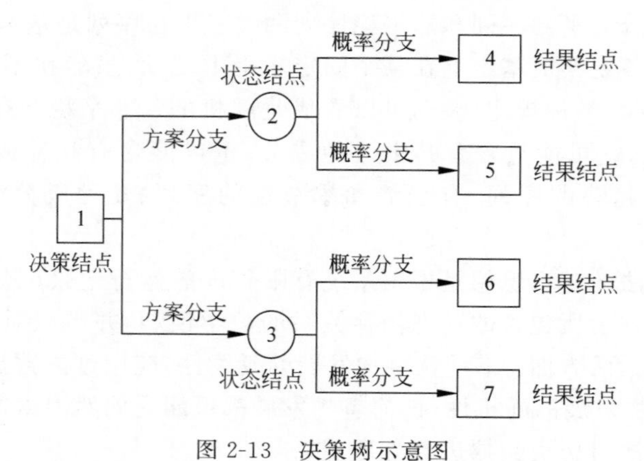

图2-13 决策树示意图

决策树的决策过程是利用概率论的原理，利用一种树形图作为分析工具。基本原理是使用决策点代表决策问题、用方案分支代表可供选择的方案，用概率分支代表方案可能出现的各种结果。经过对各种方案在各种结果条件下损益值的计算比较，为决策者提供决策依据。

应用决策树方法需要具备以下条件。

(1) 具有决策者期望达到的明确目标。

(2) 存在决策者可以选择的两个以上的可行备选方案。

(3) 存在着决策者无法控制的两种以上的自然状态(如气候变化、市场行情、经济发展动向等)。

(4) 不同行动方案在不同自然状态下的收益值或损失值可以计算出来。

(5) 决策者能估计出不同的自然状态发生概率。

构建决策树的步骤为：第一，绘制决策树图。根据已知条件排列出各个方案和每个方案的各种自然状态，按从左到右的顺序画决策树。第二，按从右到左的顺序计算各方案的期望值，并将结果写在相应方案结点上方。第三，进行剪枝。比较各个方案的期望值，并标于方案枝上，将期望值小的(即劣等)方案剪掉，所剩的最后方案为最佳方案。

例2.8 某供应公司是一家制造医护人员的工装大褂的公司，该公司正在考虑扩大生产能力。有以下几个方案选择：①什么也不做，即不建厂；②建一个小型厂；③建一个中型厂；④建一个大型厂。决策表如表2-15所示。利用决策树分析法给出该公司的建设方案建议。

表 2-15　决　策　表

方案	收益值	
	市场好 (状态概率为 0.4)	市场不好 (状态概率为 0.6)
建大厂	￥100 000	－￥90 000
建中厂	￥60 000	－￥10 000
建小厂	￥40 000	－￥50 000
不建厂	0	0

【例题解析】

由题意，首先构建的决策树，如图 2-14 所示。

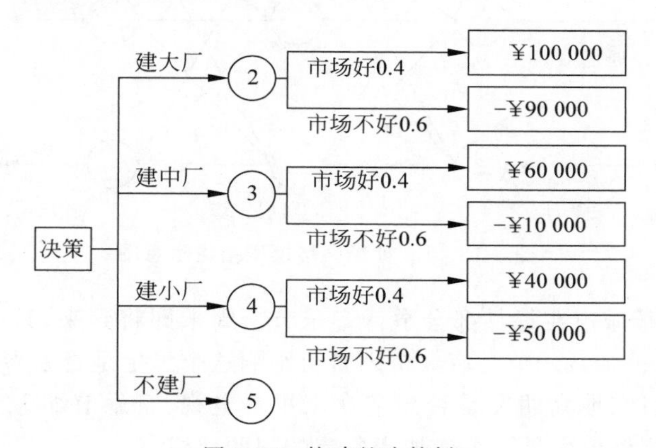

图 2-14　构建的决策树

根据图中的这些数据，可以计算出每种选择下得到的利润期望值，即用 E(建大厂)、E(建中厂)、E(建小厂)以及 E(不建厂)表示，具体解法如下。

E(建大厂)＝(0.4)×(￥100 000)＋(0.6)×(－￥90 000)＝－￥14 000

E(建中厂)＝(0.4)×(￥60 000)＋(0.6)×(－￥10 000)＝＋￥18 000

E(建小厂)＝(0.4)×(￥40 000)＋(0.6)×(－￥50 000)＝－￥14 000

E(不建厂)＝＄0

综上，通过比较建各种厂的利润期望值可以看出，建中型厂的利润期望值最大，所以该公司应该建一个中型厂。

2.3.4　神经网络分析法

神经网络是从神经心理学和认知科学的研究成果出发，应用数学方法发展起来的一种具有高度并行计算能力、自学能力和容错能力的处理方法。以误差逆传播算法(即 BP 算法)而得名的 BP 神经网络模型，简称 BP 网络，是神经网络中重要的网络之一。它具有很强的非线性动态处理能力，无须知道输入与输出之间的关系，即可实现高度的非线性映射。由于其结构简单、可塑性强，在电力、交通和医疗等许多领域得到了广泛的应用。

BP 神经网络模型结构如图 2-15 所示，由输入层、一个或多个隐藏层以及输出层构成。每个结点代表一种特定的输出函数，称为激活函数。每两个结点间的连接都代表一个通过该连接信号的加权值，称为权重。同层结点间没有任何耦合，每一层结点的输出只影响下一层结点的输出。网络的学习过程由正向和反向传播两部分组成。在训练阶段用准备好的样本数据，即通过输入层、隐藏层和输出层，比较输出结果和期望值；若没有达到要求的误差程度或者训练次数，就通过输入层、隐藏层和输出层来调节权值，以便使网络成为具有一定适应能力的模型。

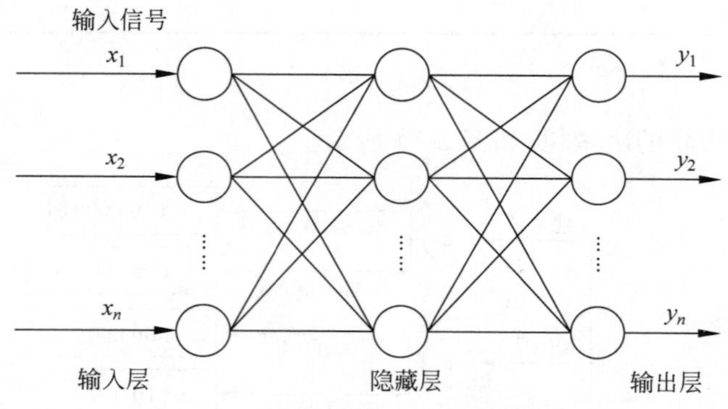

图 2-15　BP 神经网络模型结构示意图

例 2.9　假设某城市在每月都会举行音乐节。周末即将到来，某个男生知道其居住的城市本月将会有一个音乐节。有 3 个因素会影响这个男生是否去参加音乐节，例如，音乐节离地铁距离远近、他女朋友是否想宅在家里看电视、音乐节那天天气好坏。试利用 BP 神经网络为预测该男生是否去参加音乐节的问题建模。

【例题解析】

如图 2-16 所示，该图表示利用 BP 神经网络预测参加音乐节事件的过程。

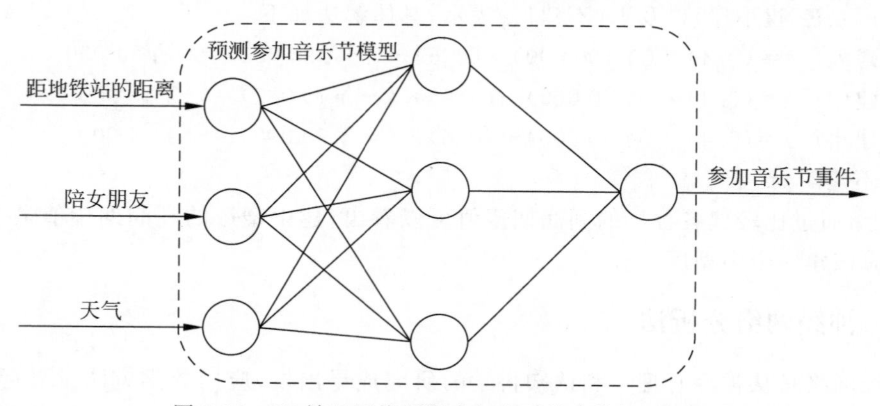

图 2-16　BP 神经网络预测参加音乐节事件的过程图

首先，选取了"是否参加音乐节事件"的 3 个特征作为网络的输入，分别为距地铁站的距离、陪女朋友和天气。

然后，在训练 BP 神经网络时，需要对神经网络的参数进行寻优，即隐藏层需要设置的层数以及每层的结点数。

最后，利用样本得到训练好的神经网络。可以用其来预测参加音乐节事件。其中，待检测样本的 3 个特征作为输入，输出层输出一个在[−1,1]范围内的值。如果该值小于 0，则该男生本次不去参加音乐节；如果该值大于 0，则该男生本次去参加音乐节。

BP 神经网络模型算法流程如图 2-17 所示。

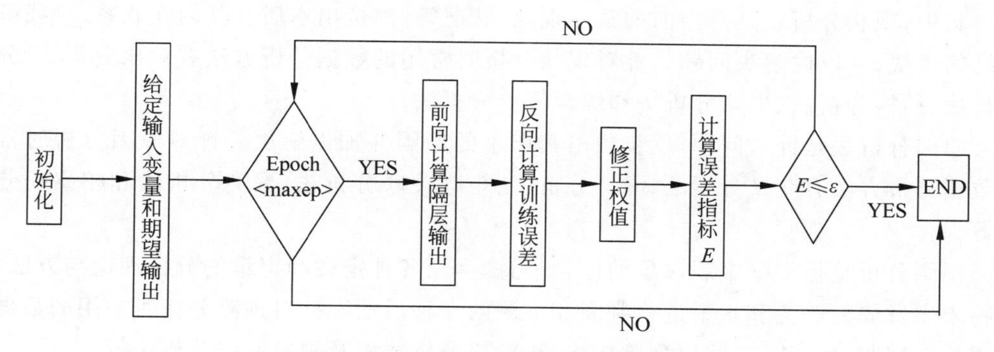

图 2-17　BP 神经网络模型算法流程图

第一步，初始化。将权值和阈值 w_{ji} 设置为均匀分布的较小值。其中，i 表示输入层单元，j 表示隐藏层单元。

第二步，提供训练样本及目标输出，对每个样本进行第三步至第五步的计算。

第三步，前向计算。

- 对 l 层单元 j，计算线性组合系数，即 $v_j^{(l)}=\sum w_{ji}^l \times o_j^{(l-1)}$。其中，$o_j$ 表示隐藏单元的输出。
- 计算本层输出则为 $o_j^{(l)}=\varphi(v_j^{(l)})$，其中，$\varphi()$ 为激活函数。若 l 为第一隐层，则 $o_j^{(l)}=x_j$；若 l 为输出层，则 $y_i=o_j^{(l)}$。

第四步，反向计算。

对 l 层单元 j，计算局部梯度为 $\delta_j^{(l)}$。

- 若 l 为输出层，那么得到 $\delta_j^{(l)}=(d_j-y_j)\times\varphi(v_j^{(l)})$。其中，$d_j$ 为期望输出值。
- 若 l 为隐层，k 为输出层单元，则有 $\delta_j^{(l)}=\dot{\varphi}(v_j^{(l)})\sum_{k=1}^{n}\delta_k^{(l+1)}w_{kj}^{l+1}$。其中，$\dot{\varphi}()$ 为 $\varphi()$ 的导函数。

第五步，权值修正。设 n 为上述过程的计算系数，那么权值修正公式为 $w_{ji}^l(n+1)=w_{ji}^l(n)+\mu\delta_j^{(l)}(n)\delta_j^{(l-1)}(n)$。

第六步，计算误差。当样本集中所有的样本都经历了第三步至第五步，即完成了一个训练周期，然后计算误差指标。如果误差指标满足精度要求，那么训练结束，否则转到第二步继续下一个训练周期。

神经网络分析方法有许多优点，包括它的非线性映射能力、自学习和自适应能力等。然而神经网络结构中涉及参数比较多，且参数选择没有有效的方法、存在样本依赖性等缺点，也使得该方法在应用上存在一定的局限性。

小结

本章首先介绍了数据分析现状分析、原因分析和预测分析的三个作用,接着介绍了针对每一种数据分析作用的常用数据分析方法。

其中,现状分析就是对当前的某一现象、状况等,离析出本质及其内在联系,寻找解决问题的主线,并以此解决问题。针对现状分析时常用的数据分析方法有对比分析法、分组分析法、结构分析法、平均分析法和综合评价分析法。

原因分析法是针对问题,逐步找出其产生的原因并加以解决。针对原因分析时常用的数据分析方法有交叉分析法、漏斗分析法、矩阵关联分析法、聚类分析法和帕累托分析法等。

预测分析是指根据客观对象的已知信息,运用各种定性和定量的分析理论与方法,对事物未来发展的趋势和水平进行判断和推测的一种活动。针对预测分析时常用的数据分析方法有回归分析法、时间序列分析法、决策树分析法以及神经网络分析法等。

本章分别从特点、原理等方面进行了介绍。在进行数据分析时,读者可以根据每种方法的特点、分析目的、数据特点等方面选取合适的数据分析方法。

习题

请从以下各题中选出正确答案(正确答案可能不止一个)。

1. 以下对对比分析法描述正确的是(　　)。

   A. 可以非常直观地看出事务某方面的变化或差距

   B. 可以准确、量化地表示出这种变化或差距是多少

   C. 解释这些数据所代表的事物发展变化情况和规律性

   D. 把数据分析对象划分为不同部分和类型进行研究,以揭示其内在的联系和规律性

2. 希望描述一群用户在某页面停留时长的集中趋势,最好采用(　　)。

   A. 均值　　　　B. 众数

   C. 中位数　　　　D. 均值和中位数

3. 以下哪些属于数据分析方法?(　　)

   A. 分组分析法　　　　B. 回归分析法

   C. 交叉分析法　　　　D. 矩阵关联分析法

4. 某保险公司对影响开车事故率的因素进行调研,驾驶员的事故率如表2-16所示,发现61%的保险户在开车过程中从未出现过事故。在性别基础上分解这个信息,判断是否在男女驾车者之间有差别。从表2-17发现男士较女士驾车事故率高。然而,有些人提出疑问否定上述判断的正确性,即男士的事故多是因为他们驾驶的路程长,故引入第三个因素驾驶距离,得表2-18。结果表明,男士驾驶者的高事故是由他们的驾驶距离较女士

长，但并没有证据表明男士和女士哪个驾驶更好或更谨慎。请选择，上述分析过程应用的数据分析方法（　　）。

表 2-16　驾驶员的事故率（样本总数：17 800）

类　别	比率/%
无事故	61
至少有一次事故	39

表 2-17　男女驾驶员的事故率

性别	样本总数/人	无事故者占比/%	至少有一次事故者占比/%
男	9320	56	44
女	8480	66	34

表 2-18　不同驾驶距离下的事故率

性别	距离/千米	样本数/人	无事故者占比/%	至少有一次事故者占比/%
男	≥10 000	7170	51	49
	<10 000	2150	73	27
女	≥10 000	2430	50	50
	<10 000	6050	73	27

A. 结构分析法　　B. 对比分析法
C. 交叉分析法　　D. 矩阵关联分析法

5. 当前有一项关于“员工离职原因”的调研，使用问卷收集 100 份数据，如图 2-18 所示，现希望使用图形直观地展示出员工离职的重要原因，选择以下哪种图形合适？（　　）

A. 散点图　　B. 帕累托图
C. 矩阵关联图　　D. 交叉分析图

6. 时间序列中除去趋势、周期性和季节性之后的偶然性波动称为（　　）。

A. 趋势　　B. 季节性
C. 周期性　　D. 随机性

7. 一元线性回归模型和多元线性回归模型的区别在于只有一个（　　）。

A. 因变量　　B. 自变量
C. 相关系数　　D. 判定系数

8. 某居民小区准备采取新的物业管理措施。为此，随机抽取了 100 名居民进行调查，其中表示赞成的有 69 户，表示中立的有 22 户，表示反对的有 9 户。采用平均分析法分析该组数据，应该采用的平均数是（　　）。

A. 算术平均数　　B. 加权平均数
C. 众数　　D. 中位数

离职原因	加权数量
公司发展前景与预期落差大	40
当前职业无法发挥个人专长	30
晋升机会少	35
工资待遇与福利水平较差	90
激励机制较差	38
上级处事方式较差	25
工作缺少成就感	26
职业发展方向变化	12
工作压力较大	28
工作氛围较差	16
个人身体原因	5
个人家庭原因	9
个人创业或继续求学深造	11
公司地理位置不便	13
其他	10

图 2-18 “员工离职原因”调研

第 3 章

NumPy和pandas基础

【学习目标】

学完本章之后，读者将掌握以下内容。

- NumPy 库中提供的 ndarray 数组的创建方式、常用属性、数据类型以及算术操作。
- ndarray 数组的算术操作、索引和切片；NumPy 中轴的概念。
- pandas 库中常用的数据结构 Series 和 Dataframe。
- Series 和 Dataframe 的常用数据操作。

在做数据分析时，将会经常使用到 NumPy、pandas、Scipy、Matplotlib、Statsmodels、sklearn 等包和分析工具库。从某种程度上讲，利用 Python 进行数据分析的学习过程就是对库的学习过程。本章主要对在数据整理、描述与分析时常使用的 NumPy、pandas 两个库进行介绍。

3.1 NumPy 基础

NumPy 是 Numerical Python 的简称，是目前 Python 数值计算中最重要的基础包。在使用之前需要使用 import 语句导入（即 import numpy as np）。调用 NumPy 中的模块或函数时可以使用“np. 模块或函数名称”的方式。

NumPy 的核心特征之一是 N 维数组对象 ndarray。一个 ndarray 是一个通用的多维同类数据容器，也就是说，它包含的每一个元素均为相同类型。Python 的列表是异构的，因此列表的元素可以包含任何对象类型；而 NumPy 数组是同质的，只能存放同一种类型的对象。

NumPy 数组元素类型一致的好处是：因为数组元素的类型相同，所以能轻松确定存储数组所需空间的大小。同时，NumPy 数组能够运用向量化运算来处理整个数组，而完成同样的任务,Python 的列表通常需要借助循环语句遍历列表并对逐个元素进行相应的处理。

例 3.1

```
 1:  import numpy as np
 2:  import time
 3:  np_0 = np.arange(1000000)
 4:  list_0 = list(range(1000000))
 5:  start_CPU_1 = time.perf_counter()
 6:  np_1 = np_0 * 2
 7:  end_CPU_1 = time.perf_counter()
 8:  print("Method 1: %f CPU seconds" % (end_CPU_1 - start_CPU_1))
 9:  start_CPU_2 = time.perf_counter()
10:  list_1 = list_0 * 2
11:  end_CPU_2 = time.perf_counter()
12:  print("Method 2: %f CPU seconds" % (end_CPU_2 - start_CPU_2))
```

【例题解析】

该例旨在对 NumPy 数组和 Python 列表的运算效率进行对比。

第 1 行和第 2 行分别表示引入 NumPy 模块和 time 模块。

第 3 行和第 4 行分别定义一个包含 100 万个整数的 NumPy 数组 np_0,以及一个等价的 Python 列表 list_0。

第 5~7 行获得了数组 np_0 中每一个元素乘以 2 的 CPU 运行时间;第 9~11 行获得了将列表 list_0 中每一个元素乘以 2 的 CPU 运行时间。

通过比较两个输出的 CPU 时间可以看出:完成同样的运算,NumPy 的方法比 Python 方法快 10~100 倍。

【运行结果】

第 8 行的输出结果:Method 1:0.000983 CPU seconds

第 12 行的输出结果:Method 2:0.007737 CPU seconds

本节将主要讲解 ndarray 多维数组的创建方法、数组的属性和数组的简单操作等。

3.1.1 ndarray 数组的创建

创建数组最简单的方式是使用 array 函数,其语法格式为:

```
numpy.array(object, dtype = None, copy = True, order = 'K', subok = False, ndmin = 0)
```

常用的参数有 object 和 dtype。其中,object 表示公开数组接口的任何对象,或任何(嵌套)序列。dtype 表示可选数组所需的数据类型。利用该函数可直接将 Python 的基础数据类型(如列表、元组等)转换成一个数组。

例 3.2

```
1:  import numpy as np
2:  ndarray_1 = np.array([1, 5, 8, 11])
```

```
 3:  print(ndarray_1)
 4:  ndarray_2 = np.array((1, 5, 8, 11))
 5:  print(ndarray_2)
 6:  list = [[1,2,3,4],[5,6,7,8]]
 7:  ndarray_3 = np.array(list)
 8:  print(ndarray_3)
 9:  ndarray_4 = np.array(list, dtype = float)
10:  print(ndarray_4)
```

【例题解析】

该例题旨在演示如何利用列表、元组生成一维数组和多维数组。

第 2 行和第 4 行分别利用 array 函数对 Python 的基础数据类型列表和元组进行转换，生成了一维数组 ndarray_1 和一维数组 ndarray_2。

第 6 行定义了一个长度为 2 的嵌套列表类型序列 list。

第 7 行利用 array 函数将 list 转换成二维数组 ndarray_3。

第 9 行通过参数 dtype 指定数组中元素类型为 float 类型，利用 array 函数将 list 转换成浮点型的二维数组 ndarray_4。

【运行结果】

第 3 行的输出结果：[1 5 8 11]

第 5 行的输出结果：[1 5 8 11]

第 8 行的输出结果：[[1 2 3 4]
　　　　　　　　　　[5 6 7 8]]

第 10 行的输出结果：[[1. 2. 3. 4.]
　　　　　　　　　　　[5. 6. 7. 8.]]

除了 np.array，还有很多其他的函数可以创建新数组。表 3-1 中列举了常用标准数组生成函数。

表 3-1　数组生成函数

函数名	描　述
arange()	Python 内建函数 range()的数组版，返回一个数组
ones()	根据给定形状和数据类型生成全 1 数组
ones_like()	根据所给数组生成一个形状一样的全 1 数组
zeros()	根据所给形状和类型数据生成全 0 数组
zeros_like()	根据所给数组生成一个形状一样的全 0 数组
empty()	根据给定形状生成一个元素为随机数的数组
empty_like()	根据所给数组生成一个形状一样的空数组
full()	根据给定的形状和数据类型生成指定数值的数组
full_like()	根据所给的数组生成一个形状一样但内容是指定数值的数组
eye(),identity()	生成一个 $N \times N$ 特征矩阵(对角线位置都是 1，其余位置是 0)

例 3.3

```
1:  import numpy as np
2:  ndarray = np.arange(0, 10, 0.5)
3:  print(ndarray)
4:  print(ndarray * 10)
```

【例题解析】

该例演示了利用表 3-1 中的 arange()函数如何定义一个一维数组。

第 1 行表示引入 NumPy 库。

第 2 行定义了一个由 0～10 并且均匀间隔为 0.5 的数字组成的数组 ndarray。

第 4 行对数组中的每个元素进行了乘 10 的操作,并将结果输出。

【运行结果】

第 3 行的输出结果:[0. 0.5 1. 1.5 2. 2.5 3. 3.5 4. 4.5 5. 5.5 6. 6.5 7. 7.5 8. 8.5 9. 9.5]

第 4 行的输出结果:[0. 5. 10. 15. 20. 25. 30. 35. 40. 45. 50. 55. 60. 65. 70. 75. 80. 85. 90. 95.]

3.1.2 ndarray 的常用属性

表 3-2 列示了 ndarray 的一些常用属性。

表 3-2 ndarray 的常用属性

属性	描述
ndarray.shape	数组的维度。这是一个整数的元组,表示每个维度上数组的大小
ndarray.dtype	ndarray 中元素的数据类型
ndarray.ndim	数组的维数,或数组轴的个数
ndarray.size	数组中元素的总个数
ndarray.itemsize	数组中的一个元素在内存中所占的字节数
ndarray.nbytes	整个数组所占的存储空间,其值为数组 itemsize 和 size 属性值的乘积
ndarray.T	数组的转置
ndarray.real	数组的实部,如果数组中仅含实数元素,则输出原数组
ndarray.imag	数组的虚部,如果数组中仅包含实数元素,则输出值均为 0
ndarray.flat	返回一个 NumPy.flatiter 对象。这个"扁平迭代器"可以实现像遍历一维数组一样遍历任意的多维数组

例 3.4

```
1:  import numpy as np
2:  ndarray = np.array([[0, 1, 2, 3, 4, 5, 6],[7, 8, 9, 10, 11, 12, 13]])
3:  print(ndarray.shape, ndarray.dtype)
4:  print(ndarray.ndim)
5:  print(ndarray.size)
```

```
 6:  print(ndarray.itemsize)
 7:  print(ndarray.nbytes)
 8:  print(ndarray.T)
 9:  print(ndarray.flat[1], ndarray.flat[4:9])
10:  ndarray.flat[[3,9]] = 8
11:  print(ndarray)
```

【例题解析】

该例意在说明表 3-2 中 ndarray 的常用属性。这里特别说明一下第 9～11 行，其他属性容易理解，不再赘述。

第 9 行利用 flat 属性遍历数组 ndarray。其中，ndarray.flat[1]表示将数组 ndarray 降为一维的基础上索引位置 1 处的元素，即 1；ndarray.flat[4：9]表示将数组 ndarray 降为一维的基础上索引位置 4～9 区间的元素（前面的索引取闭区间，后面的索引取开区间），即[4 5 6 7 8]。

第 10 行表示将数组 ndarray 降为一维的基础上把索引位置 3 和 9 处的元素值赋为“8”。

【运行结果】

第 3 行的输出结果：(2，7) int32

第 4 行的输出结果：2

第 5 行的输出结果：14

第 6 行的输出结果：4

第 7 行的输出结果：56

第 8 行的输出结果：

```
[[0 7]
 [1 8]
 [2 9]
 [3 10]
 [4 11]
 [5 12]
 [6 13]]
```

第 9 行的输出结果：1 [4 5 6 7 8]

第 11 行的输出结果：

```
[[0 1 2 8 4 5 6]
 [7 8 8 10 11 12 13]]
```

3.1.3 ndarray 的数据类型

Python 支持的数据类型有整型、浮点型以及复数型，但这些类型不足以满足科学计算的需求。因此，NumPy 添加了很多其他的数据类型。表 3-3 中列出了 NumPy 中支持的数据类型。在 NumPy 中，大部分数据类型名以数字结尾，这个数字表示其在内存中占用的位数。

表 3-3 NumPy 数据类型

类型	描述
bool	用一位存储的布尔类型(值为 TRUE 或 FALSE)
inti	由所在平台决定其精度的整数(一般为 int32 或 int64)
int8	整数,范围为-128~127
int16	整数,范围为$-32\ 768$~32 767
int32	整数,范围为$-2^{31}\sim2^{31}-1$
int64	整数,范围为$-2^{63}\sim2^{63}-1$
uint8	无符号整数,范围为 0~255
uint16	无符号整数,范围为 0~65 535
uint32	无符号整数,范围为 $0\sim2^{32}-1$
uint64	无符号整数,范围为 $0\sim2^{64}-1$
float16	半精度浮点数(16 位):其中,用 1 位表示正负号,5 位表示指数,10 位表示尾数
float32	单精度浮点数(32 位):其中,用 1 位表示正负号,8 位表示指数,23 位表示尾数
float64 或 float	双精度浮点数(64 位):其中,用 1 位表示正负号,11 位表示指数,52 位表示尾数
complex64	复数,分别用两个 32 位浮点数表示实部和虚部
complex128 或 complex	复数,分别用两个 64 位浮点数表示实部和虚部

如表 3-3 所示,属性 dtype 可以返回数组中元素的数据类型。另外,可以使用 astype()方法实现数据类型的显式转换。

例 3.5 利用 astype()方法实现整数到浮点数类型的转换。

```
1:  import numpy as np
2:  ndarray_int = np.array([1,2,3,4,5])
3:  print(ndarray_int.dtype)
4:  ndarray_float = ndarray_int.astype(np.float64)
5:  print(ndarray_float.dtype)
```

【例题解析】

第 2 行利用 array()函数定义了一个数组 ndarray_int;第 3 行利用 dtype 属性获取数组中元素的数据类型,即整数;第 4 行利用 astype()方法实现数组数据从整型向浮点型的转换。

【运行结果】

第 3 行的输出结果:int32

第 5 行的输出结果:float64

3.1.4 ndarray 的算术操作

数组之所以重要,是因为它可以进行批量操作而无需任何 for 循环,用户称这种特性为向量化。任何在两个等尺寸数组之间的算术操作都应用了逐元素操作的方式。接下来,主要从 5 方面介绍数组的批量算术操作。

1. 数组和标量间的运算

带有标量计算的算术操作,会把计算传递给数组的每一个元素。

例 3.6

```
1:  import numpy as np
2:  ndarray = np.array([[1.,2.,3.], [4.,5.,6.]])
3:  print(ndarray)
4:  print(1/ndarray)
5:  print(ndarray ** 0.5)
```

【例题解析】

第 2 行利用 array()函数定义了一个数组 ndarray;第 4、5 行分别表示求数组 ndarray 的倒数和开方。从这两行的输出结果可以看出,带有标量计算的数组算术操作,把计算传递给了数组 ndarray 中的每一个元素。

【运行结果】

第 3 行的输出结果:
```
[[1. 2. 3.]
 [4. 5. 6.]]
```
第 4 行的输出结果:
```
[[1.         0.5        0.33333333]
 [0.25       0.2        0.16666667]]
```
第 5 行的输出结果:
```
[[1.         1.41421356 1.73205081]
 [2.         2.23606798 2.44948974]]
```

2. 通用函数

通用函数(Universal Function, Ufunc)是一种对数组中的数据执行元素级运算的函数,用法也很简单。

1) 一元通用函数

一元通用函数是指导入一个数组作为对象,较为常用的函数及描述如表 3-4 所示。

表 3-4 一元 Ufunc 中较为常用的函数及描述

函 数	描 述
abs()	求绝对值
sqrt()	求平方根
square()	求平方
exp()	求以自然常数 e 为底的指数函数
log()	用于计算所有输入数组元素的自然对数

例 3.7

```
1:  import numpy as np
2:  ndarray = np.arange(-1, 10, 2)
```

```
3:  print(ndarray)
4:  print(np.abs(ndarray))
5:  print(np.sqrt(ndarray))
6:  print(np.square(ndarray))
7:  print(np.exp(ndarray))
8:  print(np.log(ndarray))
```

【例题解析】

第 2 行利用 np.arange()函数定义一个起始点为－1，终点为 10，步长为 2 的数组 ndarray。

第 4 行利用 abs()函数求数组 ndarray 中每个元素的绝对值。

第 5 行利用 sqrt()函数求数组 ndarray 中每个元素的平方根，由于负数没有平方根，所以该数组中元素－1 的平方根显示为“nan”。

第 6 行利用 square()函数求数组 ndarray 中每个元素的平方。

第 7 行利用 exp()函数求以自然常数 e 为底，数组 ndarray 中的元素为指数的幂运算。

第 8 行利用 log()函数求以数组 ndarray 中的元素为底的自然对数，由于负数不能求对数，所以该数组中元素－1 的对数值显示为“nan”。

【运行结果】

第 3 行的输出结果：[－1 1 3 5 7 9]

第 4 行的输出结果：[1 1 3 5 7 9]

第 5 行的输出结果：[nan 1. 1.73205081 2.23606798 2.64575131 3.]

第 6 行的输出结果：[1 1 9 25 49 81]

第 7 行的输出结果：[3.67879441e－01 2.71828183e＋00 2.00855369e＋01 1.48413159e＋02 1.09663316e＋03 8.10308393e＋03]

第 8 行的输出结果：[nan 0. 1.09861229 1.60943791 1.94591015 2.19722458]

2）二元通用函数

二元通用函数指导入两个数组(假定为 x_1 和 x_2)作为对象，并返回一个数组。较为常用的函数及描述如表 3-5 所示。

表 3-5 二元 Ufunc 中较为常用的函数及描述

函　数	描　述
add(x_1,x_2)	数组 x_1 和 x_2 中的元素对应相加
subtract(x_1,x_2)	数组 x_1 和 x_2 中的元素对应相减
multiply(x_1,x_2)	数组 x_1 和 x_2 中的元素对应相乘
divide(x_1,x_2)	数组 x_1 和 x_2 中的元素对应相除
power(x_1,x_2)	数组 x_1 和 x_2 中的元素对应做 $x_1^{x_2}$ 运算

例 3.8

```
1:  import numpy as np
2:  ndarray_1 = np.array([1, 2, 3])
3:  ndarray_2 = np.array([4, 5, 6])
4:  print(ndarray_1)
5:  print(ndarray_2)
6:  print(np.add(ndarray_1, ndarray_2))
7:  print(np.subtract(ndarray_1, ndarray_2))
8:  print(np.multiply(ndarray_1, ndarray_2))
9:  print(np.divide(ndarray_1, ndarray_2))
10: print(np.power(ndarray_1, ndarray_2))
```

【例题解析】

第 6～9 行分别利用 add()函数、subtract()函数、multiply()函数和 divide()函数求数组 ndarray_1 与数组 ndarray_2 的和、差、积、商；第 10 行利用 power()函数，将数组 ndarray_1 中的元素作为底数，计算它与数组 ndarray_2 中相应元素的幂。

【运行结果】

第 4 行的输出结果：[1 2 3]

第 5 行的输出结果：[4 5 6]

第 6 行的输出结果：[5 7 9]

第 7 行的输出结果：[-3 -3 -3]

第 8 行的输出结果：[4 10 18]

第 9 行的输出结果：[0.25 0.4 0.5]

第 10 行的输出结果：[1 32 729]

3. 统计运算

NumPy 库支持对整个数组或按指定轴向的数据进行统计计算，较为常用的函数如表 3-6 所示，这些函数都可以传入 axis 参数，用于计算指定轴方向的统计值。

表 3-6　统计运算中常用的函数及描述

函　数	描　述
mean()	算术平均数
std()；var()	标准差和方差
min()；max()	最小值和最大值
argmin()；argmax()	最小值和最大值的索引
ptp()	沿轴的值的范围(最大值－最小值)
percentile()	一个多维数组的任意百分比分位数
median()	计算指定轴的中位数

例 3.9

```
1:  import numpy as np
2:  ndarray= np.array([[1,2,3],[3,4,5],[4,5,6]])
3:  print(ndarray)
4:  print(np.mean(ndarray))
5:  print(np.std(ndarray), np.var(ndarray))
6:  print(np.min(ndarray), np.max(ndarray))
7:  print(np.argmin(ndarray), np.argmax(ndarray))
8:  print(np.ptp(ndarray))
9:  print(np.percentile(ndarray,90))
10: print(np.median(ndarray))
```

【例题解析】

第 2 行利用 array()函数定义了一个数组 ndarray。

第 4 行利用 mean()函数求整个数组 ndarray 的算术平均数。

第 5 行利用 std()、var()函数分别求整个数组 ndarray 的标准差、方差。

第 6 行利用 min()、max()函数分别求整个数组 ndarray 的最小值、最大值。

第 7 行利用 argmin()、argmax()函数分别求整个数组 ndarray 的最小值的索引、最大值的索引。

第 8 行利用 ptp()函数求整个数组 ndarray 中最大值与最小值的差。

第 9 行利用 percentile()函数求多维数组 ndarray 的 90%分位数。

第 10 行利用 median()函数求整个数组 ndarray 的中位数。以上函数均可以用 axis=0 或者 axis=1 计算数组指定轴方向的各种统计值。

【运行结果】

第 3 行的输出结果:

```
[[1 2 3]
 [3 4 5]
 [4 5 6]]
```

第 4 行的输出结果:3.66666666667

第 5 行的输出结果:1.490711985　2.22222222222

第 6 行的输出结果:1 6

第 7 行的输出结果:0 8

第 8 行的输出结果:5

第 9 行的输出结果:5.2

第 10 行的输出结果:4.0

4. 布尔型数组运算

对于布尔型数组,其布尔值会被强制转换为 1(True)和 0(False)。另外,还有两个方法 any()和 all()也可以用于布尔型数组运算。其中,any()方法用于检测数组中是否存在一个或多个 True;all()方法用于检测数组中的所有值是否为 True。

例 3.10

```
1:  import numpy as np
2:  ndarray_randn = np.random.randn(20)
3:  print(ndarray_randn)
4:  print((ndarray_randn > 0).sum())
5:  ndarray_bool = np.array([True, False, False, True])
6:  print(ndarray_bool.any())
7:  print(ndarray_bool.all())
```

【例题解析】

第 2 行从标准正态分布中返回秩为 1 的数组 ndarray_randn。

第 4 行是求 ndarray_randn 数组中大于 0 的值的个数。具体来讲，“ndarray_randn＞0”是布尔判断，即当数组 ndarray_randn 中元素的值大于 0 时，其布尔值会被强制转换为 1，反之为 0；然后通过调用 sum()函数，求 ndarray_randn 数组中布尔值 0、1 的总和。

第 5 行利用 array()函数定义了一个布尔类型的数组 ndarray_bool；第 6 行利用 any()方法检测数组 ndarray_bool 中是否存在一个或多个 True，由于 ndarray_bool 中含有 True，返回值为 True；第 7 行利用 all()方法检测数组中的所有值是否为 True，由于 ndarray_bool 中包含 False，返回值为 False。

【运行结果】

第 3 行的输出结果(该结果不唯一)：

```
[2.10755404  0.46192799  0.32168445  -0.63041907  -0.47205041
 0.24468571
-0.51070383  0.96475473  -0.87134876  -0.66024855  0.34708465
-1.91519907
0.44135922  -0.31775647  -1.2535673  -1.12947125  0.2778703
-0.1532834  0.40627728  0.22485375]
```

第 4 行的输出结果：10(该结果不唯一)

第 6 行的输出结果：True

第 7 行的输出结果：False

5. 排序

NumPy 提供的较为常用的函数如表 3-7 所示。

表 3-7　数组排序常用的函数及描述

函　数	描　述
sort()	返回排序后的数组
argsort()	返回数组排序后的下标(下标对应的数是排序后的结果)
lexsort()	对数组按指定行或列的顺序排序；是间接排序，不修改原数组，返回索引

例 3.11

```
1:  import numpy as np
2:  ndarray = np.array([1, 2, 4, 3, 1, 2, 2, 4, 6, 7, 2, 4, 8, 4, 5])
3:  print(np.sort(ndarray))
4:  print(np.argsort(ndarray))
5:  ndarray_reshape = ndarray.reshape(3, 5)
6:  print(ndarray_reshape)
7:  print(np.sort(ndarray_reshape, axis = 1))
8:  print(np.sort(ndarray_reshape, axis = 0))
```

【例题解析】

第 2 行利用 array 函数定义了一个数组 ndarray；第 3 行利用 sort()函数将数组中的元素升序排序；第 4 行利用 argsort()函数返回数组排序后的下标(下标在 ndarray 中对应的数据是排序后的结果)。换句话说，排序后在第一个位置上的元素是 ndarray [0]，即 1，第二个位置上的元素是 ndarray[4]，即 1，以此类推。

第 5 行利用 reshape()函数将数组 ndarray 变成一个 3 行 5 列的二维数组 ndarray_reshape。第 7 行、第 8 行分别通过将 axis＝1、axis＝0 实现将数组 ndarray_reshape 按照第 1 维和第 0 维排序。

【运行结果】

第 3 行的输出结果：[1 1 2 2 2 2 3 4 4 4 4 5 6 7 8]

第 4 行的输出结果：[0 4 1 5 6 10 3 2 7 11 13 14 8 9 12]

第 6 行的输出结果：[[1 2 4 3 1]
[2 2 4 6 7]
[2 4 8 4 5]]

第 7 行的输出结果：[[1 1 2 3 4]
[2 2 4 6 7]
[2 4 4 5 8]]

第 8 行的输出结果：[[1 2 4 3 1]
[2 2 4 4 5]
[2 4 8 6 7]]

3.1.5 ndarray 的索引和切片

在数据分析中常需要选取符合条件的数据，数组的索引和切片方法就显得非常重要了。NumPy 中多维数组的索引与切片跟 Python 中的列表类似，但最大的区别是，数组切片是原始数组的视图，也就是说，对视图上的修改直接会影响到原始数组。因为 NumPy 主要处理大数据，如果每次切片都进行一次复制，对性能和内存是相当大的考验。

1. 一维数组的索引和切片

一维数组的索引与 Python 的列表差不多，用“[]”选定下标来实现，也可采用“:”分隔起止位置与间隔。

例 3.12

```
1:  import numpy as np
2:  ndarray = np.arange(1, 20, 2)
3:  print(ndarray)
4:  print(ndarray[3])
5:  print(ndarray[1:4])
6:  print(ndarray[:2])
7:  print(ndarray[-2])
```

【例题解析】

第 2 行利用 arange()函数定义了一个从 1 到 20,步长为 2 的数组 ndarray。

第 4 行取数组中下标位置为 3 的元素,即 7。

第 5 行取数组中下标位置为 1～3 的元素,即[3 5 7]。“:”前数字可以省略,表示从位置 0 开始选取元素。因此,第 6 行表示取数组中下标位置为 0、1 的元素,即[1 2]。如果下标位置为负数,则表示从数组的尾部取值,最后一个位置索引为－1。

第 7 行表示取数组尾部倒数第二个元素,即 17。

【运行结果】

第 3 行的输出结果:[1 3 5 7 9 11 13 15 17 19]

第 4 行的输出结果:7

第 5 行的输出结果:[3 5 7]

第 6 行的输出结果:[1 3]

第 7 行的输出结果:17

2. 多维数组的索引和切片

多维数组的索引是由外向内逐层选取;多维数组的切片就有所不同了,行是从上到下,列是从左到右进行切片的,用“,”隔开行、列的索引或切片。

例 3.13

```
1:  import numpy as np
2:  ndarray = np.array([[1,2,3], [4,5,6], [7,8,9]])
3:  print(ndarray[1][2])
4:  print(ndarray[:2, 1:])
```

【例题解析】

第 2 行利用 array()函数定义了一个 3 行 3 列的数组 ndarray。

第 3 行取数组行索引为 1、列索引为 2(索引从 0 开始)位置处的值,即元素 6。索引的写法也可以直接写成[1,2]。

第 4 行表示对多维数组 ndarray 进行切片。即“:2”表示从上到下取该数组第 0 行到第 1 行,“1:”表示从左到右取该数组的第 1 列到最后 1 列完成对该数组的切片。

【运行结果】

输出结果为：6

输出结果为：[[2　3]
　　　　　　[5 6]]

3. 布尔型索引

布尔型索引指的是一个布尔型 ndarray 数组(一般为一维)对应另一个 ndarray 数组的每行,布尔型数组的个数必须与另一个多维数组的行数一致。若布尔型数组内的某个元素为 True,则选取另一个多维数组的相应行,反之不选取。

例 3.14

```
1:  import numpy as np
2:  ndarray_randn = np.random.randn(5,4)
3:  print(ndarray_randn)
4:  ndarray_bool = np.array([True, False, False, False, True])
5:  print(ndarray_randn[ndarray_bool])
```

【例题解析】

第 1 行表示引入 NumPy 库。

第 2 行定义了一个 5 行 4 列的二维数组 ndarray_randn。

第 4 行定义了一个布尔型数组 ndarray_bool。

第 5 行表示利用布尔型数组 ndarray_bool 内 True 的位置选取数组 ndarray_randn 的行,即选取数组 ndarray_randn 中第一行和最后一行。

【运行结果】(该结果不唯一)

第 2 行的输出结果：[[0.93129863　−0.11879981　1.05443786　−0.20675621]
[−0.70109137　−0.89017318　1.15989982　−0.70514891]
[−1.59165051　1.00758237　− 0.36689707　0.92416095]
[0.45114108　0.29765091　0.14566542　0.98974861]
[−1.10993879　−0.27959499　−0.29546634 0.61503587]]

第 4 行的输出结果：[[0.93129863　−0.11879981　1.05443786　−0.20675621]
[−1.10993879　−0.27959499　−0.29546634　0.61503587]]

3.1.6 对轴的理解

就像坐标系一样,NumPy 阵列也有轴。如图 3-1 所示,在 NumPy 数组中,对于二维数组,axis 0 是第 1 根轴,表示沿行(Row)向下的轴；axis 1 是第 2 根轴,表示沿列(Columns)横穿的轴。接下来,主要介绍在进行数据分析时对于不同维度的数组中 axis 参数控制的内容。

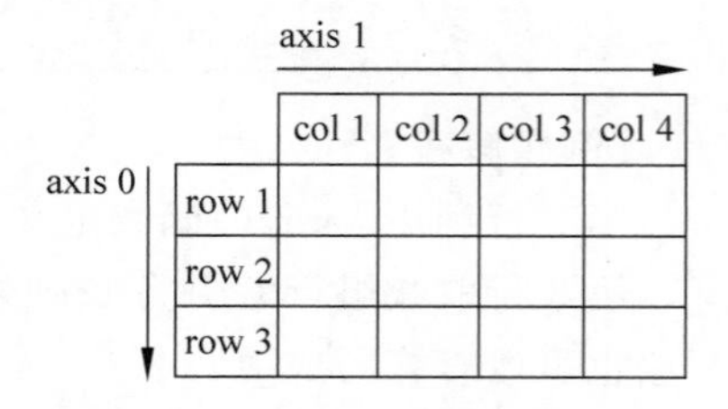

图 3-1　NumPy 阵列的轴向

在 NumPy 中，维数(Dimensions)通过轴(Axes)来扩展，轴的个数被称作 Rank。这里的 Rank 不是线性代数中的 Rank（秩），它指代的是维数。也就是说，Axes、Dimensions、Rank 这几个概念是相通的。

例 3.15

```
1:  import numpy as np
2:  ndarray = np.array([[1,2,3],[2,3,4],[3,4,5]])
3:  print(ndarray)
4:  print(np.ndim(ndarray))
5:  print(np.shape(ndarray))
```

【例题解析】

第 2 行定义了一个数组 ndarray，该数组只有两个轴，每个轴的长度(即 Length)均为 3；第 4 行输出数组维度，即 2。第 5 行表示输出数组的形状，即 3 行 3 列。

【运行结果】

第 3 行的输出结果：

```
[[1 2 3]
 [2 3 4]
 [3 4 5]]
```

第 4 行的输出结果：2

第 5 行的输出结果：(3, 3)

一维 NumPy 数组只有一个轴(即 axis=0)；二维数据有两个轴(即 axis=0 和 axis=1)。对于二维 NumPy 数组来说，当在带有 axis 参数的二维数组上使用聚合函数时，如 np.sum()，它会将二维数组折叠为一维数组进行计算，即减少维度。换句话说，将 NumPy 聚合函数与 axis 参数一起使用时，指定的轴是折叠的轴。

例 3.16

```
1:  import numpy as np
2:  ndarray = np.array([[0,1,2], [3,4,5]])
3:  print(ndarray)
4:  print(np.sum(ndarray, axis = 0))
5:  print(np.sum(ndarray, axis = 1))
```

【例题解析】

第 2 行定义了一个数组 ndarray。

第 4 行表示将数组 ndarray 沿行(axis=0)向下求和，即[0+3, 1+4, 2+5]。

第 5 行表示将数组 ndarray 沿列(axis=1)横穿求和，即[0+1+2, 3+4+5]。

【运行结果】

第 3 行的输出结果：

```
[[0 1 2]
 [3 4 5]]
```

第 4 行的输出结果：[3 5 7]

第 5 行的输出结果：[3 12]

综上，之所以要设置不同的轴，是因为在进行数据分析时，可以根据不同的需求进行不同维度的处理。

3.2 pandas 基础

pandas 最初由 AQR Capital Management 于 2008 年 4 月开发，并于 2009 年年底开源面市。pandas 含有使数据清洗和分析工作变得更快、更简单的数据结构和操作工具，是 Python 的一个数据分析包，经常和其他工具一同使用。

pandas 支持大部分 NumPy 语言风格的数组计算，尤其是数组函数以及没有 for 循环的各种数据处理。尽管 pandas 采用了大量的 NumPy 编码风格，但二者最大的不同是 pandas 是专门为处理表格和混杂数据设计的。而 NumPy 更适合处理统一的数值数组数据。

在 Python 中调用 pandas 往往使用 import pandas as pd，在调用 pandas 中的模块或函数时，应该使用"pd. 模块或函数名称"的方式。

3.2.1 pandas 数据结构

使用 pandas 需要先熟悉它的两个主要数据结构，即 Series 和 DataFrame。这两个主要的数据结构并不能解决所有问题，但它们为大多数应用提供了一种可靠的、易于使用的基础。接下来，主要介绍这两种数据结构的创建和基本使用。

1. Series 数据结构

Series 数据结构类似于一维数组，由一组数据和对应的索引组成。Series 的表现形式为索引在左边，值在右边。如果在创建 Series 对象时没有指定索引，会自动创建一个 $0 \sim N-1$（N 为数据的长度）的整数型索引。Series 的参数中可带入列表、元组、字典。其中，如果传入字典，字典的键 key 和值 value 将自动转换成 Series 对象的索引和元素。

例 3.17

```
1:  import pandas as pd
2:  Series_1 = pd.Series(['a',2,'螃蟹'],index = [1,2,3])
3:  print(Series_1)
4:  Series_2 = pd.Series((4, 5, 7, 1))
5:  print(Series_2)
6:  Series_3 = pd.Series({'a':1, 'b':2})
7:  print(Series_3)
```

【例题解析】

该例演示如何从列表、元组和字典创建 Series 对象。

第 2 行、第 4 行和第 6 行分别通过参数带入列表、元组和字典创建了 Series 对象。需要说明的是，当参数带入字典时，字典的键（即 a 和 b）和值（即 1 和 2）将分别自动转换成

Series 对象的索引和元素。

【运行结果】

第 4 行的输出结果：
```
1        a
2        2
3        螃蟹
dtype：object
```
第 6 行的输出结果：
```
0        4
1        5
2        7
3        1
dtype：int64
```
第 8 行的输出结果：
```
a        1
b        2
dtype：int64
```

Series 中的单个或一组值可通过索引的方式选取。另外，使用 NumPy 函数或类似 NumPy 的运算（如根据条件进行过滤、标量乘法、应用数学函数等）都会保留索引值的链接。

例 3.18

```
1:  import pandas as pd
2:  series = pd.Series([4, 7, -5, 3], index = ['a', 'b', 'c', 'd'])
3:  print(series)
4:  print(series['a'])
5:  print(series[['a', 'b', 'c']])
6:  print(series[series > 0])
7:  print(series * 2)
```

【例题解析】

第 2 行创建了一个 Series 对象 series，其参数中代入的是列表且通过参数 index=['a', 'b', 'c', 'd']指定索引。

第 4 行通过指定索引的方式访问 Series 对象 series 中的单个值，即索引'a'处的值 4。

第 5 行通过索引的方式访问 Series 对象 series 中的多个值。

第 6 行表示对 Series 数据结构的 series 进行过滤运算，即保留了值大于 0 的内容。

第 7 行对 series 进行标量乘法运算，即将 series 中的每一个值都乘以 2。

【运行结果】

第 3 行的输出结果：
```
a        4
b        7
c        -5
d        3
dtype：int64
```

第 4 行的输出结果：4

第 5 行的输出结果：
```
a    4
b    7
c    -5
dtype: int64
```

第 6 行的输出结果：
```
a    4
b    7
d    3
dtype: int64
```

第 7 行的输出结果：
```
a    8
b    14
c    -10
d    6
dtype: int64
```

2. DataFrame 数据结构

DataFrame 是一个表格型的数据结构，含有一组有序的列，每列可以是不同的值类型(数值、字符串、布尔值等)。DataFrame 对象既有行索引也有列索引，其可以被视为一个共享相同索引的 Series 字典。构建 DataFrame 对象常用的方法是利用一个等长列表组成的字典或 NumPy 数组构建。

例 3.19

```
1:  import pandas as pd
2:  import numpy as np
3:  dt = {'name':['张三', '李四', '王五'],
         'sex':['male', 'female','male' ],
         'year':[2019, 2017, 2020],
         'city':['北京', '上海','深圳' ]}
4:  df_1 = pd.DataFrame(dt)
5:  print(df_1)
6:  df_2 = pd.DataFrame(np.random.randint(0,11,[2,3]),
                        index = np.arange(0,2),columns = ['A','B','C'])
7:  print(df_2)
8:  df_3 = DataFrame(dt,columns = ['name','sex','month','city'], index = ['a','b','c'])
9:  print(df_3)
```

【例题解析】

该例演示了利用一个等长列表组成的字典或 NumPy 数组构建 DataFrame 对象。

第 3 行定义了一个等长列表组成的字典 dt，字典中的所有关键字(key)将是未来定义的 DataFrame 对象的列索引，每一个索引下的列表值是 DataFrame 对象列索引下的具体值。

第 4 行创建了 DataFrame 对象 df_1。由第 5 行的输出结果可以看出，DataFrame 对象有行索引和列索引，行索引类似于 Excel 表格中每行的编号(没有指定行索引的情况下)，当没有指定行索引的情况下，会使用 $0 \sim N-1$(N 为数据的长度)作为行索引；列索引类似于 Excel 表格的列名(通常也可称为字段)。

第 6 行利用一个 NumPy 数组(即 2 行 3 列，值为 0～10 的随机整数的数组)构建 DataFrame 对象 df_2。其中，index 指定了行索引的排列顺序，即 0、1，参数 columns 指定了列索引的排列顺序，即 A、B、C。通过输出结果可以看出，DataFrame 对象会自动加上索引，并且全部列按给定索引顺序有序排列。

与 Series 类似，如果传入的列在数据中找不到，就会在结果中产生缺失值。第 8 行利用等长的列表组成字典 dt(第 2 行定义)构建 DataFrame 对象 df_3。columns 参数指定的列名与数据字典的关键字进行匹配，没有匹配到的列以空值(NaN)填充。

【运行结果】

第 5 行的输出结果：

	name	sex	year	city
0	张三	male	2019	北京
1	李四	female	2017	上海
2	王五	male	2020	深圳

第 7 行的输出结果(结果不唯一)：

	A	B	C
0	7	1	6
1	3	4	6

第 9 行的输出结果：

	name	sex	month	city
a	张三	male	NaN	北京
b	李四	female	NaN	上海
c	王五	male	NaN	深圳

3.2.2 索引重命名与重新索引

本节主要介绍索引的重命名和重新索引操作。

rename()函数可以实现对 Series 或 DataFrame 对象索引名称的修改。rename()函数的语法格式为：

```
DataFrame.rename(mapper = None, index = None, columns = None, axis = None, copy = True,
inplace = False, level = None, errors = 'ignore')
```

该函数的功能是修改 Series 或 DataFrame 对象的索引名称，返回一个修改后的 Series 或者 DataFrame 对象。rename()函数的参数及描述如表 3-8 所示。其中，常用的参数为 index、columns 和 inplace。

表 3-8 rename()函数的参数描述

参数	描述
mapper	映射结构，修改 columns 或 index 要传入一个映射体，可以是字典、函数。修改列标签跟 columns 参数一起；修改行标签跟 index 参数一起
index	行标签参数，mapper，axis=0 等价于 index=mapper

续表

参数	描　述
columns	列标签参数，mapper，axis=1 等价于 columns=mapper
axis	轴标签格式，0 代表 index，1 代表 columns，默认为 index
copy	默认为 True，赋值轴标签后面的数据
inplace	默认为 False，不在原处修改数据，返回一个新的 DataFrame
level	默认为 None，处理单个轴标签(有的数据会有两个或多个 index 或 columns)
errors	默认 ignore，如果映射体里面包含 DataFrame 没有的轴标签，忽略不报错。

例 3.20

```
 1:  import pandas as pd
 2:  series = pd.Series([4.5, 7.2, -5.3, 3.6], index = ['d', 'b', 'a', 'c'])
 3:  print(series)
 4:  series_rename = series.rename(index = {'d':'m', 'b':'n', 'a':'o', 'c':'p'}, inplace =
False)
 5:  print(series_rename)
 6:  dt = {'name':['张三', '李四', '王五', '小红'],
           'sex':['male', 'female', 'male', 'male'],
           'year':[2019, 2017,2020,2021]}
 7:  df = pd.DataFrame(dt, index = ['a','b','c','d'])
 8:  print(df)
 9:  df_rename = df.rename(index = {'a':'m', 'b':'n', 'c':'o', 'd':'p'},
                         columns = {'year':'Year'}, inplace = False)
10:  print(df_rename)
```

【例题解析】

第 2 行定义了一个 Series 数据结构 series。第 4 行利用 rename()函数将标签参数“d,b,a,c”改为“m,n,o,p”，由于 inplace=False，series 数据没有被修改，而是返回一个新的 DataFrame 对象 series_rename。

第 6 行利用等长的列表定义了一个字典 dt。第 7 行利用字典 dt 构建 DataFrame 对象 df，并指明了行索引为“'a','b','c','d'”。第 9 行利用 rename()函数将 DataFrame 对象 df 行标签参数“a,b,c,d”改为“m,n,o,p”，列标签参数“year”改为“Year”，由于 inplace=False，df 数据没有被修改，而是返回一个新的 DataFrame 对象 df_rename。

【运行结果】

第 3 行的输出结果：
```
d      4.5
b      7.2
a     -5.3
c      3.6
dtype: float64
```

第 5 行的输出结果：
```
m      4.5
n      7.2
```

```
o      -5.3
p      3.6
dtype: float64
```

第 8 行的输出结果：

```
   name   sex     year
a  张三   male    2019
b  李四   female  2017
c  王五   male    2020
d  小红   male    2021
```

第 10 行的输出结果：

```
   name   sex     Year
m  张三   male    2019
n  李四   female  2017
o  王五   male    2020
p  小红   male    2021
```

重新索引并不是给索引重新命名，而是对索引进行排序，如果某个索引值不存在，将引入空值。reindex()是 pandas 对象的一个重要函数。reindex()函数的作用是对 Series 或 DataFrame 对象创建一个适应新索引的新对象。其语法格式为：

```
DataFrame.reindex(labels = None, index = None, columns = None, axis = None, method = None,
copy = True, level = None, fill_value = nan, limit = None, tolerance = None)
```

该方法的参数及描述如表 3-9 所示。

表 3-9　reindex()方法的参数及描述

参数	描　　述
index	用作索引的新序列
method	差值(填充)方式；'ffill'为前向填充，'bfill'为后向填充
fill_value	在重新索引的过程中，需要引入缺失值时使用的替代值
limit	向前或向后填充时的最大填充量
tolerance	向前或向后填充时，填充不准确匹配项的最大间距(绝对值距离)
level	在 MultiIndex 的指定级别上匹配简单索引，否则选取其子集
copy	默认为 True，即使新索引等于旧索引，也总是复制底层数据；如果为 False，则新旧索引相同时就不复制。

续例 3.20(1)

```
11:  series_reindex = series.reindex(['a', 'b', 'c', 'd', 'e'])
12:  print(series_reindex)
```

【例题解析】

第 11 行利用 Series 对象的 reindex()函数，将 series 按照指定的顺序(即['a', 'b', 'c', 'd', 'e'])重新排序。由于 series 中并无索引"e"，即存在缺失值，用 NaN 填补。

【运行结果】

```
a    −5.3
b    7.2
c    3.6
d    4.5
e    NaN
dtype: float64
```

DataFrame 调用 reindex()函数时，可以对其行和列索引进行重新索引。其中，当只传递一个序列时，默认是对行重新索引，与指定 index 参数所起作用是一致的。如果要对列重新索引，需要设置 columns 参数。

续例 3.20(2)

```
13:  df_reindex_1 = df.reindex(['a', 'b', 'c', 'd', 'e'])
14:  print(df_reindex_1)
15:  list = ['name', 'year', 'id']
16:  df_reindex_2  = df.reindex(columns = list)
17:  print(df_reindex_2)
```

【例题解析】

第 13 行通过一个序列['a', 'b', 'c', 'd', 'e']实现行被重新索引，由于 df 中并无索引"e"，即存在缺失值，用 NaN 填补得到 df_reindex_1。第 16 行通过使用 columns 关键字利用 list 实现了对 df 的列被重新索引。由于 df 中并无列索引"id"，即存在缺失值，用 NaN 填补得到 df_reindex_2。

【运行结果】

第 14 行的输出结果：

```
   name  sex     year
a  张三  male    2019.0
b  李四  female  2017.0
c  王五  male    2020.0
d  小红  male    2021.0
e  NaN   NaN     NaN
```

第 17 行的输出结果：

```
   name  year  id
a  张三  2019  NaN
b  李四  2017  NaN
c  王五  2020  NaN
d  小红  2021  NaN
```

3.2.3 数据基本操作

在数据分析中，常用的数据基本操作为"增、删、改、查"。

1. 增加数据

增加包括向 DataFrame 对象中添加新的行和新的列两种不同的操作。

(1) 当向 DataFrame 对象中添加新的行时，可以使用 append()函数。其语法格式为：

```
DataFrame.append(other, ignore_index = False, verify_integrity = False, sort = None)
```

该函数的功能是为 DataFrame 对象的末尾添加新的行，返回一个新的 DataFrame 对象。append()函数的参数及描述如表 3-10 所示。

表 3-10 append()函数的参数描述

参数	描述
other	DataFrame、Series、dict、list 这样的数据结构
ignore_index	默认值为 False，如果为 True，则不使用 index 标签
verify_integrity	默认值为 False，如果为 True，当创建相同的 index 时会抛出 ValueError 的异常
sort	boolean，默认是 None

例 3.21

```
1:  import pandas as pd
2:  dt = {'name':['张三', '李四', '王五', '小红'], 'sex':['male', 'female', 'male', 'male'],
'year':[2019, 2017,2020,2021],'score':[90, 88,93,89]}
3:  df = pd.DataFrame(dt, index = ['a', 'b', 'c', 'd'])
4:  print('初始 DataFrame:\n',df)
5:  dict_add = {'name': '小张','sex': 'female', 'year':2021, 'score':95}
6:  df_add = df.append(dict_add, ignore_index = True)
7:  print('使用 append()函数添加一行数据后的 DataFrame:\n',df_add)
```

【例题解析】

第 3 行利用字典 dt 构建 DataFrame 对象 df，并指明了行索引。

第 5 行定义了一个字典 dict_add。

第 6 行利用 append()函数将字典 dict_add 作为新的行添加到 df 得到 DataFrame 对象 df_add。因为 ignore_index 为 True，即不使用 index 的标签。

【运行结果】

第 4 行的输出结果：初始 DataFrame：

```
     name   sex     year   score
a    张三   male    2019    90
b    李四   female  2017    88
c    王五   male    2020    93
d    小红   male    2021    89
```

第 7 行的输出结果：使用 append()函数添加一行数据后的 DataFrame：

```
  name  sex     year  score
0 张三  male    2019  90
1 李四  female  2017  88
2 王五  male    2020  93
3 小红  male    2021  89
4 小张  female  2021  95
```

(2) 当向 DataFrame 对象中添加新的列时,可以采用赋值语句或 insert 函数。在赋值语句中,如果赋值列在原数据框中不存在,则直接在数据框的最后增加该列。此外,也可以使用 insert()函数添加新的列,其语法格式为:

```
DataFrame.insert(loc, column, value, allow_duplicates = False)
```

该函数返回一个新的 DataFrame 对象。insert()函数的参数及描述如表 3-11 所示。

表 3-11 insert()函数的参数描述

参 数	描 述
loc	int 型,表示第几列;若在第一列插入数据,则 loc=0
column	给插入的列取名,如 column='新的一列'
value	数字,array,series 等都可以
allow_duplicates	是否允许列名重复,默认为 False,当为 True 时表示允许新的列名与已存在的列名重复

续例 3.21(1)

```
 8:  df_add['age'] = [23, 25, 22, 20,21]
 9:  print('使用赋值语句添加一列数据后的 DataFrame:\n',df_add)
10:  df_add.insert(loc = 1,column = 'id', value = [13, 15, 10, 8, 6], allow_duplicates =
False)
11:  print('使用 insert()函数添加一列数据后的 DataFrame:\n',df_add)
```

【例题解析】

第 8 行采用赋值语句向数据框中添加了新列“age”,该列中的值为“23, 25, 22, 20, 21”。

第 10 行采用 insert()函数在 df_add 列索引为 1 处添加一列名为“id”的列,并且该列中的值为“13, 15, 10, 8, 6”。需要注意的是,该列的长度应该与其他列的长度一致。

【运行结果】

第 9 行的输出结果:使用赋值语句添加一列数据后的 DataFrame:

```
  name  sex     year  score  age
0 张三  male    2019  90     23
1 李四  female  2017  88     25
2 王五  male    2020  93     22
3 小红  male    2021  89     20
```

```
4   小张   female   2021   95   21
```

第 11 行的输出结果：使用 insert()函数添加一列数据后的 DataFrame：

```
    name  id  sex     year  score  age
0   张三  13  male    2019  90     23
1   李四  15  female  2017  88     25
2   王五  10  male    2020  93     22
3   小红  8   male    2021  89     20
4   小张  6   female  2021  95     21
```

2. 删除数据

如果想要删除 DataFrame 对象中的一行或一列数据，可以通过 drop()函数实现，其语法格式为：

```
DataFrame.drop(labels = None, axis = 0, index = None, columns = None, inplace = False)
```

该函数的功能是删除 DataFrame 对象中的指定行或者列，返回一个新的 DataFrame 对象。drop()函数的参数及描述如表 3-12 所示。

表 3-12　drop()函数的参数描述

参数	描　述
labels	要删除的索引或列标签
axis	从索引 0 或"index"还是从列 1 或"columns"中删除标签
index	直接指定要删除的行
columns	直接指定要删除的列
inplace	默认该删除操作不改变原数据，返回一个执行删除操作后的新 DataFrame

续例 3.21(2)

```
12:  df_delRow = df_add.drop(1)
13:  print('使用 drop()函数删除一行数据:\n',df_delRow)
14:  df_delCol = df_add.drop('age', axis = 1)
15:  print('使用 drop()函数删除一列数据:\n',df_delCol)
```

【例题解析】

第 12 行利用 drop()函数删除 df_delRow 中索引为 1 的行，即删除"李四"所在的行。第 14 行通过设置 axis=1，删除 df_delCol 中的"age"列。

【运行结果】

第 13 行的输出结果：使用 drop()函数删除一行数据：

```
    name  id  sex   year  score  age
0   张三  13  male  2019  90     23
2   王五  10  male  2020  93     22
3   小红  8   male  2021  89     20
```

4	小张	6	female	2021	95	21

第 15 行的输出结果：使用 drop()函数删除一列数据：

	name	id	sex	year	score
0	张三	13	male	2019	90
1	李四	15	female	2017	88
2	王五	10	male	2020	93
3	小红	8	male	2021	89
4	小张	6	female	2021	95

3. 数据修改

如果想要修改 DataFrame 对象中的数据，可以通过 replace()函数实现，其语法格式为：

```
DataFrame. replace(old, new[, max])
```

其中，old 参数是将被替换的值；new 参数是新值，用于替换 old 值；max 为可选参数，表示替换不超过 max 次。该函数的功能是修改 DataFrame 对象中所有匹配的值，返回一个新的 DataFrame 对象。

修改 DataFrame 对象中的数据还可以使用 loc 函数和 iloc 函数实现。其中，loc[]函数用行列标签选择数据，选定的数据范围前闭后闭；iloc[]函数用于行列索引值选择数据，选定的数据范围前闭后开。

续例 3.21(3)

```
16:  df_update = df.replace(2020,2019)
17:  print('使用 replace()函数修改数据:\n',df_update)
18:  df_update.loc['b','name'] = '小丽'
19:  print('使用 loc 函数修改一个数据:\n',df_update)
20:  df_update.loc['b'] = ['小丽', 'Female', 2021,88]
21:  print('使用 loc 函数修改一行数据:\n',df_update)
22:  df_update.loc['b',['name', 'year']] = ['小蒙', 2019]
23:  print('使用 loc 函数修改部分数据:\n',df_update)
24:  df_update.iloc[2,1] = 'female'
25:  print('使用 iloc 函数修改一个数据:\n',df_update)
26:  df_update.iloc[:,2] = [2018,2021,2019,2017]
27:  print('使用 iloc 函数修改一列数据:\n',df_update)
28:  df_update.iloc[0,:] = ['小娜', 'female', 2021,95]
29:  print('使用 iloc 函数修改一列数据:\n',df_update)
```

【例题解析】

修改前后 DataFrame 对象中元素的变化如图 3-2 所示。

该例旨在说明利用 replace 函数、loc 函数和 iloc 函数对 DataFrame 对象中的元素进行修改时的区别。

(1) replace()函数能修改 DataFrame 对象中所有匹配的值。第 16 行将 df 中所有的

	name	sex	year	score
a	张三	male	2019	90
b	李四	female	2017	88
c	王五	male	2020	93
d	小红	male	2021	89

修改后 ⇒

	name	sex	year	score
a	小娜	female	2021	95
b	小蒙	Female	2021	88
c	王五	female	2019	93
d	小红	male	2017	89

图 3-2 修改前后 DataFrame 对象中元素的变化

“2020”修改为“2019”，并存到新的 DataFrame 对象 df_update 中。

(2) loc()函数中使用的参数是行列标签。

第 18 行利用 loc()函数将 DataFrame 对象 df_update 中行标签为'b'，列标签为'name'位置处的元素修改为“小丽”。

第 20 行利用 loc()函数修改行标签为 'b' 的行的所有元素，将“'小丽','female',2017，88”修改为“'小丽','Female',2021,88”。

第 22 行将 loc()函数的行标签设为'b'，列标签设为列表['name','year']，修改行列相交位置处的元素值“'小丽',2021”，修改为“'小蒙',2019”。

(3) iloc()函数中参数使用的是行列索引值。

第 24 行利用 iloc()函数将 DataFrame 对象 df_update 行索引为 2，列索引为 1 位置处的元素修改为“female”。

第 26 行利用 iloc()函数将 DataFrame 对象 df_update 中列索引为 2 所在列的所有元素修改为“2018,2021,2019,2017”。

第 28 行利用 iloc()函数将 DataFrame 对象 df_update 行索引为 0 所在行的所有元素修改为“'小娜','female', 2021,95”。

【运行结果】

第 17 行的输出结果：使用 replace()函数修改数据：

	name	sex	year	score
a	张三	male	2019	90
b	李四	female	2017	88
c	王五	male	2019	93
d	小红	male	2021	89

第 19 行的输出结果：使用 loc()函数修改一个数据：

	name	sex	year	score
a	张三	male	2019	90
b	小丽	female	2017	88
c	王五	male	2019	93
d	小红	male	2021	89

第 21 行的输出结果：使用 loc()函数修改一行数据：

	name	sex	year	score
a	张三	male	2019	90

b	小丽	female	2021	88
c	王五	male	2019	93
d	小红	male	2021	89

第23行的输出结果：使用loc()函数修改部分数据：

	name	sex	year	score
a	张三	male	2019	90
b	小蒙	female	2019	88
c	王五	male	2019	93
d	小红	male	2021	89

第25行的输出结果：使用iloc()函数修改一个数据：

	name	sex	year	score
a	张三	male	2019	90
b	小蒙	female	2019	88
c	王五	female	2019	93
d	小红	male	2021	89

第27行的输出结果：使用iloc()函数修改一列数据：

	name	sex	year	score
a	张三	male	2018	90
b	小蒙	female	2021	88
c	王五	female	2019	93
d	小红	male	2017	89

第29行的输出结果：使用iloc()函数修改一列数据：

	name	sex	year	score
a	小娜	female	2021	95
b	小蒙	female	2021	88
c	王五	female	2019	93
d	小红	male	2017	89

4. 数据查询

数据分析中，经常需要选取部分数据进行处理和分析。可以通过数据框对象的行列标签或者索引完成数据的提取工作。

1）选取列

一般是通过列标签获取DataFrame对象的列数据，返回的数据为Series结构；通过列表可以获取多列的数据，返回的数据为DataFrame结构。

续例3.21(4)

```
30:  print(df['name'])
31:  print(df[['name', 'sex']])
```

【例题解析】

第 30 行表示获取 DataFrame 对象 df 的列标签为‘name’的列数据。第 31 行表示获取 DataFrame 对象 df 的列标签为‘name’和‘sex’的列数据。

【运行结果】

第 27 行的输出结果：
```
a        张三
b        李四
c        王五
d        小红
Name：name，dtype：object
```

第 28 行的输出结果：
```
     name    sex
a    张三    male
b    李四    female
c    王五    male
d    小红    male
```

2）选取行

一般通过行标签或者行索引的方式获取 DataFrame 对象的行数据，返回的数据为 Series 结构；通过行标签或者行索引切片的方式可以获取多行的数据，返回的数据为 DataFrame 结构。

续例 3.21(5)

```
32:  print(df.loc['b'])
33:  print(df.iloc[1])
34:  print(df[0: 2])
35:  print(df['a': 'c'])
```

【例题解析】

第 32 行利用 loc()函数获取行标签为‘b’的单行数据，返回一个 Series 结构；第 33 行利用 iloc()函数单独获取行索引为 1 的行数据。比较二者的输出结果，无论是通过行标签还是行索引，在相同的位置上获取的行数据相同。

第 34 行利用行索引的切片形式获取行索引 0 至行索引 2 处的行数据(左闭右开)；第 35 行利用行标签的切片形式获取行标签为‘a’至行索引标签为‘c’处的行数据(左闭右闭)。

【运行结果】

第 29 行的输出结果：
```
name      李四
sex       female
year      2017
score     88
Name：b，dtype：object
```

第 30 行的输出结果：
```
name      李四
sex       female
```

year　　2017
score　　88
Name：b，dtype：object

第 31 行的输出结果：

	name	sex	year	score
a	张三	male	2019	90
b	李四	female	2017	88

第 32 行的输出结果：

	name	sex	year	score
a	张三	male	2019	90
b	李四	female	2017	88
c	王五	male	2020	93

另外，如果仅仅想查询 DataFrame 对象中的前几行或者后几行的数据，可以通过 head() 或者 tail()函数实现。其中，head()函数的语法格式为：DataFrame. head(n)，表示返回前 n 行的数据。例如，DataFrame. head(3)表示返回前 3 行数据。与之对应的是 tail()函数，语法格式与 head()函数类似，其含义为返回后 n 行的数据。

3) 选取行和列子集

在数据分析中，有时可能只是对某个位置的数据进行操作，这种操作与行列均有关系，可通过 at 和 iat 方法实现。其中，at 方法是按行列标签选取数据；iat 方法是按行列索引选取数据。

续例 3.21(6)

```
36:  print(df.at['a','name'])
37:  print(df.iat[0,0])
```

【例题解析】

第 36 行利用 at 方法获取行标签'a'和列标签'name'处的数据，即张三；第 37 行利用 iat 方法单独获取行索引 0 和列索引 0 处的数据，即张三。通过对二者的输出结果比较，在相同位置处通过行列标签和行列索引获取的数据相同。

【运行结果】

第 36 行的输出结果：张三
第 37 行的输出结果：张三

小结

本章重点介绍了 NumPy 和 pandas 基础。

NumPy 中主要介绍了其核心特征之一的 N 维数组对象 ndarray，包括 ndarray 数组的创建、常用属性、数据类型、算术操作、索引和切片以及理解 NumPy 中的轴。其中，创建数组最简单的方式就是使用 array 函数，该函数接收任意的序列型对象(也包括其他的数组)，生成一个新的包含传递数据的 NumPy 数组。ndarray 数组的常用属性包括 shape、dtype、ndim

等。常用的数据类型有浮点型(float)、整数(int)、布尔值(bool)等。常用算术操作主要包括数组和标量间的运算、通用函数、条件逻辑运算、统计运算、布尔型数组运算以及排序等。

pandas 基础中主要介绍了常用的数据结构、索引操作以及数据基本操作。首先,两个主要的数据结构,即 Series 和 DataFrame。Series 数据结构类似于一维数组,但其是由一组数据(各种 NumPy 数据类型)和对应的索引组成。DataFrame 是一个表格型的数据结构,其既有行索引也有列索引。然后,对 Series 和 DataFrame 从重新索引以及对数据行、列的操作两个主要方面进行了介绍。最后,介绍了 DataFrame 上执行基本的数据操作即"增、删、改、查"的常用方法。

习题

请从以下各题中选出正确答案(正确答案可能不止一个)。

1. 计算 NumPy 中元素个数的方法是(　　)。

   A. np. sqrt()　　B. np. size()　　C. np. identity()　　D. np. eye()

2. 已知 c=np. arange(24). reshape(3,4,2),那么 c. sum(axis=0)所得的结果为(　　)。

   A. array([[12 16] [44 48] [76 80]])

   B. array([[1 5 9 13] [17 21 25 29] [33 37 41 45]])

   C. array([[24 27] [30 33] [36 39] [42 45]])

   D. array([[4 6 8 10] [20 22 24 26] [36 38 40 42]])

3. 有数组 n=np. arange(24). reshape(2,-1,2,2),n. shape 返回的结果是(　　)。

   A. (2,3,2,2)　　B. (2,2,2,2)　　C. (2,4,2,2)　　D. (2,6,2,2)

4. NumPy 中向量转成矩阵使用(　　)。

   A. reshape()　　B. resize()　　C. arange()　　D. random()

5. 以下(　　)可实现使用 NumPy 生成 20 个 0～100 随机数并创建 DataFrame 对象。

   A. temp = np. random. randint(1,100,20)
      DF = pd. DataFrame(temp)

   B. temp = np. random. randint(1,101,20)
      DF = pd. DataFrame(temp)

   C. temp = np. random. randint(0,101,20)
      DF = pd. DataFrame(temp)

   D. temp = np. random. randint(0,100,20)
      DF = pd. DataFrame(temp)

6. df. tail()这个函数是用来(　　)。

   A. 创建数据　　B. 查看数据　　C. 增加数据　　D. 修改数据

7. 最简单的 series 是由(　　)数据构成的。

   A. 一个数组　　B. 两个数组　　C. 三个数组　　D. 四个数组

8. 下列关于 DataFrame 说法正确的是(　　)。

   A. DataFrame 是一个类似二维数组的对象

B. DataFrame是由数据和索引组成

C. DataFrame有行索引与列索引

D. 默认情况下DataFrame的行索引在最右侧

9.

```
1: import pandas as pd
2: df = pd.DataFrame({'a':list("opq"),'b':[3,2,1]},index = ['e','f','g'])
```

针对以上代码,以下说法正确的是(　　)

A. df[0:1]返回第0行的数据

B. df[0:1]返回第0列的数据

C. df[0]会报错

D. df['e']会报错

10. 以下代码的输出结果为(　　)。

```
1: import pandas as pd
2: obj = pd.Series([4.5, 7.2, -5.3, 3.6], index = ['d', 'b', 'a', 'c'])
3: obj2 = obj.reindex(['a', 'b', 'c', 'd', 'e'])
4: print(obj2)
5: obj3 = obj.reindex(['a', 'b', 'c', 'd', 'e'], fill_value = 0)
6: print(obj3)
```

A. 第4行的输出结果:
```
a    -5.3
b    7.2
c    3.6
d    4.5
e    4.5
dtype: float64
```
第6行的输出结果:
```
a    -5.3
b    7.2
c    3.6
d    4.5
e    0.0
dtype: float64
```

B. 第4行的输出结果:
```
a    -5.3
b    7.2
c    3.6
d    4.5
dtype: float64
```
第6行的输出结果:
```
a    -5.3
b    7.2
c    3.6
d    4.5
e    0.0
dtype: float64
```

C. 第4行的输出结果:
```
a    -5.3
b    7.2
c    3.6
d    4.5
e    NaN
dtype: float64
```
第6行的输出结果:
```
a    -5.3
b    7.2
c    3.6
d    4.5
dtype: float64
```

D. 第4行的输出结果：

a　−5.3
b　7.2
c　3.6
d　4.5
e　NaN
dtype：float64

第6行的输出结果：

a　−5.3
b　7.2
c　3.6
d　4.5
e　0.0
dtype：float64

第 4 章

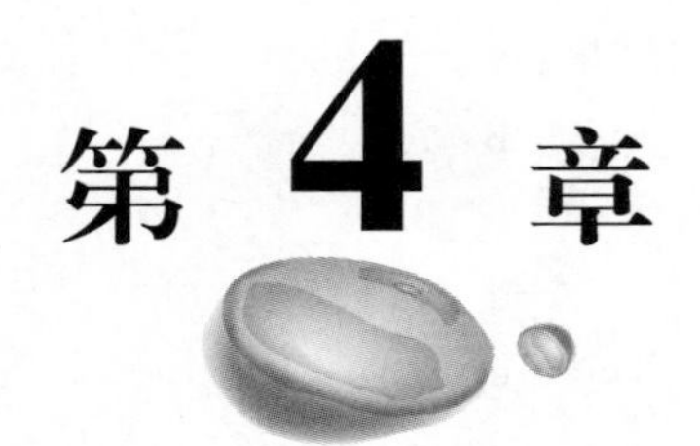

数据获取与导入

【学习目标】

学完本章之后，读者将掌握以下内容。

- 获取数据的来源。
- 网络数据抓取技术。
- 常用类型文件的导入导出，包括一般文件、CSV 文件、JSON 文件和数据库文件。

4.1 数据获取

数据获取，又称数据采集，为数据分析提供了素材和依据。在数据量爆发式增长的互联网时代，即使足不出户，获取海量、内容丰富的数据已不再是难事。数据一般包括一手数据和二手数据。一手数据主要指可通过访谈、询问、问卷调查等方式直接获取的数据，二手数据主要指经过加工整理后得到的数据。

一般的数据来源包括：

(1) 数据库。每个公司都有自己的数据库，存放公司相关业务数据。这个业务数据库就是一个庞大的数据资源，蕴含丰富的信息和知识，需要有效地利用。

(2) 公开出版物。可用于收集数据的公开出版物，包括《中国统计年鉴》《中国社会统计年鉴》《中国人口统计年鉴》《世界经济年鉴》《世界发展报告》等统计年鉴或报告。

(3) 互联网。随着互联网的发展，网络上发布的数据越来越多。例如，国家及地方统计局网站、行业组织网站、政府机构网站、传播媒体网站、大型综合门户网站等。

(4) 市场调查。市场调查可以弥补其他数据收集方式的不足。例如，如果需要了解用户的想法与需求，通过以上三种方式获得此类数据会比较困难。可以尝试使用市场调查的方法。但是，该方法所需费用较高，而且会存在一定误差。

4.2　网络爬虫

网络爬虫又称网页蜘蛛、网络机器人，是一种按照一定的规则、自动请求万维网网站并提取网络数据的程序或脚本。如果说网络像一张网，那么爬虫就是网上的一只小虫子，在网上爬行的过程中遇到了数据，就把它爬取下来。这里的数据是指互联网上公开的并且可以访问到的网页信息，而不是网站的后台信息，更不是用户注册的信息。

4.2.1　网页结构

想要对网页进行爬取，首先需要了解网页结构。网页都是由 HTML 编写，通过标签显示网页中的各个部分。浏览器按照顺序阅读 HTML 文件，然后根据 HTML 标签解释和显示各种内容。

HTML 标签是用尖括号包围的关键词，通常是成对出现的，比如使用标签<a>和</a>就可以在网页中创建链接。HTML 标签可以拥有属性，属性提供了有关 HTML 标签更多的信息。属性总是以名称/值对的形式出现，例如：<a href="http://www.w3school.com.cn">，其中，href 就是标签<a>的属性名称，属性值是链接地址。

例 4.1　HTML 基本结构

```
1:  <html>
2:  <head>
3:  </head>
4:  <body>
5:  </body>
6:  </html>
```

【例题解析】

一个最基本的网页一般由以下三部分组成。

(1) <html>…</html>是整个网页文件的开始和结束标签，其他全部标签都要放在这对标签之间。

(2) <head>…</head>标签用于定义文件的头部，描述了文件的各种属性和信息，包括文件的标题等。

(3) <body>…</body>标签用于定义文件的主体，包含文件的所有内容，如文本、超链接、图像、表格和列表等。

在浏览器中打开 http://www.stdu.edu.cn 网页，右击选择"查看页面源代码"，可以看到石家庄铁道大学首页的全部 HTML 代码，如图 4-1 所示。

虽然每个网页都是由 HTML 编写，但是网站在具体实现时却有千差万别。所以在网页爬取之前，需要通过观察分析要爬取内容的层次结构，以便精准地爬取相关内容。如果只想查看网页上具体某项内容的层次结构，可以直接在浏览器的右键菜单中选择"检查"命令实现。例如，想查看石家庄铁道大学首页中"通知公告"板块的层级结构，可以使

```
<!DOCTYPE html>
<html lang="en-gb" dir="ltr" class='com_content view-featured itemid-101 home j39 mm-hover'>

<head>
        <meta http-equiv="content-type" content="text/html; charset=utf-8" />
        <meta name="generator" content="Joomla! - Open Source Content Management" />
        <title>石家庄铁道大学---慎思明辨，知行合一</title>
        <link href="/templates/t3_bs3_blank/favicon.ico" rel="shortcut icon" type="image/vnd.microsoft.icon" />
        <link href="/templates/t3_bs3_blank/local/css/bootstrap.css" rel="stylesheet" type="text/css" />
        <link href="/templates/system/css/system.css" rel="stylesheet" type="text/css" />
        <link href="/templates/t3_bs3_blank/local/css/legacy-grid.css" rel="stylesheet" type="text/css" />
        <link href="/plugins/system/t3/base-bs3/fonts/font-awesome/css/font-awesome.min.css" rel="stylesheet" type="text/css" />
        <link href="/templates/t3_bs3_blank/local/css/template.css" rel="stylesheet" type="text/css" />
        <link href="/templates/t3_bs3_blank/local/css/megamenu.css" rel="stylesheet" type="text/css" />
        <link href="/templates/t3_bs3_blank/fonts/font-awesome/css/font-awesome.min.css" rel="stylesheet" type="text/css" />
        <link href="/plugins/system/jabuilder/assets/css/jabuilder.css" rel="stylesheet" type="text/css" />
        <link href="/modules/mod_lofarticlesslideshow/assets/jstyle.css" rel="stylesheet" type="text/css" />
        <script type="application/json" class="joomla-script-options new">{"csrf.token":"7e12f5e5a1c9e11103ce9d50c3e35600","system.paths":{"root":"","base":""}}</script>
        <script src="/media/jui/js/jquery.min.js?7cd28feee762426357ca5e3a7d3c31b6" type="text/javascript"></script>
        <script src="/media/jui/js/jquery-noconflict.js?7cd28feee762426357ca5e3a7d3c31b6" type="text/javascript"></script>
        <script src="/media/jui/js/jquery-migrate.min.js?7cd28feee762426357ca5e3a7d3c31b6" type="text/javascript"></script>
        <script src="/media/system/js/caption.js?7cd28feee762426357ca5e3a7d3c31b6" type="text/javascript"></script>
        <script src="/plugins/system/t3/base-bs3/bootstrap/js/bootstrap.js" type="text/javascript"></script>
        <script src="/plugins/system/t3/base-bs3/js/jquery.tap.min.js" type="text/javascript"></script>
        <script src="/plugins/system/t3/base-bs3/js/script.js" type="text/javascript"></script>
        <script src="/plugins/system/t3/base-bs3/js/menu.js" type="text/javascript"></script>
        <script src="/templates/t3_bs3_blank/js/script.js" type="text/javascript"></script>
        <script src="/plugins/system/t3/base-bs3/js/nav-collapse.js" type="text/javascript"></script>
        <script src="/plugins/system/jabuilder/assets/js/jabuilder.js" type="text/javascript"></script>
        <script src="/media/system/js/mootools-core.js?7cd28feee762426357ca5e3a7d3c31b6" type="text/javascript"></script>
        <script src="/media/system/js/core.js?7cd28feee762426357ca5e3a7d3c31b6" type="text/javascript"></script>
        <script src="/modules/mod_lofarticlesslideshow/assets/jscript.js" type="text/javascript"></script>
        <script type="text/javascript">
jQuery(window).on('load',  function() {
                                new JCaption('img.caption');
                        });
        </script>


<!-- META FOR IOS & HANDHELD -->
        <meta name="viewport" content="width=device-width, initial-scale=1.0, maximum-scale=1.0, user-scalable=no"/>
        <meta http-equiv="Content-Security-Policy" content="upgrade-insecure-requests">
```

图 4-1 石家庄铁道大学首页 HTML 代码(部分)

用 Google Chrome 打开主页,在"通知公告"板块内容上单击右键,选择"检查",浏览器右侧打开一个窗口,并显示选中元素周围的 HTML 层次结构,如图 4-2 所示。

图 4-2 石家庄铁道大学首页"通知公告"板块内容的 HTML 层次结构(部分)

4.2.2 爬虫的流程

爬虫的流程主要分为三步:爬取网页、解析网页内容、存储网页内容。例 4.2 是一个简单的完整流程。

例 4.2　爬取石家庄铁道大学主页上“通知公告”板块中的所有内容并存储在 txt 文件中。

```
1:  import urllib.request
2:  response = urllib.request.urlopen('http://www.stdu.edu.cn')
3:  html = response.read().decode('UTF-8')
4:  from bs4 import BeautifulSoup
5:  soup = BeautifulSoup(html)
6:  li = soup.find_all("li",{"class":"noticenewsnotice2"})
7:  content = []
8:  for con in li:
9:  a = con.find('a')
10: content.append(a.text)
11: f = open(r'D:\test.txt', "w")
12: f.writelines(content)
13: f.close()
```

【例题解析】

第 1～3 行实现了网页内容的爬取，第 4～10 行是对网页内容的解析，第 11～13 行将爬取到的内容存储到 txt 文件中。

【运行结果】

图 4-3 中是笔者在 2021 年 3 月爬取的内容。读者具体爬取的信息与代码运行当下网页内容有关。

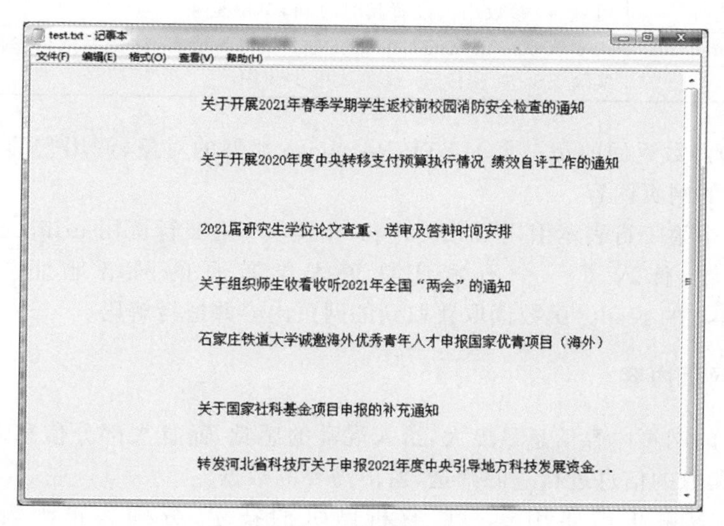

图 4-3　例 4.2 爬取下来的文件

1. 爬取网页

爬取网页即下载包含目标内容的网页。爬取网页需要通过爬虫程序向服务器发送一个 HTTP 请求，接收服务器返回的整个网页源代码。爬取网页其实就是通过网络地址获取网页信息，即一段附加了 JavaScript 和 CSS 的 HTML 代码。

Python 中可以使用 urllib 库实现网页爬取。此时，只需要关心请求的网络地址格式、要传递的参数、要设置的请求头，而不需要关心它的底层是怎样实现的。urllib 是 Python 内置的 HTTP 请求库，可以看作处理网络地址的组件集合。包含四大模块：urllib. request 请求模块，urllib. error 异常处理模块，urllib. parse 网络地址解析模块，urllib. robotparser 是 robots. txt 解析模块。

其中，urllib. request 模块是最基本的 HTTP 请求模块。它可以模拟发送一请求，就像在浏览器里输入网址然后按 Enter 键一样。只需要给库函数传入网络地址和一些必要参数，就可以模拟实现这个过程。

urlopen()函数是 urllib. request 模块提供的最基本的构造 HTTP 请求的函数，用于实现对目标地址的访问。urlopen()函数定义格式如下：

```
urlopen(url, data = None, [timeout, ] * , cafile = None, capath = None, cadefault = False,
context = None)
```

参数描述如表 4-1 所示。

表 4-1　urlopen()函数的参数描述

参　　数	描　　述
url	表示目标资源在网站中的位置，可以是一个表示 URL 地址的字符串，也可以是一个 urllib. request 对象
data	用来指明向服务器发送请求的额外信息
timeout	可选，该参数用于设置超时时间，单位是 s
cafile/capath/cadefault	用于实现可信任的 CA 证书的 HTTPS 请求，这些参数很少使用
context	实现 SSL 加密传输，该参数很少使用

urlopen()函数返回的是一个 HTTP Response 类型的对象，调用它的 read()函数就可以得到返回的网页内容。

在例 4.2 中第 1 行表示引用 urllib. request 模块；第 2 行调用 urllib. request 模块的 urlopen()函数，传入了一个石家庄铁道大学首页的网络地址；第 3 行使用 HTTPResponse 的 read()函数读取获取到的网页内容并进行解码。

2. 解析网页内容

爬取下来的网页内容信息量庞大，给人混乱的感觉，而且大部分信息人们并不关心。因此，需要对爬取的信息进行过滤筛选，留下需要的数据。

对网页内容解析需要用到一些解析网页的技术，分别为正则表达式、XPath、Beautiful Soup 和 JSONPath，其中，Beautiful Soup 是最简单、常用的一个 HTML/XML 解析器。它本身也是一个 Python 库，官方推荐使用 Beautiful Soup 4(Beautiful Soup 4, bs4)进行开发。

1) bs4 库概述

bs4 库主要功能是解析和提取 HTML/XML 数据。它不仅支持 CSS 选择器，而且支持 Python 标准库中的 HTML 解析器，以及 lxml 库的 XML 解析器。bs4 库会将复杂的 HTML 文件换成树结构，即 HTML DOM。在 HTML DOM 中，HTML 文件中的所有内容都视为结点。bs4 库会自动对 HTML 文件进行编码转换，转换成 bs4 库处理的结构。在这个结构中的每个结点都是一个 Python 对象。这些对象可以归纳为 4 类，如表 4-2 所示。

表 4-2　bs4 库对象描述

类　　名	描　　述
bs4. element. Tag	HTML 中的标签，是最基本的信息组织单元，它有两个非常重要的属性，分别是表示标签名字的 name 属性和表示标签属性的 arrts 属性
bs4. element. NavigableString	HTML 中标签的文本(非属性字符串)
bs4. BeautifulSoup	HTML DOM 中的全部内容，支持遍历文档树和搜索文档树的大部分方法
bs4. element. Comment	标签内字符串的注释部分，是一种特殊的 NavigableString 对象

2）解析的一般流程

使用 bs4 进行解析的一般流程：第一，根据 HTML 或者文件创建 BeautifulSoup 对象。第二，通过 BeautifulSoup 对象的操作方法进行解读查找。根据 HTML DOM 进行各种结点的查找。只要获得了一个结点，就可以访问结点的名称、属性和文本。第三，利用 HTML DOM 结构标签的特性，进行更为详细的结点信息提取。在查找结点时，也可以按照结点的名称、结点属性或者结点文字进行查找。上述流程如图 4-4 所示。

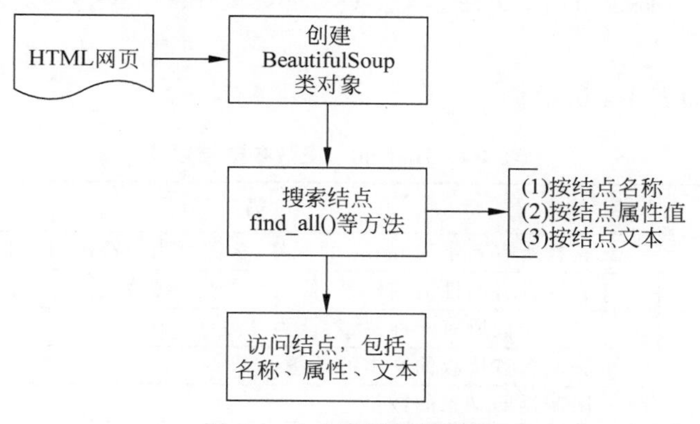

图 4-4　bs4 库的使用流程

(1) 创建 BeautifulSoup 对象。

通过一个字符串或者类文件(存储在本地的文件或 Web 网页)对象来创建 BeautifulSoup 类的对象。例 4.2 中第 4 行从 bs4 库中引入 BeautifulSoup 对象；第 5 行创建 BeautifulSoup 实例。

BeautifulSoup 类中构造函数的语法格式为：

```
def__init__(self, markup = "", features = None, builder = None, parse_only = None, from_
encoding = None, exclude_encoding = None, **kwargs)
```

其中常用参数描述如表 4-3 所示。

表 4-3 BeautifulSoup 类中参数描述

参　数	描　述
markup	要解析的文档字符串或文件对象
features	解析器的名称，如“html. parser”“lxml”“html5lib”
builder	指定的解析器
from_encoding	指定的编码格式
exclude_encoding	排除的编码格式

在创建 BeautifulSoup 对象时，如果没有明确地指定解析器，那么 BeautifulSoup 对象会根据当前系统安装的库自动选择，选择顺序依次为 lxml、html5lib、Python 标准库。

(2) 查找结点。

网页中有用的信息都存在于网页中的文本或者各种不同标签的属性中，为了能获得这些有用的网页信息，可以通过查找获取文本或者标签属性。bs4 库内置了一些查找函数，其中常用的是 find()函数和 find_all()函数。find()函数可以用于查找符合查询条件的第一个标签结点。find_all()函数查找所有符合查询条件的标签结点，并返回一个列表。

这两个函数用到的参数是一样的，这里以 find_all()函数为例，介绍在这个函数中参数的应用。find_all()函数的语法格式为：

```
find_all(self, name = None, attrs = {}, recursive = True, text = None, limit = None, **
kwargs),
```

其参数描述如表 4-4 所示。

表 4-4 find_all()函数参数描述

参　数	描　述
name	查找所有名字为 name 的标签，参数可为字符串、正则表达式、列表
attrs	查询含有属性值的标签，传入参数为字典类型
recursive	是否查询所有子标签，默认为 True
text	查询含有接收的文本的标签
limit	限制返回结果的数量
** kwargs	可选参数，查找指定属性的标签，参数为键值对

在例 4.2 爬取“通知公告”板块的内容之前，我们通过观察“通知公告”板块所在的网页结构如图 4-2 所示，分析后发现，“通知公告”板块的内容都位于<li>标签的子标签<a>之中。但如果直接查找<a>标签，会查找到很多不相关的信息，所以首先需要查找<li>标签，再在查找结果中查找<a>标签。因此，例 4.2 中第 6 行查找文件中属性 class 为 noticenewsnotice2 的<li>标签，返回值是一个列表，并将此列表赋值给变量 li；第 9 行表示在查找结果中查找<a>标签。

说明：此处对“通知公告”板块内容标签的查找只采取了其中一种方法，读者可自行尝试使用上边讲的方法进行查找，也可达到相同的目的。

(3) 访问结点。

查找到需要的结点之后，还需要访问结点，才能够把需要的内容爬取下来。find()和find_all()返回的标签都属于 bs4 库中的 bs4. element. Tag 类，它有四个属性可以用来获取标签中的内容，如表 4-5 所示。

表 4-5 bs4. element. Tag 类的属性和作用

属 性 名	作 用
name	获取标签的名字
attrs	获取标签的属性
string	返回当前结点中的内容，当前结点如果包含多个子结点时，返回 None
text	返回当前结点所包含的所有结点内容，包含当前结点的子孙结点

回顾例 4.2，第 7 行创建一个空列表 content，预存放爬取到的文本信息。第 8～10 行用 for 循环依次取出查找到的标签。第 9 行在标签中查找子标签< a >并赋值给 a。第 10 行通过属性 text 获取想爬取的文本信息，并把爬取到的内容存储到列表 content 中。

3) 存储数据

网页爬取到的数据可以存储在本地磁盘，以备后续使用。数据存储主要有两种方式：文件存储(如 csv、txt 等格式)和数据库存储。例 4.2 中将“content”的内容写成 txt 文件。具体 txt 文件导出可详见 4.3.1 节。

4.2.3 爬虫 Robots 协议

Robots 协议(又称爬虫协议、机器人协议)全称是“网络爬虫排除标准”(Robots Exclusion Protocol)，是网站对于来到的爬虫所提出的要求。网站通过一个 robots. txt 文件告诉爬虫哪些页面可以爬取，哪些页面不能爬取。

Robots 协议并非强制要求遵守的协议，只是一种建议。但是，如果不遵守有可能会承担法律责任，所以有必要在这里介绍一下。

Robots 协议主要体现在 robots. txt 文件上。robots. txt 文件是爬虫访问网站时要查看的第一个文件，必须放在站点的根目录下，而且文件名必须全部小写。robots. txt 有一套通用的语法规则，既可以包含一条记录，又可以包含多条记录，并且使用空行分开。一般情况下，该文件以一行或多行 User-agent 记录开始，后面再跟若干行 Disallow 记录。

robots. txt 文件的基本语法如下。

User-agent：这里是爬虫的名字。

Disallow：该爬虫不允许访问的内容。

下面是详细介绍。

User-agent：该项的值用于描述爬虫的名字。在 robots. txt 文件中，至少要有一条 User-agent 记录。如果有多条 User-agent 记录，则说明有多个 robot 会受到该协议的限制。若该项的值为“*”，则该协议对任何爬虫均有效，且这样的记录只能有一条。

Disallow：该项的值用于描述不希望被访问到的一个网络地址，这个网络地址可以是一个完整的路径,也可以是部分路径。任何一条Disallow记录为空,都说明该网站的所有部分都允许被访问。在robots.txt文件中,至少要有一条Disallow记录。

Allow:该项的值用于描述希望被访问到的一组网络地址,与Disallow项相似。这个值可以是一条完整的路径,也可以是路径的前缀。一个网站的所有网络地址默认是Allow的,所以Allow通常与Disallow搭配使用,实现允许访问一部分网页的同时,禁止访问其他所有URL的功能。

例4.3 获取石家庄铁道大学网站的robots.txt文件,在地址栏中输入https://www.stdu.edu.cn/robots.txt,可得到如下内容。

```
 1:  User-agent: *
 2:  Disallow: /administrator/
 3:  Disallow: /bin/
 4:  Disallow: /cache/
 5:  Disallow: /cli/
 6:  Disallow: /components/
 7:  Disallow: /includes/
 8:  Disallow: /installation/
 9:  Disallow: /language/
10:  Disallow: /layouts/
11:  Disallow: /libraries/
12:  Disallow: /logs/
13:  Disallow: /modules/
14:  Disallow: /plugins/
15:  Disallow: /tmp/
```

【例题解析】

第1行的符号" * "代表所有爬虫均要遵守该协议;Disallow是指不允许爬取的页面,第2行的意思是不允许爬取该网站/administrator/目录下的网页;第3~15行,分别列出了不允许爬取的目录。

4.3 数据导入与导出

数据无一例外地将保存在某种类型的文件中。文件一般是指存储在外部介质上数据的集合,可能是文本文件、CSV文件、Excel文件或其他类型的文件。掌握如何通过Python访问此类文件以及从中读取数据是进行数据处理、加工与分析的前提。

将磁盘上某个指定位置的数据输入到系统中称为数据导入,也可称为数据读取;相对地,导出就是将当前系统中的一批数据输出到系统之外的某个指定位置,也称为数据写出。下面将从不同的文件类型出发,介绍常用的数据导入导出方法。

4.3.1 一般文件

txt是一种常见的文件格式,主要存放文本信息。大多数软件均可以查看,如记事本、浏览器等。使用 Python 对文本文件进行操作的主要步骤为打开文件、导入/导出数据、关闭文件。

1. 打开文件

Python 内置的 open()函数可用于打开一个文件，并创建一个 file 对象。使用完成之后，通常需要使用 close()方法关闭文件，否则将造成系统资源的长期占用。如果文件不存在，open()函数会抛出一个 IOError 的错误，给出错误码和详细的信息。open()函数的基本语法为：

```
open(name, mode = 'r', encoding = None,errors = None)
```

其中常用参数相关描述如表 4-6 和表 4-7 所示。

表 4-6 open()函数常用参数描述

参数	描　　述
name	表示将要打开的文件路径(绝对路径或者当前工作目录的相对路径)，也可以是要被封装的整数类型文件描述符
mode	可选字符串，用于指定打开文件的模式：只读，写入，追加等。所有可能取值如表 4-7 所示。默认文件访问模式为只读(r)
encoding	表示用于解码或编码文件的编码的名称，只在文本模式下使用。一般采用 utf8 或者 gbk
errors	可选的字符串参数，用于指定如何处理编码和解码错误，不能在二进制模式下使用。取值一般有 strict，ignore。当取 strict 时，字符编码出现问题的时候，会报错；当取 ignore 时，编码出现问题，程序会忽略而过，继续执行下面的程序

表 4-7 open()函数中参数 mode 取值描述

参数	描　　述
r	以只读模式打开文件。文件指针将会放在文件的开头，这是默认模式
rb	以二进制格式打开一个文件，用于只读。文件指针将会放在文件的开头
r+	打开一个文件用于读写。文件指针将会放在文件的开头
rb+	以二进制格式打开一个文件用于读写。文件指针将会放在文件的开头
w	打开一个文件只用于写入。如果该文件已存在则打开文件，并从头开始编辑，即原有内容会被删除。如果文件不存在，则创建新文件
wb	以二进制格式打开一个文件只用于写入。如果该文件已存在则打开文件，并从头开始编辑，即原有内容会被删除。如果文件不存在，创建新文件
w+	打开一个文件用于读写。如果该文件已存在，则打开并从头开始编辑，即原有内容会被删除。如果文件不存在，创建新文件
wb+	以二进制格式打开一个文件用于读写。如果该文件已存在则打开文件，并从头开始编辑，即原有内容会被删除。如果文件不存在，则创建新文件
a	打开一个文件用于追加。如果该文件已存在，文件指针将会放在文件的结尾。也就是说，新的内容会被写入到已有内容之后。如果该文件不存在，则创建新文件写入
ab	以二进制格式打开一个文件用于追加。如果该文件已存在，文件指针将会放在文件的结尾。也就是说，新的内容会被写入到已有内容之后。如果该文件不存在，则创建新文件写入

续表

参数	描　　述
a+	打开一个文件用于读写。如果该文件已存在,打开时是追加模式,文件指针将会放在文件的结尾。如果该文件不存在,则创建新文件进行写入
ab+	以二进制格式打开一个文件用于追加。如果该文件已存在,文件指针将会放在文件的结尾。如果该文件不存在,创建新文件进行读写

也可以使用 with open()函数打开文件。with open()由 open()函数引申而来。with 用于创建一个临时的运行环境,运行环境中的代码执行完后自动安全退出环境。也就是说,使用 with open()函数可以不用 close()关闭文件,文件将被自动关闭。with open()函数参数与 open()函数一样,这里不赘述。

文件被打开后,得到一个 file 对象。file 对象的主要属性包括 closed、mode 和 name。如果文件已被关闭,closed 属性返回 true,否则返回 false。属性 mode 返回被打开文件的访问模式。属性 name 返回文件的名称。

2. 导入数据/导出数据

文件数据导入可以使用 file 对象的 read(),readline()与 readlines()方法实现。

read()方法是从打开文件中读取指定长度的字符串,其用法为 read(size),其中,size 表示从文件中读取的字节数,默认为-1,表示读取整个文件。read()方法的特点是读取的文件内容放到一个字符串变量中,适用于所有行都是完整句子的文本文件,例如大段文字信息;劣势是如果文件非常大,尤其是大于内存时,则无法使用。

readline()方法用于从文件读取整行,包括"\n"字符,返回的是一个字符串对象。其用法为 readline(size),size 表示从文件中读取的字节数,包括"\n"字符。循环使用此方法可读取文件中所有内容。此方法的特点是每次读取一行。因此,通常需要配合 next 等指针操作才能完整遍历读取所有数据记录。缺点是比 readlines()慢。

readlines()方法一次性读取所有行并以列表返回,直到文件结束符 EOF。无参数,在内存足够的情况下,使用 readlines()可以很明显地提高执行效率。适用于每行是一个单独的数据记录,例如日志信息。

例 4.4 在 C 盘 case 文件夹下有一个"学生成绩记录.txt"文档,如图 4-5 所示,将其读入系统并打印。

学生成绩记录 - 记事本

文件(F) 编辑(E) 格式(O) 查看(V) 帮助(H)

学年	学期	考试科目	考试性质	学分	成绩	班级	学号	备注
2015	秋	体育I	正常考试	1.00000	85.00000	B15	20151803	
2015	秋	体育I	正常考试	1.00000	70.00000	B15	20151795	
2015	秋	体育I	正常考试	1.00000	80.00000	B15	20151819	
2015	秋	体育I	正常考试	1.00000	70.00000	B15	20151809	

图 4-5　学生成绩记录.txt 部分文件显示

```
 1:  f = open(r'C:/case/学生成绩记录.txt', encoding = "utf-8")
 2:  print(f.closed,f.mode,f.name)
 3:  text_line1 = f.readline()
 4:  print(text_line1)
 5:  line1 = f.read(47)
 6:  print(type(line1),line1)
 7:  text_lines = f.readlines()
 8:  for line in text_lines:
 9:  print(type(line), line)
10:  f.close()
```

【例题解析】

第1行使用open()函数成功打开文件。第2行打印显示返回的file对象属性，即文件是否关闭的状态(f.closed)、打开模式(f.mode)和文件名称(f.name)。

第3行和第5行分别展示了readline()以及read()方法的使用。第3行使用readline()方法读取文件第一行并赋值给text_line1；第5行使用read()方法读取特定长度字符串，在例中即接着读取文件47个字符串并赋值给line1，并分别在第4、6行打印读取数据的类型以及值。

第7～9行展示使用readlines()方法导入数据，其中，第7行使用readlines()方法读取文件中的内容，并赋值给列表对象text_lines。第8行和第9行使用循环语句依次打印text_lines列表中每一个元素的数据类型以及值。

第10行关闭文件。

【运行结果】

第2行运行结果：False　r　C:/case/学生成绩记录.txt

第4行运行结果：学年　学期　考试科目　考试性质　学分　成绩 班级　学号　备注

第6行运行结果：<class 'str'>　2015　秋　体育Ⅰ　正常考试　1.00000　85.00000　B15　20151803

第9行运行结果：...

<class 'str'> 2015　秋　高等数学(A)Ⅰ　正常考试　4.00000　90.00000　B15　20151855

<class 'str'> 2015　秋　高等数学(A)Ⅰ　正常考试　4.00000　61.00000　B15　20151861

<class 'str'> 2015　秋　高等数学(A)Ⅰ　正常考试　4.00000　84.00000　B15　20151863

<class 'str'> 2015　秋　线性代数与几何　正常考试　3.00000　91.00000　B15　20151809

...

将系统数据导出并写入磁盘文件时，主要用到的是file对象的write()与writelines()方法。write()方法用于向文件中写入指定字符串，写时不会在字符串的结尾添加换行符(即'\n')。使用write()方法向文件中写入数据时，需保证文件在使用open()函数时以r+、w、w+、a或a+的模式打开，否则执行write()方法时会抛出I/O.UnsupportedOperation错误。writelines()方法可以实现将字符串列表写入文件，其中，换行时需要指定换行符'\n'。语法为 writelines(list),list 是将要插入的文本或字节对象的列表。其写入速度比 write()方法快。

例 4.5 将学生考试课程相关信息写入磁盘。

```
1:  f = open(r'C:/case/学生成绩记录(1).txt', "w")
2:  f.write( "学年 学期 考试科目 考试性质 学分 成绩 班级 学号 备注\n")
3:  f.writelines(["2015 秋 体育Ⅰ 正常考试 1.00000 85.00000 B15 20151803\n","2015 秋 体育Ⅰ 正常考试 1.00000 70.00000 B15 20151795\n", "2015 秋 体育Ⅰ 正常考试 1.00000 80.00000 B15 20151819\n", "2015 秋 体育Ⅰ 正常考试 1.00000 70.00000 B15 20151809\n"])
4:  f.close()
```

【例题解析】

该例分别使用 write()与 writelines()方法导出数据至文本文件。

第 1 行以写方式打开指定路径上的学生成绩记录(1).txt 文件。

第 2 行使用 write()方法写入一行字符串"学号 学年 课程名称 考试性质 学分 成绩"作为文件格式说明,通过"\n"实现换行。

第 3 行以 writelines()方法写入多行。多行数据存储在字符串列表中,列表的每一个元素(即一个字符串)即一行数据。

第 4 行调用 close()方法关闭文件。操作系统往往不会立刻把数据写入磁盘,而是放到内存缓存起来,空闲的时候再慢慢写入。比如,当执行了 close()方法时,操作系统才真正把数据写入磁盘。

【运行结果】

导出结果如图 4-6 所示。

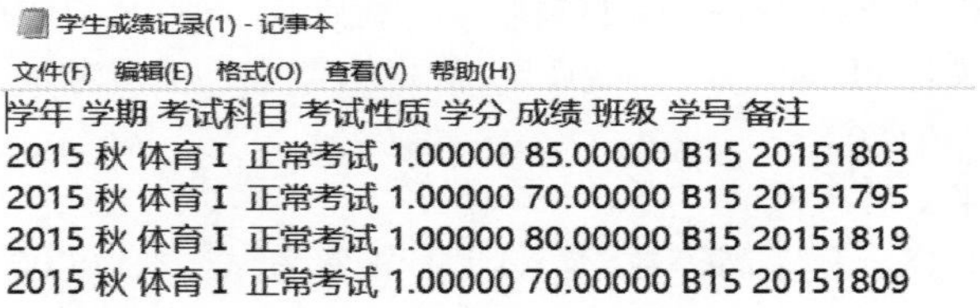

学生成绩记录(1) - 记事本
文件(F) 编辑(E) 格式(O) 查看(V) 帮助(H)
学年 学期 考试科目 考试性质 学分 成绩 班级 学号 备注
2015 秋 体育Ⅰ 正常考试 1.00000 85.00000 B15 20151803
2015 秋 体育Ⅰ 正常考试 1.00000 70.00000 B15 20151795
2015 秋 体育Ⅰ 正常考试 1.00000 80.00000 B15 20151819
2015 秋 体育Ⅰ 正常考试 1.00000 70.00000 B15 20151809

图 4-6 导出结果

close()方法用于关闭一个已打开的文件。关闭后的文件不能再进行读写操作,否则会触发 ValueError 错误。close()方法允许调用多次,无参数。

4.3.2 CSV 文件

逗号分隔值文件(Comma-Separated Value, CSV),也称为字符分隔值,以纯文本形式存储表格数据(数字和文本)。纯文本意味着该文件是一个字符序列。CSV 文件由任意数目的记录组成,记录间以某种换行符分隔;每条记录由字段组成,字段间的分隔符是其他字符或字符串,最常见的是逗号或制表符。通常 CSV 文件第一行是表头,用于说明每列数据的含义,接下来每行代表一行数据。可以使用 pandas 模块或者 CSV 模块导入导出 CSV 文件。

1. 使用 pandas 模块实现 CSV 文件的导入导出

pandas 模块中的 read_csv()函数可实现将磁盘上的 CSV 文件导入系统，其语法为：

```
read_csv (file, sep = "", names = [列名 1,列名 2,..], header, index_col)
```

主要参数描述如表 4-8 所示。

表 4-8 read_csv()函数参数描述

参数	描 述
file	文件的路径、URL 或任何具有 read()函数的对象
sep	分隔符，默认为‘,’
names	列名，默认文件中的第一行作为列名
header	指定列名的行数和数据的开头。特别地，header=0 表示第一行是数据；header=None，即指认为原始文件数据没有列索引，这样 read_csv 为其自动加上从 0 开始的列索引
index_col	指定数据集中的某些列作为数据的行索引(标签)

表 4-8 中的参数 names 和 header 具有四种组合方式，表示不同含义。若 names 和 header 均没有被赋值，则选取数据文件的第一行作为列名；若 names 没有被赋值，header 被赋值，则将 header 指定的行作为列名；若 names 被赋值，header 没有被赋值，则将 names 作为数据列名；若 names 和 header 都被赋值，例如 names=["编号","姓名","地址","日期"], header=3)，则表示使用 names 作表头，第 4 行以下作数据。

例 4.6 在磁盘上有一“学生成绩记录.csv”文档如图 4-7，是一个简单的纯文本文件，将其读入系统并打印。

```
学生成绩记录.csv - 记事本
文件(F) 编辑(E) 格式(O) 查看(V) 帮助(H)
学年,学期,考试科目,考试性质,学分,成绩,班级,学号,备注
2015,秋,体育Ⅰ,正常考试,1.00000,85.00000,B15,20151803,
2015,秋,体育Ⅰ,正常考试,1.00000,70.00000,B15,20151795,
2015,秋,体育Ⅰ,正常考试,1.00000,80.00000,B15,20151819,
2015,秋,体育Ⅰ,正常考试,1.00000,70.00000,B15,20151809,
```

图 4-7 “学生成绩记录.csv”中数据的部分显示

```
1:  from pandas import read_csv
2:  records1 = read_csv(r'C:/case/学生成绩记录.csv')
3:  print(records1)
4:  records2 = read_csv(r'C:/case/学生成绩记录.csv',header = 3)
5:  print(records2)
6:  records3 = read_csv(r'C:/case/学生成绩记录.csv',names = ["学年","学期","考试科目",
"考试性质","学分","成绩","班级","学号","备注"])
7:  print(records3)
8:  records4 = read_csv(r'C:/case/学生成绩记录.csv',names = ["学年","学期","考试科目",
"考试性质","学分","成绩","班级","学号","备注"],header = 3)
9:  print(records4)
```

【例题解析】

该例子展示了不同的参数设定下使用 read_csv()函数读取 CSV 文件的不同读取结果。

第 1 行从 pandas 库中引入 read_csv()函数；第 2 行使用 read_csv()函数仅指定了文件路径，其余参数取默认值，读取相应的文件。读取的数据赋值给数据框对象 records1。此时，使用文件中第一行作为列名(表头)，使用逗号作为分隔符，行索引由零开始自动编号。第 3 行打印 records1 的值。

第 4 行在第 3 行代码的基础上添加 header 参数。header=3 即读取第 4 行数据作为列名，使用逗号作为分隔符，行索引由零开始自动编号，并赋值给对象 records2；第 5 行打印 records2 的值。

第 6 行在第 3 行代码的基础上添加了参数 names。即命名列名为"学号","学年","课程名称","考试性质","学分","成绩"，使用逗号作为分隔符，行索引由零开始自动编号并赋值给 records3；第 7 行打印 records3。

第 8 行，在第 3 行代码的基础上同时添加了 header 与 names 的参数。即使用 names 作列名(表头)，第 4 行及以下作为数据，使用逗号作为分隔符，行索引由零开始自动编号。第 9 行，打印 records4 的值。

【运行结果】

第 3 行运行结果：

	学年	学期	考试科目	考试性质	学分	成绩	班级	学号	备注
0	2015	秋	体育Ⅰ	正常考试	1.0	85.0	B15	20151803	NaN
1	2015	秋	体育Ⅰ	正常考试	1.0	70.0	B15	20151795	NaN
2	2015	秋	体育Ⅰ	正常考试	1.0	80.0	B15	20151819	NaN
	…	…	…	…	…	…			
7919	2023	春	毕业实习	正常考试	6.0	79.9	B19	20192371	NaN
7920	2023	春	毕业实习	正常考试	6.0	100.0	B19	20192365	NaN
7921	2023	春	毕业设计	正常考试	11.0	79.9	B19	20192365	NaN

[7922 rows x 9 columns]

第 5 行运行结果：

	2015	秋	体育Ⅰ	正常考试	1	80	B15	20151819	Unnamed：8
0	2015	秋	体育Ⅰ	正常考试	1.0	70.0	B15	20151809	NaN
1	2015	秋	体育Ⅰ	正常考试	1.0	60.0	B15	20151813	NaN
2	2015	秋	马克思主义哲学原理	正常考试	2.5	82.0	B15	20151855	NaN
…	…	…	…	…	…				
7916	2023	春	毕业实习	正常考试	6.0	79.9	B19	20192371	NaN
7917	2023	春	毕业实习	正常考试	6.0	100.0	B19	20192365	NaN
7918	2023	春	毕业设计	正常考试	11.0	79.9	B19	20192365	NaN

[7919 rows x 9 columns]

第 7 行运行结果：

	学年	学期	考试科目	考试性质	学分	成绩	班级	学号	备注
0	学年	学期	考试科目	考试性质	学分	成绩	班级	学号	备注
1	2015	秋	体育Ⅰ	正常考试	1	85	B15	20151803	NaN
2	2015	秋	体育Ⅰ	正常考试	1	70	B15	20151795	NaN
…	…	…	…	..	…				
7920	2023	春	毕业实习	正常考试	6	79.9	B19	20192371	NaN
7921	2023	春	毕业实习	正常考试	6	100.0	B19	20192365	NaN
7922	2023	春	毕业设计	正常考试	11	79.9	B19	20192365	NaN

[7923 rows x 9 columns]

第 9 行运行结果：

	学年	学期	考试科目	考试性质	学分	成绩	班级	学号	备注
0	2015	秋	体育Ⅰ	正常考试	1.0	70.0	B15	20151809	NaN
1	2015	秋	体育Ⅰ	正常考试	1.0	60.0	B15	20151813	NaN
2	2015	秋	马克思主义哲学原理	正常考试	2.5	82.0	B15	20151855	NaN
…	…	…	…	…	…				
7916	2023	春	毕业实习	正常考试	6.0	79.9	B19	20192371	NaN
7917	2023	春	毕业实习	正常考试	6.0	100.0	B19	20192365	NaN
7918	2023	春	毕业设计	正常考试	11.0	79.9	B19	20192365	NaN

[7919 rows x 9 columns]

例 4.7 假设有 4 行学生成绩记录，包括学年、学期、考试科目、考试性质、学分、成绩、班级和学号等信息，如图 4-8。将这 4 行数据写入磁盘指定位置并以纯文本的 csv 文件保存。

1	学年	学期	考试科目	考试性质	学分	成绩	班级	学号
2	2015	秋	体育Ⅰ	正常考试	1	85	B15	20151803
3	2015	秋	体育Ⅰ	正常考试	1	70	B15	20151795
4	2015	秋	体育Ⅰ	正常考试	1	80	B15	20151819
5	2015	秋	体育Ⅰ	正常考试	1	70	B15	20151809

图 4-8 学生成绩记录

```
1:  from pandas import DataFrame
2:  from pandas import Series
3:  df = DataFrame({'学年':Series(['2015','2015','2015','2015']),
   '学期':Series(['秋','秋','秋','秋']),
   '考试科目':Series(['体育Ⅰ','体育Ⅰ','体育Ⅰ','体育Ⅰ']),
   '考试性质':Series(['正常考试','正常考试','正常考试','正常考试']),
   '学分':Series([1,1,1,1]),
   '成绩':Series([85,70,80,70]),
   '班级':Series(['B15','B15','B15','B15']),
   '学号':Series(['20151803','20151795','20151819','20151809'])})
4:  df.to_csv(r'C:/case/学生成绩记录(1).csv', index = False)
```

【例题解析】

第 1 行和第 2 行分别表示引入 pandas 库中的 DataFrame 方法和 Series 方法。

第 3 行将图 4-9 中的数据以数据框的形式存储在 Python 系统中。所需的列名信息是字典中的关键字，列上的数据即关键字所对应的序列(Series)，即图 4-9 中的一列数据。

第 4 行使用 to_csv()方法将数据框 df 中的内容写入文件，括号中指定了文件保存的位置，index=False 表示不添加行索引，其他参数采用默认值。

【运行结果】

在磁盘相应的位置上打开文件，其结果如图 4-9 所示。

```
学生成绩记录(1).csv - 记事本
文件(F) 编辑(E) 格式(O) 查看(V) 帮助(H)
学年,学期,考试科目,考试性质,学分,成绩,班级,学号
2015,秋,体育Ⅰ,正常考试,1,85,B15,20151803
2015,秋,体育Ⅰ,正常考试,1,70,B15,20151795
2015,秋,体育Ⅰ,正常考试,1,80,B15,20151819
2015,秋,体育Ⅰ,正常考试,1,70,B15,20151809
```

图 4-9 例 4.7 结果显示

2. 使用 CSV 模块实现 CSV 文件的导入导出

使用 Python 内置的 CSV 模块也可以实现数据的导入和导出。这个模块可被用于正确处理数据值中的嵌入逗号和其他复杂模式，可以识别出这些模式并正确地分析数据。导入数据可使用 reader()函数，其语法格式为：

```
csv.reader(csvfile, delimiter = 'excel'),
```

其中，常用参数 csvfile 可以是任何对象，只要这个对象是支持迭代(Iterator)的对象，文件对象或者列表对象均可；delimiter 是用于分隔字段的字符，默认使用 Excel 风格，也就是用“,”分隔。

例 4.8 上例中“学生成绩记录(1). csv”文档使用 csv 模块将其读入系统并打印。

```
1:  import csv
2:  with open(r'C:/case/学生成绩记录(1).csv',"r",encoding = "utf - 8") as f:
3:      read = csv.reader(f)
4:      for row in read:
5:        print(row)
```

【例题解析】

该例子使用 csv 模块读取 csv 文件。

第 1 行表示引入 csv 模块；第 2 行使用 with open()函数打开文件；

第 3 行使用 csv 模块中的 reader()函数创建了一个文件读取对象 read，此时 reader 返回的值是 csv 文件中每行数据形成的列表；

第 4 行和第 5 行使用 for 循环语句实现打印列表中每行的值。

【运行结果】

```
…
['学年', '学期', '考试科目', '考试性质', '学分', '成绩', '班级', '学号']
['2015', '秋', '体育Ⅰ', '正常考试', '1', '85', 'B15', '20151803']
['2015', '秋', '体育Ⅰ', '正常考试', '1', '70', 'B15', '20151795']
['2015', '秋', '体育Ⅰ', '正常考试', '1', '80', 'B15', '20151819']
['2015', '秋', '体育Ⅰ', '正常考试', '1', '70', 'B15', '20151809']
…
```

CSV 模块中的 writer()函数初始化一个文件写入对象，其语法为：writer(f, delimiter)，其中，f 为文件路径，delimiter 是用于分隔字段的字符，默认为“,”。获取文件的写入对象后，使用 writerow()方法和 writerows()方法实现将数据导出至磁盘指定位置的 CSV 文件。writerow(row)方法进行逐行写入，其中，row 为要写入的数据。writerows(rows)方法可以进行多行的写入。

例 4.9　使用 csv 模块将例 4.7 中的 4 行学生考试数据导出至磁盘上的学生成绩记录(2). csv。

```
1:  import csv
2:  headers = ["学年","学期","考试科目","考试性质","学分","成绩","班级","学号"]
3:  rows = [(2015,'秋','体育Ⅰ','正常考试',1,85,'B15','20151803'),
(2015,'秋','体育Ⅰ','正常考试',1,70,'B15','20151795'),
(2015,'秋','体育Ⅰ','正常考试',1,80,'B15','20151819'),
(2015,'秋','体育Ⅰ','正常考试',1,70,'B15','20151809')]
4:  with open(r'C:/case/学生成绩记录(2).csv','w',newline = '') as f:
5:     f_csv = csv.writer(f)
6:     f_csv.writerow(headers)
7:     f_csv.writerows(rows)
```

【例题解析】

第 1 行表示引入 csv 模块。第 2～3 行创建数据。第 2 行赋值一个列表给 headers，未来将作为数据描述的列名(即标题)写入 csv 文件。第 3 行是一个由元组组成的列表 rows，其中存储要写出的数据，即图 4～8 中的数据，一个元组是一行。

第 4～7 行向磁盘中写入数据。第 4 行以写的方式(即‘w’)打开文件并将读取文件以后的数据流对象赋值给 f。‘w’表示打开一个文件只用于写入。如果该文件已存在则将其覆盖。如果该文件不存在，创建新文件。

第 5 行 writer()函数初始化文件写入对象。第 6，7 行分别使用 writerow()与 writerows()方法写入一行(题目)以及多行(内容)数据。

【运行结果】

学生成绩记录(2).csv - 记事本
文件(F)　编辑(E)　格式(O)　查看(V)　帮助(H)
学年,学期,考试科目,考试性质,学分,成绩,班级,学号
2015,秋,体育Ⅰ,正常考试,1,85,B15,20151803
2015,秋,体育Ⅰ,正常考试,1,70,B15,20151795
2015,秋,体育Ⅰ,正常考试,1,80,B15,20151819
2015,秋,体育Ⅰ,正常考试,1,70,B15,20151809

图 4-10　写入结果显示

4.3.3 Excel 文件

Excel 是商业活动中不可或缺的工具。一个 Excel 文档称为一个工作簿(workbook),一个工作簿可包含多个工作表(worksheet)。一个工作表通过行(row)和列(column)确定一个单元格(cell),行的坐标用字母表示,列的坐标使用数字表示。例如,表格左上角的单元格,其坐标为“A1”。

Python 中没有处理 Excel 文件(即以“.xls”和“.xlsx”为扩展名的文件)的标准模块。但是可以使用 pandas、openpyxl、xlrd、xlwt 实现对 Excel 文件的操作。其中,pandas 和 openpyxl 可同时实现 Excel 文件的导入与导出;xlrd 库可用来导入 Excel 文件,xlwt 库导出 Excel 文件。

1. pandas 实现 Excel 文件的导入导出

pandas 模块中的 read_excel()函数可以实现 Excel 文件中的数据导入,其语法格式为:

```
read_excel(io,sheet_name = 0,header = 0)
```

基本的参数描述如表 4-10 所示。

表 4-10 read_excel()函数参数描述

参数	描　述
io	文件类对象,表示文件的路径对象。字符串,该字符串可以是一个 URL 或本地文件
sheet_name	指定加载的表。支持的类型包括:str,int,list,None。 其中,默认值为 0 表示将第一张表作为 DataFrame。 str:表名,例如 sheet1。 int:表索引,从 0 开始。 list:如[0,1],加载第 1,2 张表。 None:所有表作为数据文件
header	指定的表头行号,支持的类型包括:整型,整数列表,默认值为 0。 header=0 表示将第一行作为列名。 若数据不含列名,则设定 header = None

例 4.10 将在磁盘上‘C:/case/学生成绩记录.xlsx’文件的 sheet1 表数据如图 4-11 所示,导入并打印。

1	学年	学期	考试科目	考试性质	学分	成绩	班级	学号	备注
2	2015	秋	体育Ⅰ	正常考试	1.00000	85.00000	B15	20151803	
3	2015	秋	体育Ⅰ	正常考试	1.00000	70.00000	B15	20151795	
4	2015	秋	体育Ⅰ	正常考试	1.00000	80.00000	B15	20151819	
5	2015	秋	体育Ⅰ	正常考试	1.00000	70.00000	B15	20151809	

图 4-11 学生成绩记录.xlsx 部分数据显示

```
1:  from pandas import read_excel
2:  records = read_excel(r'C:/case/学生成绩记录.xlsx')
3:  print(records)
```

【例题解析】

该例子使用 pandas 库中的 read_excel()函数导入 excel 文件中的数据。

第 1 行引入 pandas 库中的 read_excel 函数；

第 2 行通过 read_excel()函数将磁盘上"学生成绩记录.xlsx"中的数据读入并赋值给数据框 records。read_excel()函数中的 sheet_name 使用默认值 0，即读取第一张表"sheet1"；header 使用默认值 0，即将文件的第一行作为数据框 records 的列名。

第 3 行打印 records 的值。

【运行结果】

```
      学年   学期   考试科目   考试性质   学分    成绩    班级   学号       备注
0     2015   秋     体育Ⅰ      正常考试   1.0     85.0    B15    20151803   NaN
1     2015   秋     体育Ⅰ      正常考试   1.0     70.0    B15    20151795   NaN
2     2015   秋     体育Ⅰ      正常考试   1.0     80.0    B15    20151819   NaN
      ...    ...    ...        ...        ...     ...
7919  2023   春     毕业实习   正常考试   6.0     79.9    B19    20192371   NaN
7920  2023   春     毕业实习   正常考试   6.0     100.0   B19    20192365   NaN
7921  2023   春     毕业设计   正常考试   11.0    79.9    B19    20192365   NaN
[7922 rows x 9 columns]
```

利用 pandas 模块的 to_excel()方法可实现将数据写入磁盘上的 Excel 文件，其语法格式为：

```
to_excel(excel_writer, sheet_name = 'Sheet1', index = TRUE, header = TRUE)
```

基本的参数解释如表 4-11 所示。

表 4-11　to_excel()方法基本参数描述

参数	描　　述
excel_writer	字符串或 ExcelWriter 对象
sheet_name	字符串，默认值为"Sheet1"
index	是否导出行序号，默认是 TRUE
header	布尔或字符串列表，表示是否导出列名，默认为 True。若给 header 进行了赋值，则以此值命名列名称

例 4.11　使用 pandas 模块的 to_excel()方法将例 4.7 中的 4 行学生考试数据导出至磁盘指定位置上的学生成绩记录(1).xlsx。

```
1:  from pandas import DataFrame
2:  from pandas import Series
```

```
3:  df = DataFrame({'学年':Series(['2015','2015','2015','2015']),
   '学期':Series(['秋','秋','秋','秋']),
   '考试科目':Series(['体育Ⅰ','体育Ⅰ','体育Ⅰ','体育Ⅰ']),
   '考试性质':Series(['正常考试','正常考试','正常考试','正常考试']),
   '学分':Series([1,1,1,1]),'成绩':Series([85,70,80,70]),
   '班级':Series(['B15','B15','B15','B15']),
   '学号':Series(['20151803','20151795','20151819','20151809'])})
4:  df.to_excel(r'C:/case/学生成绩记录(1).xlsx')
```

【例题解析】

该例子是使用 pandas 模块中的 to_excel()方法实现将数据写出至 Excel 文件。第 1 行和第 2 行引入 pandas 库中 DataFrame 函数和 Series 函数,为后面写数据做准备。第 3 行构建数据框,存储预写入磁盘数据。第 4 行通过 to_excel()方法将数据框 df 中的数据写出至磁盘,以 xlsx 文件格式存储。

【运行结果】

打开磁盘上对应路径下的学生成绩记录(1). xlsx 如图 4-12 所示。

1		学年	学期	考试科目	考试性质	学分	成绩	班级	学号
2	0	2015	秋	体育Ⅰ	正常考试	1	85	B15	20151803
3	1	2015	秋	体育Ⅰ	正常考试	1	70	B15	20151795
4	2	2015	秋	体育Ⅰ	正常考试	1	80	B15	20151819
5	3	2015	秋	体育Ⅰ	正常考试	1	70	B15	20151809

图 4-12 导出数据带行序号结果图

2. openpyxl 实现 Excel 文件的导入导出

openpyxl 是一个 Python 库,用来读写 xlsx/xlsm/xltx/xltm 类型文件。openpyxl 是一个综合的工具,能够同时读取和修改 Excel 文档。openpyxl 有读写模式,但是在读文件时推荐使用只读模式,只读模式可以立即打开工作簿,使其适用于多个进程,极大地优化了内存使用。

openpyxl 中有三个不同层次的对象,Workbook 是对工作簿的抽象,Worksheet 是对表格的抽象,Cell 是对单元格的抽象。每一个对象都包含许多属性和方法。具体来讲,一个 Workbook 对象代表一个 Excel 文档。因此,在操作 Excel 之前,应该先创建一个 Workbook 对象。然后,使用 Workbook 对象提供的方法获取 Worksheet 对象。Worksheet 对象代表工作表。通过 Worksheet 对象获取表格的属性,得到每行(rows)中的数据,或修改每行中数据的内容。Workbook 与 Worksheet 对象的常用属性以及常用方法如表 4-12~表 4-15 所示。

表 4-12 Workbook 对象的常用属性描述

属　性	描　述
worksheets	以列表的形式返回所有的工作表(Worksheet)
encoding	获取文档的字符集编码
active	取得当前活动的工作簿,即在 Excel 中打开时出现的工作表

表 4-13　Workbook 对象的常用方法描述

方　　法	描　　述
get_sheet_names	获取所有表格的名称(新版已经不建议使用,通过 Workbook 的 sheetnames 属性即可获取)
get_active_sheet	获取活跃的表格(新版建议通过 active 属性获取)
remove_sheet	删除一个表格
create_sheet	创建一个空的表格

表 4-14　Worksheet 对象的常用属性描述

属　　性	描　　述
title	工作表的标题
rows	按行获取单元格(Cell 对象)-生成器
columns	按列获取单元格(Cell 对象)-生成器
values	按行获取表格的内容(数据)-生成器

表 4-15　Worksheet 对象的常用方法描述

方　　法	描　　述
iter_rows	按行获取所有单元格,内置属性有(min_row,max_row,min_col,max_col)
iter_columns	按列获取所有的单元格
append	取得当前活动的工作簿,即工作簿在 Excel 中打开时出现的工作表
merged_cells	合并多个单元格
unmerged_cells	移除合并的单元格

对 Excel 文件操作的一般场景如图 4-13 和图 4-14 所示。首先创建一个 Workbook 对象,使用该对象的方法得到一个 Worksheet 对象;然后,从 Worksheet 对象中获取代表行列单元格对象进行表中数据的读取或保存。

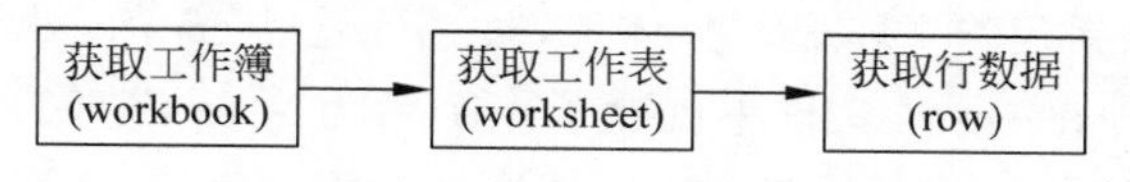

图 4-13　openpyxl 导入 Excel 流程

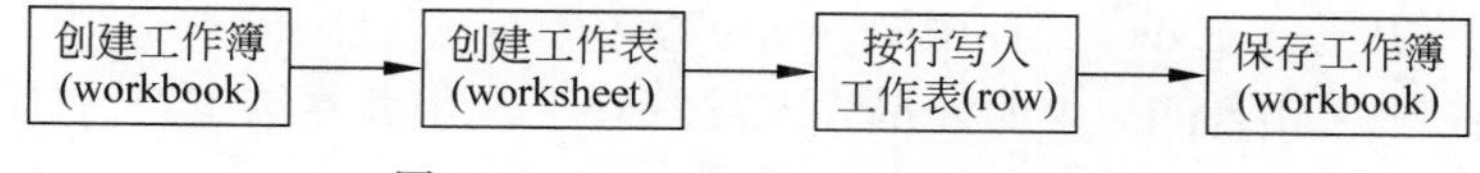

图 4-14　openpyxl 导出 Excel 流程

使用 openpyxl. load_ workbook ( ) 函数可以实现获取一个已经存在的工作簿(workbook),其语法格式为:

```
openpyxl.load_workbook(filename,read_only='true',guess_types)
```

基本参数描述如表 4-16 所示,返回值是一个 Workbook 对象。

表 4-16 load_workbook()函数基本参数描述

参　　数	描　　述
filename	string 类型,文件路径或路径对象
read_only	只读,为节省内存,建议开启此参数
guess_types	表示读取单元格数据类型时,启用或禁用类型推断

例 4.12 使用 openpyxl 导入磁盘中的“学生成绩记录.xlsx”文件(例 4.10 中的图 4-11 所示),将其读入系统并打印;然后,将其写入一个名为“write”的新工作表中。

```
1:  from openpyxl import load_workbook
2:  import pandas as pd
3:  wb = load_workbook(r'C:/case/学生成绩记录.xlsx')
4:  ws = wb.active
5:  wss = wb.create_sheet("write")
6:  all_value = []
7:  for row in ws.values:
8:      all_value.append(row)
9:      wss.append(row)
10: data = pd.DataFrame(all_value)
11: print(data)
12: wb.save(r'C:/case/学生成绩记录.xlsx')
```

【例题解析】

此例旨在演示如何将当前活动簿中的数据内容打印出来并另存。

第 1 行引入 openpyxl 库中的 load_workbook()函数。第 2 行导入 pandas 库。第 3 行使用 load_workbook()函数导入“学生成绩记录.xlsx”文件并返回一个 Workbook 对象 wb。第 4 行使用 Workbook 对象 wb 的属性 active 得到正在运行的工作表对象 ws。

第 5~9 行在打开的“学生成绩记录”工作簿中新建工作表对象,将从当前运行的工作表中读出的数据存入新建的工作表。具体地,第 5 行通过 create_sheet()方法创建一个新的工作表对象 wss,并在 Excel 文件中创建了一个名为“write”的工作表。第 6 行初始化一个空列表,以供存储从 active 的工作表中读取的数据。第 7~9 行使用循环嵌套按行获取工作表对象 ws 中的数据,将其存入 all_value 的列表中,并且通过工作表对象 wss 的 append()方法将其写入 Excel 文件中的“write”表中。

第 10 行将列表 all_value 中的数据放入数据框 data 中并在第 11 行打印。第 12 行通过调用 Workbook 对象 wb 的 save()方法将两个工作簿保存在磁盘指定位置,其中两个工作表的示例如图 4-15 所示。

【运行结果】

```
    0     1     2       3        4    5     6     7         8
0   学年  学期  考试科目  考试性质  学分  成绩  班级  学号      备注
1   2015  秋    体育Ⅰ    正常考试  1    85    B15   20151803  None
2   2015  秋    体育Ⅰ    正常考试  1    70    B15   20151795  None
```

```
...   ...   ...   ...       ...      ...
7923  None  None  None      None     None   None   None   None   None
7924  None  None  None      None     None   None   None   None   None
7925  None  None  None      None     None   None   None   None   None
[7926 rows x 9 columns]
```

1	学年	学期	考试科目	考试性质	学分	成绩	班级	学号	备注
2	2015	秋	体育Ⅰ	正常考试	1	85	B15	20151803	
3	2015	秋	体育Ⅰ	正常考试	1	70	B15	20151795	
4	2015	秋	体育Ⅰ	正常考试	1	80	B15	20151819	
5	2015	秋	体育Ⅰ	正常考试	1	70	B15	20151809	
6	2015	秋	体育Ⅰ	正常考试	1	60	B15	20151813	

Sheet1　Sheet2　Sheet3　write

图 4-15　保存后工作表示例

3. xlrd 实现 Excel 文件的导入

xlrd 是一个常用的读取 Excel 文件的库，实现从.xls 文件中读取数据和格式化信息。open_workbook()打开 Excel 文件，其语法格式为：

```
open_workbook(filename = None, mode, on_demand = False)
```

基本参数描述如表 4-17 所示，返回 Book 对象。

表 4-17　open_workbook()函数参数描述

参　　数	描　　述
filename	表示文件路径与文件名
mode	表示打开文件的格式
on_demand	表示 sheet 表是在初始化时全部加载(False)还是调用时加载(True)

xlrd 库下的 Book 对象和 Sheet 对象的常用方法以及 Sheet 对象常用属性分别如表 4-18～表 4-20 所示。

表 4-18　xlrd 库中 Book 对象的常用方法描述

方　　法	描　　述
sheet_by_name	通过表格名称获取工作表(Worksheet)对象
sheet_by_index	通过索引顺序获取工作表(Worksheet)对象
sheet_names	返回 book 中所有工作表的名字

表 4-19　xlrd 库中 Sheet 对象的常用方法描述

方　　法	描　　述
row	返回由该行中所有的单元格对象组成的列表
row_types	返回由该行中所有单元格的数据类型组成的列表
row_values	返回由该行中所有单元格的数据值组成的列表
col	返回由该列中所有的单元格对象组成的列表
col_types	返回由该列中所有单元格的数据类型组成的列表
col_values	返回由该列中所有单元格的数据组成的列表

表 4-20　xlrd 中 Sheet 对象的常用属性描述

属　性	描　述	属　性	描　述
nrows	工作表中的有效行数	merged_cells	合并单元格
ncols	工作表中的有效列数		

例 4.13　使用 xlrd 导入磁盘中的“学生成绩记录.xlsx”文件中学生考试数据表的数据并打印。

```
1:  import xlrd
2:  import pandas as pd
3:  workbook = xlrd.open_workbook(r'C:/case/学生成绩记录.xlsx')
4:  table = workbook.sheet_by_name('Sheet1')
5:  nRow = table.nrows
6:  list = []
7:  for i in range(1,nRow):
8:      row_data = table.row_values(i)
9:      list.append(row_data)
10: data = pd.DataFrame(list)
11: print(data)
```

【例题解析】

使用 xlrd 导入 excel 文件中数据的基本思路是：打开文件后，获得一个工作表，通过行列循环读取每一行的数据。

第 1 行引入 xlrd 库；第 2 导入 pandas 库；第 3 行使用 open_workbook()函数导入文件并返回一个 Book 对象 workbook，其中括号中为文件位置。

第 4 行使用 Book 对象的常用方法 sheet_by_name 获得表单名为'Sheet1'的工作表对象 table。第 5 行通过 Sheet 对象的常用属性 nrows 获得工作表的行数。第 7～9 行使用循环嵌套通过 row_values()方法按行获取表中该行中所有单元格的数据值组成的列表，并将其存入列表中。

第 10 行将数据转为数据框对象；第 11 行打印。

【运行结果】

```
        0       1    2         3         4     5      6     7
0       2015.0  秋   体育Ⅰ     正常考试  1.0   85.0   B15   20151803.0
1       2015.0  秋   体育Ⅰ     正常考试  1.0   70.0   B15   20151795.0
2       2015.0  秋   体育Ⅰ     正常考试  1.0   80.0   B15   20151819.0
        …       …    …         …         …     …
7920    2023.0  春   毕业实习  正常考试  6.0   100.0  B19   20192365.0
7921    2023.0  春   毕业设计  正常考试  11.0  79.9   B19   20192365.0
[7922 rows x 9 columns]
```

4. xlwt 实现 Excel 文件的导出

xlwt 可以实现指定表单、单元格的写入，依然主要使用到的是 Workbook 对象和

Worksheet 对象。首先，使用 Workbook()函数创建 Workbook 对象表示一个 Excel 文档。Workbook 对象的常用方法与属性如表 4-21 和表 4-22 所示。然后，使用 add_sheet(sheet_name)方法添加表单，返回 Worksheet 对象。Worksheet 对象的常用方法与属性如表 4-23 和表 4-24 所示。最后，使用 write(r, c, label)函数将记录写入到指定单元格中并保存文件，其具体参数解释如表 4-25 所示。

表 4-21　xlwt 中 Workbook 对象常用方法描述

方法	描　述	方法	描　述
save	保存文件工作表对象	get_sheet	获取工作表
add_sheet	添加工作表，返回工作表对象		

表 4-22　xlwt 中 workbook 对象常用属性描述

属　性	描　述
ActiveSheet	表示一个 Worksheet 对象(工作表)
HasPassword	表示工作簿是否加密
EnableAutoRecovery	用于设置 Excel 自动恢复功能

表 4-23　xlwt 中 Worksheet 对象常用方法说明

方　法	描　述
write	向单元格中写入内容
write_merge	合并单元格
col	获取工作表的行列
row	获取工作表的行

表 4-24　xlwt 中 Worksheet 对象常用方法描述

方　法	描　述
Cells	表示一个 Range 对象，默认无参数时代表整个工作表的所有单元格
Columns	表示一个 Range 对象，默认无参数表示工作表的所有列

表 4-25　write 方法参数描述

参数	描　述	参数	描　述
r	表示行索引，从 0 开始	label	表示所写的内容
c	表示列索引，从 0 开始		

例 4.14　使用 xlwt 库将数据写入磁盘 excel 文件，并命名为“学生成绩记录(2).xlsx”。

```
1:  import xlwt
2:  book = xlwt.Workbook()
3:  table = book.add_sheet(sheetname = 'test')
4:  table.write(0,0,'学年')
```

```
 5:  table.write(0,1,'学期')
 6:  table.write(0,2,'考试科目')
 7:  table.write(0,3,'考试性质')
 8:  table.write(0,4,'学分')
 9:  table.write(0,5,'成绩')
10:  table.write(0,6,'班级')
11:  table.write(0,7,'学号')
12:  table.write(0,8,'备注')
13:  table.write(1,0,2015)
14:  table.write(1,1,'秋')
15:  table.write(1,2,'体育Ⅰ')
16:  table.write(1,3,'正常考试')
17:  table.write(1,4,1)
18:  table.write(1,5,85)
19:  table.write(1,6,'B15')
20:  table.write(1,7,20151803)
21:  table.write(1,8,'')
22:  book.save(r'C:/case/学生成绩记录(2).xlsx')
```

【例题解析】

第 1 行引入 xlwt 库；第 2 行创建一个工作簿对象 book，也就是创建一个 excel 文档；第 3 行添加了一个表单名为“test”的 sheet 对象；第 4～21 行通过 write()方法在相应的行和列写入数据，如第 4 行表示在文件第 1 行第 1 列写入学号，第 5 行表示在文件第 1 行第 2 列写入学年等。第 22 行将写入的数据保存至磁盘指定位置。

【运行结果】

1	学年	学期	考试科目	考试性质	学分	成绩	班级	学号	备注
2	2015	秋	体育Ⅰ	正常考试	1	85	B15	20151803	

图 4-16　例 4.14 导出结果显示

4.3.4　JSON 文件

JSON(JavaScript Object Notation)是一种轻量级的数据交换格式。采用完全独立于语言的文本格式，易于用户阅读和编写，同时也易于机器解析和生成，能够有效地提升网络传输效率。JSON 有对象和数组两种结构，其语法规则如下。

- 大括号保存对象，以“{”(左括号)开始，“}”(右括号)结束。
- 中括号保存数组。数组(array)是值(value)的有序集合。一个数组以“[”(左中括号)开始，“]”(右中括号)结束。值之间使用“，”(逗号)分隔。
- 数据在键/值对中，由逗号分隔。键/值对包括字段名称、冒号、值。键的字段名称在双引号中。值可以是字符串(在双引号中)、数组(在中括号中)、数字(整数或浮点数)、逻辑值(True 或 False)等。

通过对象和数组结构可以表示各种复杂的结构。例如，{"province"："Shanxi"}可以理解为是一个包含 province 为 Shanxi 的对象，["Shanxi","Shandong"]是一个包含两个元素的数组；而[{"province"："Shanxi"}，{"province"："Shandong"}] 就表示包含两个对象的数组，也可以简化为{"province"：["Shanxi","Shandong"]}。

符合上述语法规则的数据称为JSON数据。存储JSON数据，并以“.json”为后缀名的文件称为JSON文件。

例4.15　JSON数据解析。

```
{
"sites":[
        {"名字":"mike wang","个人主页":"www.xxx.com"}
        {"名字":"mike zhang","个人主页":"www.xxx.com"}
        {"名字":"mike li","个人主页":"www.xxx.com"}
        ]
}
```

【例题解析】

在上方的示例中，只有一个名为sites的变量，值包含三个对象的数组，每个对象是一个人的记录，其中包含名字、个人主页。

可以发现，JSON数据的结构在Python中直接对应列表和字典的嵌套。因此，使用Python易于完成JSON数据的解析。Python支持的数据类型与JSON支持的数据类型对应如表4-26所示。

表4-26　Python数据类型与JSON数据类型的转换对应

Python数据类型	JSON数据类型	Python数据类型	JSON数据类型
字典	对象	True	true
列表，元组	数组	False	false
字符串	字符串	None	null
数值	数值		

Python提供了一个标准的json模块专门处理这项工作。json模块提供了四个函数：dumps()、dump()、loads()、load()。其中，load()和loads()函数用于将JSON数据类型解析为Python数据类型，dump()和dumps()函数则用于将Python数据类型解析为JSON数据类型。其中，load()和dump()除了转换Python与JSON所支持的数据类型外，还将结果读取(保存)到JSON格式的文件。例如，dumps()直接将Python的字典数据类型自动变为JSON相对应的对象，而dump()除了变换数据类型还将变换后的数据写入JSON文件，即在dumps()的基础上多做了一个f.write()的操作。

因此，对JSON文件的导入与导出操作，下文主要介绍load()函数与dump()函数。

1. 导入JSON文件

json.load()函数可实现导入JSON文件，并将其转换成Python中的字典类型，其语法格式为：

```
load(s)
```

表示把一个字符串反序列化为Python对象，这个字符串可以是str类型，也可以是

unicode 类型。

例 4.16 在磁盘上有一个“new_json1. json”文档，其中的数据内容如图 4-17，使用 load()函数将其读入系统并打印。

new_json1.json - 记事本

文件(F) 编辑(E) 格式(O) 查看(V) 帮助(H)

{"year": {"0": 2015}, "term": {"0": "autumn"}, "course_name": {"0": "PE\u2160"}, "Nature of Exam": {"0": "normal"}, "credit": {"0": 1}, "Grades": {"0": 81}, "class": {"0": "B15"}, "number": {"0": "20151803"}}

图 4-17 new_json1. json 文件显示

```
1:  import json
2:  import pandas as pd
3:  with open(r'C:/case/new_json1.json','r') as load_f:
4:      load_dict  = json.load(load_f)
5:      data = pd.DataFrame(load_dict)
6:      print(data)
```

【例题解析】

第 1 行表示引入 json 库；第 2 行引入 pandas 库；

第 3 行以读文件的模式打开一个文件对象赋值给 load_f，使用 Python 内置的 open()函数，传入文件名和读写模式；

第 4 行使用 json. load()函数导入数据，此时默认返回结果为字典类型，读出的数据存入 load_dict 中。

因为数据框对数据操作的方便和快捷，所以第 5 行将第 4 行中字典转为数据框，并将数据保存到 data 中。第 6 行打印 data 数据。

【运行结果】

```
   year   term  course_name  Nature of Exam  credit  Grades class    number
0  2015  autumn      PEⅠ          normal       1      81    B15   20151803
```

2. 导出 JSON 文件

导出 JSON 文件时可以使用 json 模块中的 json. dump()函数，直接把字典写入到 JSON 文件中。其语法格式为：

```
dump(obj, separators = None, ensure_ascii = True, check_circular = True, allow_nan = True,
object_pairs_hook, encoding = "utf - 8", sort_keys = False,  ** kw)
```

参数的描述见表 4-27。

表 4-27 dump()函数参数描述

参　　数	描　　述
obj	表示将 obj 序列化为 JSON 格式流
separators	分隔符，参数意思分别为不同 dict 项之间的分隔符和 dict 项内 key 和 value 之间的分隔符

续表

参　数	描　述
ensure_ascii	默认输出 ASCII 码，如果改成 False，就可以输出中文
check_circular	如果 check_circular 为 False，则跳过对容器类型的循环引用检查，循环引用将导致溢出错误（或更糟的情况）
allow_nan	如果 allow_nan 为 False，则 ValueError 将序列化超出范围的浮点值（nan、inf、－inf），严格遵守 JSON 规范，而不是使用 JavaScript 等价值（nan、Infinity、－Infinity）
object_pairs_hook	将结果以 key-value 有序列表的形式返回，形式如[(k1, v1), (k2, v2), (k3, v3)]，如果 object_hook 和 object_pairs_hook 同时指定的话优先返回 object_pairs_hook
sort_keys	告诉编码器按照字典排序(a～z)输出。如果是字典类型的 Python 对象，就把关键字按照字典排序

例 4.17　将下列数据写入磁盘并保存为 JSON 文件，命名为“new_json2.json”。

year	term	course_name	Nature of Exam	credit	Grades	class	number
2015	autumn	PEⅠ	normal	1	81	B15	20151803

```
1:  import json
2:  import pandas as pd
3:  data = pd.DataFrame({"year": 2015, "term":"autumn","course_name": "PEⅠ", "Nature of Exam": "normal", "credit": 1, "Grades": 81,"class":"B15","number": "20151803", },index = [0])
4:  with open(r'C:/case/new_json2.json',"w") as dump_f:
5:     json.dump(data.to_dict(),dump_f)
```

【例题解析】

第 1 行表示引入 json 库；第 2 行导入 pandas 库；第 3 行表示写入数据赋值给 data；第 4 行以写文件的模式打开一个文件赋值给 dump_f，其中括号中为文件路径；第 5 行使用 dump()函数将数据写入 JSON 文件。

【运行结果】

new_json2.json - 记事本

文件(F)　编辑(E)　格式(O)　查看(V)　帮助(H)

{"year": {"0": 2015}, "term": {"0": "autumn"}, "course_name": {"0": "PE\u2160"}, "Nature of Exam": {"0": "normal"}, "credit": {"0": 1}, "Grades": {"0": 81}, "class": {"0": "B15"}, "number": {"0": "20151803"}}

图 4-18　读取结果显示

4.3.5　数据库

数据库是一个长期存储在计算机内的、有组织的、可共享的数据集合。与电子表格一样，数据库在商业中的应用也非常广泛。例如，保存客户、库存和雇员数据等，实现对运营、销售和财务等活动的管理和分析。

数据库管理系统种类繁多,下面以 MySQL 为例进行介绍。MySQL 是常用的开源关系型数据库管理系统之一。PyMySQL 是用于连接 MySQL 数据库的接口库。连接数据库的整体操作流程为:获取数据库连接,执行指定的 SQL 语句或存储过程,关闭数据库连接。

使用 pymysql.connect()初始化一个数据库连接,其语法格式为:

```
pymysql.connect(user = None,password = '',host = None,database = None)
```

此函数返回一个 Connection 对象,常用参数描述如表 4-28 所示。

表 4-28　pymysql.connect()函数参数描述

参　数	描　述
user	用于登录数据库的用户名
password	与数据库登录用户匹配的密码
host	数据库服务器所在的主机,'.'代表本地主机
database	要连接的数据库名称

Connection 对象常用属性与函数如表 4-29 和表 4-30 所示。

表 4-29　Connection 对象常用属性描述

属　性	描　述
ConnectionTimeout	获取与数据库尝试建立连接的超时时间,类型为 int,单位为 s,默认值为 15s
Database	获取当前连接所使用的数据库名称,类型为 String
DataSource	获取数据源。返回连接的 SQL Server 实例名称
ServerVersion	返回数据库的版本信息
State	获得当前连接状态:打开或关闭。默认为关闭

表 4-30　Connection 对象常用方法描述

方　法	描　述
close()	关闭连接
commit()	提交当前事务
rollback()	回滚当前事务。事务回滚是指,事务在运行过程中因发生某种故障而不能继续执行,使得系统将事务中对数据库的所有已完成的更新操作全部撤销,将数据库返回到事务开始时的状态
cursor()	创建并返回 Cursor 对象

连接成功后,通过获得的游标(cursor),执行对数据库的操作。游标的使用是把集合操作转换为单个记录处理的方式。用 SQL 从数据库中检索数据后,结果放在内存的一块区域中,且结果往往是一个含有多个记录的集合。游标机制允许用户逐行地访问这些记录,按照用户自己的意愿来显示和处理这些记录。

一般地,使用游标需要遵循以下常规步骤:声明游标→打开游标→使用游标操作数据→关闭游标。游标对象主要负责执行 SQL 语句,其常用方法如表 4-31 所示。

表 4-31 Cursor 对象常用方法描述

方 法	描 述
close()	关闭游标
execute(query, args=None)	执行单条 SQL 语句,接收的参数为 SQL 语句本身和使用的参数列表,返回值为受影响的行数
fetchall()	执行 SQL 查询语句,将结果集(符合 SQL 语句中条件的所有行集合)中的每行转换为一个元组,再将这些元组装入一个元组返回
fetchone()	执行 SQL 查询语句,获取下一个查询结果集

例 4.18 在 MySQL 数据库有一个"example"表记录几名学生的数据,如图 4-19 所示,将其读入系统并打印。根据学生成绩分类,在原表"example"中增加一列"等级",将百分制转换为等级制,即{优、良、中、差}。其中,成绩[100,90)为优,[90,70)为良,[70,60)为中,其余为差。

开始事务 文本 · 筛选 排序 导入 导出

学号	学年	课程名称	考试性质	学分	成绩
20040009	2005	体育Ⅱ	正常考试	1	81
20040011	2005	体育Ⅱ	正常考试	1	80
20040014	2005	体育Ⅱ	正常考试	1	88
20040015	2005	体育Ⅱ	正常考试	1	19

图 4-19 MySQL 数据库中 example 表的部分数据显示

```
1:  import pymysql
2:  import pandas as pd
3:  def get_letter_grade(score):
4:      if score > 90:
5:          return "优"
6:      elif score > 70:
7:          return "良"
8:      elif score > 60:
9:          return "中"
10:     else:
11:         return "差"
12: conn = pymysql.connect(host = '127.0.0.1', port = 3306, user = 'root', passwd = '123456',
db = 'mysql')
13: cursor = conn.cursor()
14: sql = 'select * from example'
15: cursor.execute(sql)
16: result = cursor.fetchall()
17: print(result)
18: df = pd.DataFrame(list(result),columns = ['学号','学年','课程名称','考试性质','学分','成
绩'])
19: df['等级'] = df['成绩'].map(lambda x: get_letter_grade(x))
20: print(df)
21: sql_addcol = "ALTER TABLE example add (等级 text)"
22: cursor.execute(sql_addcol)
23: for i in df.index.values:
```

```
24:    v_sql = "update example set 等级 = '%s' where 学号 = '%s'" % (df.loc[i,'等级'],df.
loc[i,'学号'])
25:    cursor.execute(v_sql)
26:  conn.commit()
27:  cursor.close()
28:  conn.close()
```

【例题解析】

该例子是导入以及导出 MySQL 数据库中的数据，其表现形式为使用游标操作字符串组成的 SQL 语句。

第 1 行表示引入 pymysql 库；第 2 行表示引入 pandas 库；第 3～11 行定义等级函数 get_letter_grade，实现采用分数的等级化。

第 12 行连接数据库，第 13 行创建游标，以执行对数据库的操作。第 14～17 行读取 MySQL 数据库的 example 表。第 17 行表示打印 result。

第 18 行将从数据库中读取的 result 转换为常用的数据框类型。第 19 行为数据框 df 增加一列“等级”，并通过 map 函数实现根据同行的百分制“成绩”向“等级”制成绩的转换。第 20 行表示打印 df 的值。

第 21～25 行在数据库 example 表中插入列。第 26 行提交当前的事务，即实现将数据写回数据库磁盘。第 27～28 行表示关闭游标及与数据库的连接。

执行完所有操作后，数据库中 example 表如图 4-20 所示。

【运行结果】

第 8 行运行结果：

(('2004009', '2005', '体育Ⅱ', '考试性质', 1, 81), ('20040011', '2005', '体育Ⅱ', '考试性质', 1, 80), ('20040014', '2005', '体育Ⅱ', '考试性质', 1, 88), ('20040015', '2005', '体育Ⅱ', '考试性质', 1, 19))

第 11 行运行结果：

	学号	学年	课程名称	考试性质	学分	成绩	等级
0	20040009	2005	体育Ⅱ	正常考试	1	81	良
1	20040011	2005	体育Ⅱ	正常考试	1	80	良
2	20040014	2005	体育Ⅱ	正常考试	1	88	良
3	20040015	2005	体育Ⅱ	正常考试	1	19	差

对象　example @mysql (localhost_3306) - 表

开始事务　文本 · 筛选　排序　导入　导出

学号	学年	课程名称	考试性质	学分	成绩	等级
2004009	2005	体育Ⅱ	考试性质	1	81	良
20040011	2005	体育Ⅱ	考试性质	1	80	良
20040014	2005	体育Ⅱ	考试性质	1	88	良
20040015	2005	体育Ⅱ	考试性质	1	19	差

图 4-20　example 表结果显示

小结

本章主要介绍了数据获取、网络爬虫以及不同种类文件的导入导出方式。

首先说明了数据的来源，即数据获取的渠道，主要包括数据库、公开出版物、互联网与市场调查等，为数据分析提供了素材和依据。然后介绍了网络爬虫，主要介绍了网页的结构，爬虫的流程以及爬虫 Robots 协议，其中，爬虫的流程主要可以分为以下三步：①爬取网页；②解析网页内容；③存储网页内容。最后，以文件的不同种类分别介绍了文件如何导入与导出，具体来讲，使用文件 I/O 操作读写 txt 文件；使用 CSV 模块与 pandas 模块读写 CSV 文件；使用 xlrd、pandas、openpyxl 读取 Excel 文件，使用 xlwd、pandas、openpyxl 写 Excel 文件；使用 JSON 模块读写 JSON 文件以及以 MySQL 数据库为例如何实现数据库中数据的读写。

习题

请从以下各题中选出正确答案（正确答案可能不止一个）。

1. 数据获取的途径有（　　）。

　A. 产品自有数据　　B. 调查问卷

　C. 互联网数据导入　　D. 从别人数据库窃取

2. 如果一个网站的根目录下没有 robots. txt 文件，下面哪个说法是不正确的？（　　）

　A. 网络爬虫应该以不对服务器造成性能骚扰的方式爬取内容

　B. 网络爬虫可以不受限制地爬取该网站内容并进行商业使用

　C. 网络爬虫可以肆意爬取该网站内容

　D. 网络爬虫的不当爬取行为仍然具有法律风险

3. 下面哪些功能网络爬虫做不到？（　　）

　A. 爬取网络公开的用户信息，并汇总出售

　B. 爬取某个人计算机中的数据和文件

　C. 分析教务系统网络接口，用程序在网上抢最热门的课

　D. 持续关注某个人的微博或朋友圈，自动为新发布的内容点赞

4. 对于文本文件来说，导入/导出操作步骤包括（　　）。

　A. 打开文件　　B. 读取数据/写入数据

　C. 关闭文件　　D. 以上全包括

5. 以只读方式打开 d:\myfile. txt 文件，以下代码正确的是（　　）。

　A. `f = open("d:\\myfile.txt","r")`　　B. `f = open("d:\myfile.txt","r")`

　C. `f = open("d:\\myfile.txt","w")`　　D. `f = open("d:\\myfile.txt","r+")`

6. d:\stu. csv 文件保存了学生的信息，以下哪段代码能实现信息的读出？（　　）

A.
```
import csv
f = open("d:\\stu.csv","r")
r = csv.read(f)
for i in r:
  print(i)
f.close()
```

B.
```
import csv
f = open("d:\\stu.csv","r")
r = csv.reader(f)
print(r)
f.close()
```

C.
```
import csv
f = open("d:\\stu.csv","r")
r = csv.reader(f)
for i in r:
  print(i)
f.close()
```

D.
```
f = open("d:\\stu.csv","w")
r = csv.reader(f)
for i in r:
  print(i)
f.close()
```

7. 下列模块中,哪一个模块是用来读取 Excel 文件的?(　　)

A. xlrd　　B. xlwt　　C. pandas　　D. openpyxl

8. open 函数的默认文件打开方式是(　　)。

A. w　　B. w+　　C. r　　D. r+

9. 下列说法错误的是(　　)。

A. json. dump()用于将 dict 类型的数据转成 str,并写入到 JSON 文件中

B. json. load()用于将数据写入 JSON 文件中

C. json. dumps()用于将 dict 类型的数据转成 str

D. json. loads()函数是将 JSON 格式数据转换为字典

10. 使用 Python 在 MySQL 数据库执行操作,以下说法正确的是(　　)。

① 导入 pymysql 模块

② 创建 connection 对象

③ 对数据库进行操作:执行查询、执行命令、获取数据、处理数据

④ 关闭 connection

⑤ 关闭 cursor(游标)对象

⑥ 获取 cursor(游标)对象

⑦ 结束

A. ①②③⑥⑤④⑦　　B. ①⑤②③⑥④⑦

C. ①②④③⑥⑤⑦　　D. ①②⑥③⑤④⑦

第 5 章

数据预处理

【学习目标】

学完本章之后，读者将掌握以下内容。

- 数据预处理的必要性和主要步骤。
- 基于 Python 的重复值、缺失值和噪声的检测与处理。
- 基于 Python 的数据列冗余与数据值冲突的判断与处理。
- 基于 Python 的属性子集选择和抽样方法。
- 基于 Python 的数据合并、抽取和计算的数据变换方法。

5.1 数据预处理的必要性

数据分析依赖于数据质量。低质量的数据将导致低质量的分析结果。然而，真实世界中的数据通常会存在大量脏数据，即数据通常不完整（如属性值空缺等）、不一致（如相同数据类型或值等不一致等）、受噪声（如存在偏离期望的孤立点）侵扰。数据预处理是数据分析、知识发现的重要过程。数据预处理是指在主要的处理以前对数据进行的一些处理，将原始数据转换为可以理解或者适合分析的样式，改进数据质量，提高分析的精度，为数据分析做铺垫。

数据质量涉及许多因素，如准确性、完整性和一致性是数据质量的三个基本要素。

导致数据不正确或不准确的原因有多种。收集数据的设备可能出故障；在数据输入时出现人或计算机的错误；当用户不希望提交个人信息时，可能故意向强制输入字段输入不正确的值。错误也可能在数据传输中出现。不正确的数据可能是由命名约定或所用的数据代码不一致，或输入字段的格式不一致而导致的。例如表 5-1，同样是 2021 年 1 月 5 日，可以有很多种时间格式。重复元组也需要数据清理。

表 5-1 不同时间表示格式

5th January,2021	2021-01-05	Jan 5, 2021	01/05/2021	2021.01.05	2021/01/05

导致数据不完整的原因也有多种。有些感兴趣的属性并非总能得到,如学生原生态家庭的精神情况或病史;输入时认为信息不重要而未收集;由于理解错误,或者因为设备故障而导致的相关数据没有记录;由于与其他记录不一致,而造成的数据删除等。此外,历史或修改的数据可能被忽略。缺失的数据,特别是某些属性列上具有缺失值的记录,可能需要将其缺失值推导出来并补齐。

数据不一致性,是指各类数据的矛盾性、不相容性。数据不一致性的原因也有多种。数据冗余,重复存放的数据未能进行一致性地更新。例如,学生入伍造成的学习状态调整,即学生处的学生状态已经改为休学或退学,而教务处未做相应更改,产生矛盾的就读状态。此外,如果软硬件出现故障或者操作错误导致数据丢失或数据损坏,也将引起数据不一致。

除了上述三个基本要素外,数据时效性(Timeliness)、可信性(Believability)、可解释性(Interpretability)也同样影响数据质量。

一般来说,数据预处理的主要步骤包括数据清洗、数据集成、数据规约和数据变换,如图 5-1 所示。

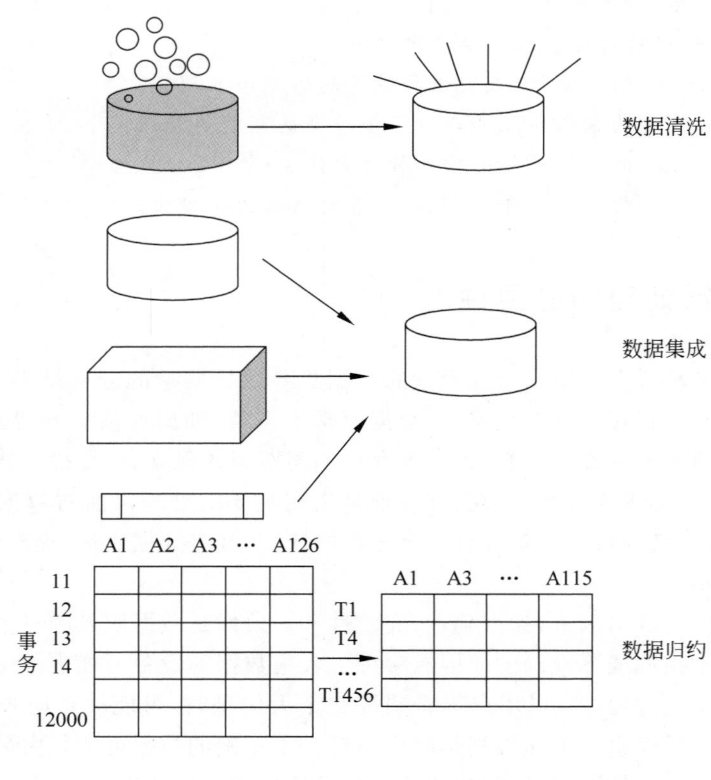

图 5-1 数据预处理步骤

- 数据清洗主要填写缺失值，光滑噪声，识别和处理离群点，解决不一致性以“清理数据”。
- 数据集成是把不同来源、格式、特点性质的数据在逻辑上或物理上有机地集中，从而更容易进行数据分析。
- 数据归约是指在尽可能保持数据原貌的前提下，最大限度地精简数据量，用替代的、较小的数据表示形式替换原数据，得到信息内容的损失最小化。
- 数据变换是对数据进行规范化处理，将数据转换成“适当的”形式，以适用分析任务及算法的需要。

这四个大步骤在做数据预处理时未必都要执行，也不是互斥的。例如，冗余数据的删除既是一种数据清洗形式，也是一种数据归约。

5.2 数据清洗

在数据分析时，海量的原始数据中存在大量不一致、不完整、有噪声的数据，严重影响数据分析的结果。在脏数据之上即使使用最好的分析方法，也将产生错误结果，并误导业务本身。因此在数据分析过程中，数据清洗尤为重要并占据了很大的工作量。数据清洗又叫数据清理或数据净化，是数据分析的第一步。本节介绍的主要内容包括重复值、缺失值和噪声检测与处理。

5.2.1 重复值检测与处理

在实际的数据采集、处理和分析中，经常会遇到重复数据。重复数据的产生可能是由于记录时的错误操作，也可能是真实存在的重复记录。重复数据在进行数据分析的过程中，对输出结果有重要的影响。例如，在逻辑回归分析中，重复数据会影响模型的拟合优度。需要说明的是，重复数据的处理也是选择性的，并不是所有情况下都要做。

以下主要介绍基于 pandas 库中的函数进行重复值的识别与处理。

1. 重复值检测

pandas 库中的 duplicated()函数可以实现查找并显示数据表中的重复值。此函数返回一个布尔型的 Series，显示是否有重复行，没有重复的行显示为 FALSE。其语法格式为：

```
duplicated(subset = None, keep = 'first')
```

其参数描述如表 5-2 所示。

表 5-2 duplicated()函数主要参数描述

参数	描 述
subset	列标签或标签序列，可选。仅对某些列进行重复项标识，默认情况下使用所有列
keep	查找重复值的模式。 有三个不同的值，默认值为“first”： keep='first'：除了第一次出现外，其余相同的数据被标记为重复，默认值。 keep='last'：除了最后一次出现外，其余相同的数据被标记为重复。 keep=False：所有相同的数据都被标记为重复

指定 subset 参数可控制检测重复行的粒度。当 subset 不指定时,检测数据表中记录行是否重复,即当两条记录中所有列数据都相等时才判断为重复行;当 subset 指定了列标签或列标签序列时,则只在指定列或列的组合上的所有数据重复才被判断为重复行,其余未指定列不检测。

2. 删除重复值

使用 drop_duplicates()函数可实现重复值删除。此函数返回一个移除了重复行的数据框对象 DataFrame。其语法格式为:

```
drop_duplicates (subset = None, keep = 'first', inplace = False, ignore_index =  False)
```

其中参数描述如表 5-3 所示。

表 5-3　drop_duplicates()函数的主要参数描述

参数	描　述
subset	列标签,默认为 None,去除重复项时要考虑的标签。当 subset=None 时所有列都相同才认为是重复项
keep	表示是否保留。默认为"first"。 keep='first':去重时每组重复数据保留第一条数据,其余数据丢弃。 keep='last':去重时每组重复数据保留最后一条数据,其余数据丢弃。 keep=False:去重时每组重复数据全部丢弃,不保留
inplace	布尔值,表示直接在原来数据上修改还是保留一个副本,默认为 False。 inplace=False:去重之后不覆盖原表格数据。 inplace =True:去重之后原表格数据被覆盖

例 5.1　学生信息数据"学生数据.xlsx"中有四列信息,即姓名,性别,出生日期,学号,其数据显示如图 5-2 所示。检查是否存在学生信息重复录入的情况。若存在,则将重复信息删除。

	A	B	C	D
1	name	gender	birth	number
2	张三	女	1993.4.12	20161601
3	李四	男	1992.2.15	20161602
4	李明	男	1994.3.21	20161603
5	王梅	女	1994.5.24	20161604
6	张强	男	1996.3.23	20161605
7	周星星	男	1998.3.24	20161606
8	张三	女	1993.4.12	20161601
9	张强	男	1996.3.23	20161605
10				

图 5-2　学生数据显示

```
1:  from pandas import read_excel
2:  df = read_excel(r'C:/case/学生数据.xlsx')
3:  print('数据集是否存在重复观测: ', df.duplicated())
```

```
4:   newdf = df.drop_duplicates()
5:   print(newdf)
```

【例题解析】

上述代码是对重复值进行识别与删除。

第1行从pandas库中导入read_excel()函数。第2行通过read_excel()函数将学生信息数据读入数据框df。第3行使用duplicated()函数检测数据中是否存在重复值，默认keep='First'。因此，数据在第一次出现时(即第0～5行)显示为False，但是在第6行和第7行再次出现时，被标记为了True，即重复行。第4行使用drop_duplicates()函数将出现重复值的行删除并赋值给新的数据框对象newdf。第5行打印并显示newdf中数据。

【运行结果】

第3行的输出结果：

```
数据集是否存在重复观测：0    False
                        1    False
                        2    False
                        3    False
                        4    False
                        5    False
                        6    True
                        7    True
                        dtype: bool
```

第5行的输出结果：

	name	gender	birth	number
0	张三	女	1993.4.12	20161601
1	李四	男	1992.2.15	20161602
2	李明	男	1994.3.21	20161603
3	王梅	女	1994.5.24	20161604
4	张强	男	1996.3.23	20161605
5	周星星	男	1998.3.24	20161606

5.2.2 缺失值检测与处理

除了重复值之外，真实世界中的数据也存在普遍的数据缺失现象。数据具有缺失值，并不意味着数据有错误。数据缺失的原因有很多，例如，由于工作人员的疏忽，造成无意的数据缺失；或者由于数据采集器故障等原因造成的缺失；本身数据不存在造成的数据缺失，比如一个未婚者的配偶名字、孩子的收入状况等。明确了缺失值来源，才能对症下药。

缺失值的检测可以使用isnull()判定。isnull()函数无参，返回一个布尔值，若该处值缺失，返回True，否则返回False。

常见的缺失值处理方法有直接删除,数据填补以及不进行任何处理。

1. 删除含有缺失值的行或列

dropna()函数可去除数据中值为空的数据行或列,其语法格式为:

```
dropna(axis = 0, how = 'any', thresh = None, subset = None, inplace = False)
```

其中主要参数描述如表5-4所示。

表5-4 dropna()函数主要参数描述

参　数	描　述
axis	axis=0(默认值):删除包含缺失值(NaN)的行。 axis=1:删除包含缺失值(NaN)的列
how	how='any'(默认值):有缺失值(NaN)即删除。 how='all':所有的值都缺失(NaN)才删除
thresh	如果非缺失值(NaN)的数量大于thresh则保留
subset	定义要在哪些列中查找缺失值
inplace	是否直接在原DataFrame上修改

例5.2 如图5-3的学生成绩记录数据包含九列,分别为:学年,学期,考试科目,考试性质,学分,成绩,班号,学号,备注。其中"备注"是为记录学生异常状态的预留列,如"休学"、"退学"等。请检查数据集中是否存在缺失,若列中缺失值大于100,直接将此列删除;若存在空行也进行相应删除。

	学年	学期	考试科目	考试性质	学分	成绩	班级	学号	备注
1	学年	学期	考试科目	考试性质	学分	成绩	班级	学号	备注
2	2015	秋	体育Ⅰ	正常考试	1.00000	85.00000	B15	20151803	
3	2015	秋	体育Ⅰ	正常考试	1.00000	70.00000	B15	20151795	
4	2015	秋	体育Ⅰ	正常考试	1.00000	80.00000	B15	20151819	
5	2015	秋	体育Ⅰ	正常考试	1.00000	70.00000	B15	20151809	

图5-3 学生成绩记录.xlsx部分文件显示

```
1:  from openpyxl import load_workbook
2:  import pandas as pd
3:  records = load_workbook(r'C:/case/学生成绩记录.xlsx')
4:  ws = records.active
5:  all_value = []
6:  for row in ws.values:
7:      all_value.append(row)
8:  records_1 = pd.DataFrame(all_value)
9:  records_2 = records_1.dropna(axis = 1,thresh = 100)
10: print(records_2)
11: records_3 = records_2.dropna(how = "all")
12: print(records_3)
13: records_3.to_excel(r'C:/case/学生成绩记录(去缺失值).xlsx',header = False, index =
False)
```

【例题解析】

第1～7行使用例4.12中的load_workbook()函数读取数据。第8行将数据存入DataFrame,并赋值给records_1。第9行利用dropna()函数检测在列的方向上若出现100个以上NaN则将此列删除,并将删除后的数据赋值给records_2。其中,axis=1表示检查列值,thresh=100定义将缺失值超过100则删除。第10行输出records_2。因此,在运行结果中,第10行输出结果删除了"备注"列。

第11行dropna()函数删除行全空的值,即在行的方向上所有值均缺失(NaN)则将此行删除。删除出现空值的行并将其结果赋值给records_3。第12行输出此操作结果。因此,运行结果中在records_2的基础上删除空行剩余7923行。第13行将修改后的数据存入学生成绩记录(去缺失值).xlsx中。

【运行结果】

第10行输出结果(截取一部分显示):

```
      0     1     2         3         4     5     6     7
0     学年  学期  考试科目  考试性质  学分  成绩  班级  学号
1     2015  秋    体育Ⅰ     正常考试  1     85    B15   20151803
2     2015  秋    体育Ⅰ     正常考试  1     70    B15   20151795
3     2015  秋    体育Ⅰ     正常考试  1     80    B15   20151819
4     2015  秋    体育Ⅰ     正常考试  1     70    B15   20151809
      …     …     …         …         …     …     …     …
7921  2023  春    毕业实习  正常考试  6     100   B19   20192365
7922  2023  春    毕业设计  正常考试  11    79.9  B19   20192365
7923  None  None  None      None      None  None  None  None
7924  None  None  None      None      None  None  None  None
7925  None  None  None      None      None  None  None  None

[7926 rows x 8 columns]
```

第12行输出结果(截取一部分显示):

```
      0     1     2         3         4     5     6     7
0     学年  学期  考试科目  考试性质  学分  成绩  班级  学号
1     2015  秋    体育Ⅰ     正常考试  1     85    B15   20151803
2     2015  秋    体育Ⅰ     正常考试  1     70    B15   20151795
3     2015  秋    体育Ⅰ     正常考试  1     80    B15   20151819
4     2015  秋    体育Ⅰ     正常考试  1     70    B15   20151809
      …     …     …         …         …     …     …     …
7918  2023  春    毕业实习  正常考试  6     89.9  B19   20192341
7919  2023  春    毕业设计  正常考试  11    79.9  B19   20192371
7920  2023  春    毕业实习  正常考试  6     79.9  B19   20192371
7921  2023  春    毕业实习  正常考试  6     100   B19   20192365
7922  2023  春    毕业设计  正常考试  11    79.9  B19   20192365
```

[7923 rows x 8 columns]

将包含缺失值的记录直接删除的方法简单，在数据量非常大且缺失值不多的情况下有效。然而，这种通过减少历史数据换取完整信息的方式，可能造成很多隐藏的重要信息丢失；当缺失数据比例较大，特别是缺失数据非随机分布时，直接删除可能会导致数据分布特征的偏离。特别地，当样本量本身不大且缺失很多时，不建议使用直接删除。

2. 数据填补

常用的缺失值填补方法包括四种。

第一种，人工填写。一般来说，这种方法非常费时。当数据集很大、缺少值很多时，该方法可能行不通。

第二种，使用一个全局常量填充。将空缺的属性值用一个常数替换，尽管该方法简单，但是容易让分析过程误以为形成了一个有趣的概念和模式，因此并不推荐使用。

第三种，使用数据列的中心度量(如均值、中位数或众数)填充。对于非数值数据，使用众数(mode)或中位数填补；对于数值型数据，使用平均数(mean)或中位数(median)填补。一般地，如果特征分布为正态分布时，使用平均值效果比较好，而当分布由于异常值存在而不是正态分布的情况下，使用中位数效果比较好。

第四种，使用最优可能的值填充。可以用回归、贝叶斯形式化方法等基于推理的工具或决策树归纳确定。

pandas 库提供了 fillna()函数实现数据的填充。其语法格式为：

```
df.fillna(value = None,method = None,axis = None,inplace = False,limit = None,  ** kwargs)
```

其中的常用参数描述如表 5-5 所示。

表 5-5 fillna()函数参数描述

参数	描　述
value	用于填充缺失值，或者指定为每个索引或列使用 Serise/DataFrame 的值
inplace	inplace=True：直接修改原对象。 inplace=False：创建一个副本，修改副本，原对象不变(默认)
method	method=pad/ffill：用前一个非缺失值去填充该缺失值。 method=backfill/bfill：用后一个非缺失值填充该缺失值。 Method=None：指定一个值去替换缺失值(默认为这种方式)
limit	限制填充个数
axis	修改填充方向，0 代表行，1 代表列

例 5.3 接例 5.2 中名为“学生成绩记录(去缺失值).xlsx”的数据。提取考试科目为“体育Ⅱ”的数据，将其成绩使用此类课程成绩的平均数填充缺失值。

```
1:  import pandas as pd
2:  records =  pd.read_excel(r'C:/case/学生成绩记录(去缺失值).xlsx')
3:  records_2 = records[records['考试科目'] == "体育Ⅱ"]
```

```
4:  records_2['成绩'] = records_2['成绩'].astype(float).fillna(records_2['成绩'].mean())
5:  print(records_2)
6:  records_2.to_excel(r'C:/case/体育成绩记录(填缺失值).xlsx', index = False)
```

【例题解析】

第1行引入pandas库。第2行使用read_excel()函数读取学生成绩记录数据，括号内为文件路径。第3行提取考试科目为“体育Ⅱ”的数据，命名为records_2。第4行先将数据成绩一列的数据类型转换为float型，然后将成绩列中空值使用此列的平均数进行填充。第5行打印填充后的数据值。第6行将修改后的数据存入体育成绩记录(填缺失值).xlsx中。

【运行结果】

	学年	学期	考试科目	考试性质	学分	成绩	班级	学号
467	2016	春	体育Ⅱ	正常考试	1.0	96.0	B15	20151819
469	2016	春	体育Ⅱ	正常考试	1.0	91.0	B15	20151825
470	2016	春	体育Ⅱ	正常考试	1.0	93.0	B15	20151823
473	2016	春	体育Ⅱ	正常考试	1.0	80.0	B15	20151837
476	2016	春	体育Ⅱ	正常考试	1.0	90.0	B15	20151845
	…	…	…	…	…	…	…	…
6356	2020	春	体育Ⅱ	正常考试	1.0	69.0	B19	20192371
6366	2020	春	体育Ⅱ	正常考试	1.0	71.0	B19	20192391
6376	2020	春	体育Ⅱ	正常考试	1.0	67.0	B19	20192389
6391	2020	春	体育Ⅱ	正常考试	1.0	83.0	B19	20192341
6426	2020	春	体育Ⅱ	正常考试	1.0	73.0	B19	20192365

[111 rows x 8 columns]

3. 不处理

空值填补是用估计值填补未知值，不一定完全符合客观事实。在对不完备信息进行补齐处理的同时，或多或少地将改变原始信息。对空值不正确的填充也可能引入新的噪声，为分析带来错误的结果。因此，在某些情况下，希望在保持原始信息不发生变化的前提下对数据进行处理。

5.2.3 噪声检测与处理

噪声(Noise)是数据集中的干扰数据(对场景描述不准确的数据)，即被测量变量的随机误差或方差。噪声数据中存在着错误或异常，这将对数据分析造成干扰。一般而言，观测值是数据真实值与噪声的叠加，因此噪声在数据集中很常见。噪声在数据分析(包括离群点分析)中不是令人感兴趣的，需要在数据预处理中剔除，减少对后续模型预估的影响。

常用的数据平滑去噪的技术有分箱(Binning)、回归(Regression)和离群点分析(Outlier analysis)。

1. 分箱

分箱方法通过考察数据的近邻(即周围的值)来光滑有序数据值。这些有序的值被分布到一些桶或箱中。由于分箱方法考察近邻的值,因此是数据的局部光滑。常用方法有3种,即按箱均值平滑、按中值平滑和按边界值平滑,如图5-4表示。

按箱均值平滑是用箱中的均值替换箱中每一个值。在图5-4的例子中,有9个成绩值,首先将成绩按大小排序,然后被划分到大小为3的等频箱中(即每个箱包含3个)。箱中的值被此箱中的均值替代。类似地,按中值平滑即箱中的每一个值都被替换为该箱的中位数。对于按边界值平滑,给定箱中的最大值和最小值同样被视为箱边界,而箱中的每一个值都被替换为最近的边界值。例如,在图5-4中的箱边界光滑,以箱1为例,边界值为60、77,而61距离60更近,则使用60代替。一般而言,宽度越大,光滑效果越明显。分箱也可以作为一种离散化技术使用。

成绩排序后的结果：60, 61, 77, 80, 85, 93, 95, 96, 100

划分为等频的箱：
箱1：60, 61, 77
箱2：80, 85, 93
箱3：95, 96, 100

用箱均值光滑：
箱1：66, 66, 66
箱2：86, 86, 86
箱3：97, 97, 97

用箱边界光滑：
箱1：60, 60, 77
箱2：80, 80, 93
箱3：95, 95, 100

图5-4 数据光滑的分箱方法

例5.4 接例5.2中的"体育成绩记录(填缺失值).xlsx"的数据。将成绩分为10个箱,并对成绩进行箱均值光滑和箱边界光滑处理。

```
1:  import pandas as pd
2:  import numpy as np
3:  def binning(filename,box_num):
4:      my_list1 = []
5:      noise_data = pd.read_excel(filename)
6:      my_list1 = sorted(noise_data['成绩'])
7:      box_list = []
8:     len_box = int(np.ceil(len(my_list1)/float(box_num)))
9:     for i in range(0,10):
10:        each_box = my_list1[i * len_box:(i + 1) * len_box]
11:        box_list.append(each_box)
```

```
12:        return box_list
13:    def box_mean_smooth(box_list):
14:        for i in range(0,len(box_list)):
15:            box_avg = int(np.average(box_list[i]))
16:            for j in range(0,len(box_list[i])):
17:                box_list[i][j] = box_avg
18:        return box_list
19:    def box_boundary_smooth(box_list):
20:        for i in range(0,len(box_list)):
21:            left_bdy = box_list[i][0]
22:            right_bdy = box_list[i][-1]
23:            for j in range(0,len(box_list[i])):
24:                if abs(box_list[i][j] - left_bdy)< abs(box_list[i][j] - right_bdy):
25:                    box_list[i][j] = left_bdy
26:                else:
27:                    box_list[i][j] = right_bdy
28:        return box_list
29:    filename = ''r'C:/case/体育成绩记录(填缺失值).xlsx''
30:    box_list = binning(filename,10)
31:    print (box_list)
32:    print (box_mean_smooth(box_list))
33:    print (box_boundary_smooth(box_list))
```

【例题解析】

第 1 行表示引入 pandas 库；第 2 行引入 numpy 库。

第 3～12 行定义了等频分箱函数，其中参数 filename 表示读取文件名，参数 box_num 是分箱个数。等频分箱函数的基本思路是：先读取数据，并根据成绩列进行排序（第 5～6 行）；然后分箱，每箱的长度为总体数据长度÷箱数，根据每箱的长度对排序后的数据切分（第 8～12 行）。排序后的分箱成绩放入 box_list 中返回。

第 13～18 行定义箱均值光滑函数，参数 box_list 列表存放分箱数值。定义箱均值光滑函数的基本思路是：对于 box_list 中每分箱数据 box_list[i]利用 np.average 函数求均值（第 14～15 行）；然后，将每分箱 box_list[i]中数据用该箱均值替代。针对分箱中的每一个分箱数据 box_list[i]，采用 np.average 函数求出该分箱均值并赋值给 box_avg（第 16～17 行）。

第 19～28 行定义箱边界光滑函数，参数 box_list 列表存放分箱数值。定义箱边界光滑函数是基本思路是：首先，找到每个分箱数据 box_list[i]的边界值（第 20～22 行），即最大值 right_bdy 和最小值 left_bdy；然后，计算箱中的每个数值距离哪个边界值较近，则使用较近的边界值替代（第 23～27 行）。

第 30～33 行调用分箱函数对数据进行分箱处理，打印结果。

【运行结果】

[[0.0, 49.0, 50.0, 50.0, 50.0, 50.0, 52.0, 60.0, 60.0, 60.0, 60.0, 60.0],…, [95.0, 96.0, 96.0]]

[[50, 50, 50, 50, 50, 50, 50, 50, 50, 50, 50, 50], … , [95, 95, 95]]
[[50, 50, 50, 50, 50, 50, 50, 50, 50, 50, 50, 50], … , [95, 95, 95]]

2. 回归

也可以用一个函数拟合数据来光滑数据,这种技术称为回归。线性回归涉及找出拟合两个属性(或变量)的最佳直线,使得一个属性可以用来预测另一个。多元线性回归是线性回归的扩充,其中涉及的属性多于两个,并且数据拟合到一个多维曲面。回归将在第6章进一步讨论。

3. 离群点分析

与噪声容易混淆的概念是离群点。离群点也称为异常值,是那些远离绝大多数样本点的特殊群体。离群点跟噪声数据不一样。离群点本身属于观测数据,通常这样的数据点在数据集中表现出不合理的特性,离群点相对噪声来讲比较罕见。

离群点有可能影响数据分析的结果和结论。因此,在数据的探索过程中,常常需要进行离群点分析,或者需要在报告结论中对离群点进行特别讨论。常用的离群点检测主要有3σ原则和画图分析(例如,箱线图或散点图),也可以通过如聚类来检测离群点。

这里主要介绍3σ原则。3σ原则,又叫拉依达原则,是指假设一组检测数据中只含有随机误差,需要对其进行计算得到标准偏差,按一定概率确定一个区间,对于超过这个区间的误差,就不属于随机误差,需要将含有该误差的数据进行剔除。3σ原则下数据的数值分布几乎全部集中在区间$(\mu-3\sigma,\mu+3\sigma)$内,超出这个范围的数据仅占不到0.3%。故根据小概率原理,可以认为超出3σ的部分数据为异常数据。

例 5.5 利用3σ原则,检查“学生成绩记录.xlsx”数据中是否存在异常值并打印。

```
 1:  import pandas as pd
 2:  import numpy as np
 3:  from pandas import read_excel
 4:  import matplotlib.pyplot as plt
 5:  df = read_excel(r'C:/case/学生成绩记录.xlsx')
 6:  ymean = np.mean(df['成绩'])
 7:  ystd = np.std(df['成绩'])
 8:  threshold1 = ymean - 3 * ystd
 9:  threshold2 = ymean + 3 * ystd
10:  outlier = []
11:  for i in range(0, len(df['成绩'])):
12:      if (df.成绩[i] < threshold1)|(df.成绩[i] > threshold2):
13:          outlier.append(df.成绩[i])
14:      else:
15:          continue
16:  print(outlier)
```

【例题解析】

第1~4行引入pandas库、numpy库和read_excel函数。

第5～9行计算获得($\mu-3\sigma,\mu+3\sigma$)的区间。其中,第5行读入数据。第6行求出成绩的平均值。第7行求出成绩数据值的标准差,第8行和第9行分别计算$\mu-3\sigma$和$\mu+3\sigma$。

第10～16行是将异常值保存在outlier中,其中,第10行定义列表意在将异常值放入。第11～15行检测成绩列中数值在($\mu-3\sigma,\mu+3\sigma$)之外的成绩值,放入outlier。第16行将异常值打印。

从结果发现,异常值包括两种。一种是如1000这样的超高值,成绩最高为100,显然1000超过了成绩的范围,另一种是偏低的数值,即29以下的成绩,此类学生偏离平均水平较远,建议采取取消补考资格直接重修。

【运行结果】

```
[22.0,1108.0,19.0,13.0,20.0,0.0,0.0,0.0,11.0,12.0,11.0,0.0,0.0,6.0,…,
9.0,12.0,21.0,22.0,0.0,0.0,0.0,0.0,0.0,0.0,0.0,0.0,0.0,0.0]
```

5.3 数据集成

在很多应用场合,分析需要合并来自多个不同来源的数据。由于不同的数据源定义表名和列名时命名规则不同,存入的数据格式、取值方式、单位都会有不同。因此,小心集成有助于减少结果数据集的冗余和不一致,提高分析准确性。数据集成的本质是整合数据源,因此多个数据源中字段的语义差异、结构差异、字段间的关联关系,以及数据的冗余重复,都是数据集成面临的问题。

5.3.1 实体识别问题

数据集成将多个数据源中的数据合并,存放在一个一致的数据存储中。这些数据源可能包括多个数据库或一般文件。在数据集成时,有许多问题需要考虑,如模式集成和对象匹配。来自多个信息源的现实世界的等价实体如何才能"匹配"?这涉及实体识别问题。例如,数据分析者要确定一个数据库中的student_id与另一数据库中的stud_number是同一个属性、指同一个实体。

集成时需要注意每个数据列的元数据包括名字、含义、数据类型和属性的允许取值范围,以及处理空白、零或空值规则等。在整合数据源的过程中,可能出现:

- 同列名但不同语义的情况,如两个数据源中都有一个列名字叫"成绩",但其实一个数据源中记录的是未加平时成绩的考试成绩,另一个数据源中是加平时成绩、课堂表现等后的综合成绩。
- 不同列名但同语义的情况,如两个数据源都有数据列记录加平均成绩后的成绩,但是一个数据源中列名为score,另一个数据源中列名为grade。
- 同列名同语义但不同字段结构的情况,同样存储学生成绩字段,一个数据源存为int,另一个数据源中存为char。
- 字段取值范围不同,如学生成绩字段,一个数据源中是百分制,另一个数据源中是十分制等。

为了解决上述问题,需要在数据集成前,进行业务调研,确认每个字段的实际意义,不被误导。另外,在集成期间,当一个数据集的数据列与另一个数据集的数据列匹配时,必须特别注意源系统中的函数依赖和参照约束与目标系统中的匹配。

5.3.2 数据列冗余问题

冗余是数据集成的另一个重要问题。一个数据列(例如,年收入)如果能由另一个或另一组数据列"导出",则这个数据列可能是冗余的。有些冗余可以被相关分析检测到。

给定两个数据列,根据可用数据度量一个列能在多大程度上蕴含另一个。对于类别数据,可以使用 χ^2(卡方)检验。对于数值型数据列,使用相关系数(Correlation Goefficient)和协方差(Govariance)。

1. 类别数据的 χ^2(卡方)检验

对于类别数据,两个数据列 A 和 B 之间的相关联系可以通过卡方检验发现。假设 A 有 c 个不同值 $a_1,a_2,\cdots,a_c$,B 有 r 个不同值 $b_1,b_2,\cdots,b_r$。用 A 和 B 描述的数据可以用一个相依表显示,其中 A 的 c 个值构成列,B 的 r 个值构成行。另(A_i, B_j)表示列 A 取值 a_i、列 B 取值 b_j 的联合事件,即($A=a_i$, $B=b_j$)。每个可能的(A_i, B_j)联合事件都在表中有自己的单元。χ^2 值(又称 Pearson χ^2 统计量),可以用公式(5-1)计算:

$$\chi^2=\sum_{i=1}^{c}\sum_{j=1}^{r}\frac{(o_{ij}-e_{ij})^2}{e_{ij}} \tag{5-1}$$

其中,o_{ij} 是联合事件(A_i, B_j)的观测频度(即实际计数),而 e_{ij} 是(A_i,B_j)的期望频度,可以用公式(5-2)计算:

$$e_{ij}=\frac{\text{count}(A=a_i)\times\text{count}(B=b_j)}{n} \tag{5-2}$$

其中,n 是数据集大小,$\text{count}(A=a_i)$是 A 上具有值 a_i 的个数,而 $\text{count}(B=b_j)$是 B 上具有值 b_j 的个数。式(5-1)中的和在所有 $r\times c$ 个单元上计算。注意,对 χ^2 值贡献最大的单元是其实际计数与期望计数很不相同的单元。

χ^2 统计检验假设 A 和 B 是独立的。检验基于显著水平,具有自由度$(r-1)\times(c-1)$。如果可以拒绝该假设,则说明 A 和 B 是统计相关的。

Python 的 Scipy 库中包含众多进行科学计算、统计分析的函数。Scipy 是世界上著名的 Python 开源科学计算库,建立在 NumPy 之上。可通过 Scipy 库中的 chi2_contingency()函数进行卡方检验,其语法格式为:

```
chi2_contingency(observed, correction = True, lambda_ = None)
```

其中常用参数描述如表 5-6 所示,返回值如表 5-7 所示。

表 5-6 chi2_contingency()函数常用参数描述

参数	描　述
observed	列联表,表包含每个类别中观察到的频率(即发生次数)。在二维情况下,表通常被描述为"R×C 表"

续表

参数	描　　述
correction	如果为 True,并且自由度为 1,则应用 Yates 校正以保持连续性。校正的效果是将每个观察值向相应的期望值调整 0.5
lambda_	float 或 str,可选。默认情况下,此测试中计算的统计量是 Pearson 的卡方统计量

表 5-7　chi2_contingency()函数返回值描述

参数	描　　述
chi2	float,卡方值
p	float,p 值
dof	int,自由度
expected	ndarray,预期频率,基于表的边际总和

例 5.6　假设存在如表 5-8 所示男女所读书目的类型统计。检验性别与阅读类别是否有关;设 H_0:性别与阅读类别无关,H_1:性别与阅读类别有关。

表 5-8　男女阅读种类数据

	男	女		男	女
小说	250	200	非小说	50	1000

```
1:  from scipy.stats import chi2_contingency
2:  import numpy as np
3:  kf_data = np.array([[250,200],[50,1000]])
4:  kf = chi2_contingency(kf_data)
5:  print('chisq-statistic=%.4f, p-value=%.4f, df=%i expected_frep=%s'%kf)
```

【例题解析】

第 1 行引入 scipy.stats 库的 chi2_contingency()函数。第 2 行引入 NumPy 库。

第 3 行以数组的形式写入数据,其中,表 5-8 中的数据以列(或行,无影响)为单位存入两个列表中。第 4 行使用 chi2_contingency()函数对数组数据进行卡方检验。第 5 行输出卡方值,p 值,自由度以及上述数组顺序的期望值。

因为其 p-value 近似于 0,因此拒绝两者独立的假设,即性别与阅读类别显著相关。

【运行结果】

chisq-statistic=504.7669, p-value=0.0000, df=1 expected_frep=[[90. 360.]
[210. 840.]]

2. 数值数据的相关系数

对于数值数据,可以通过计算数据列 A 和 B 的相关系数(又称 Pearson 积矩系数,Pearson's Product Moment Coefficient),估计这两个数据列的相关度 $r_{A,B}$,

$$r_{A,B}=\frac{\sum_{i=1}^{n}(a_i-\bar{A})(b_i-\bar{B})}{n\sigma_A\sigma_B}=\frac{\sum_{i=1}^{n}(a_ib_i)-n\bar{A}\bar{B}}{n\sigma_A\sigma_B} \tag{5-3}$$

其中,n 是数据集大小,a_i 和 b_i 分别是第 i 行数据在列 A 和列 B 上的值,$\bar{A}$ 和 $\bar{B}$ 分别是 A 和 B 的均值,σ_A 和 σ_B 分别是 A 和 B 的标准差,$\sum_{i=1}^{n}(a_ib_i)$ 是 AB 叉积和(即列 A 每一个值乘以列 B 对应位置的值)。严格地说,Pearson 的相关性要求每个数据集正态分布。与其他相关系数一样,此系数在 -1 和 $+1$ 之间变化($-1\leqslant r_{A,B}\leqslant+1$),0 表示没有相关性。

如果 $r_{A,B}$ 大于 0,则 A 和 B 正相关,这意味着 A 值随着 B 值的增加而增加。该值越大,相关性越强(即每个属性蕴含另一个可能性越大)。因此,一个较高的 $r_{A,B}$ 值表明 A(或 B)可以作为冗余列。如果该结果值等于 0,则 A 和 B 是独立的,并且它们之间不存在相关性。如果该结果值小于 0,则 A 和 B 是负相关的,一个值随着另一个减少而增加。这意味着每一个属性列都阻止另一个出现。散点图也可以用来观察属性之间的相关性。

Stats 模块是 Scipy 的统计模块,其中包含很多用于统计检验的函数。使用 Stats 模块的 pearsonr()函数可计算皮尔逊相关系数和测试非相关性的 p 值,其语法格式为:

```
scipy.stats.pearsonr(x,y)
```

其中,x、y 为输入变量的数组,返回皮尔逊相关系数和测试非相关性的 p 值。

例 5.7 图 5-5 中记录了两个公司(ALLElect 和 Hightech)不同时刻的每支股票信息的单价信息,判断两支股票的相关性。

	A	B	C
	时间点	ALLElect	Hightech
	t1	6	20
	t2	5	10
	t3	4	14
	t4	3	5
	t5	2	5

图 5-5 股票.xlsx 部分数据显示

```
1:  import pandas as pd
2:  import scipy.stats as stats
3:  df = pd.read_excel(r'C:/case/股票.xlsx')
4:  print(stats.pearsonr(df["ALLElect"],df["Hightech"]))
```

【例题解析】

第 1~2 行引入 pandas 库与 Scipy 库的 Stats 模块。第 3 行读取数据。第 4 行打印数据中两列的相关系数以及 p 值。

因为结果中 ALLElect 与 Hightech 两列的相关系数为 0.867,$p=0.057$。因此,在 90%的置信水平上拒绝原假设,即两个公司股票呈现显著性相关。

【运行结果】

(0.8674427949190671, 0.05676876648986295)

3. 数值数据的协方差

在概率论和统计学中,协方差和方差是两个类似的度量,评估两个数据列如何一起变化。考虑两个数值列 A、B 和 n 次观测的集合$\{(a_1,b_1),\cdots,(a_n,b_n)\}$。$A$ 和 B 的均值又分别称为 A 和 B 的期望,即

$$E(A)=\overline{A}=\frac{\sum_{i=1}^{n}a_i}{n}$$

且

$$E(B)=\overline{B}=\frac{\sum_{i=1}^{n}b_i i}{n}$$

A 和 B 的协方差(covariance)定义为

$$\mathrm{con}(A,B)=E((A-\overline{A})(B-\overline{B}))=\frac{\sum_{i=1}^{n}(a_i-\overline{A})(b_i-\overline{B})}{n} \tag{5-4}$$

如果把公式(5-3)和公式(5-4)相比较,则可以看到

$$r_{A,B}=\frac{\mathrm{cov}(A,B)}{\sigma_A\sigma_B} \tag{5-5}$$

其中,σ_A 和 σ_B 分别是 A 和 B 的标准差。可以证明

$$\mathrm{cov}(A,B)=E(A\cdot B)-\overline{A}\overline{B} \tag{5-6}$$

对于两个趋向于一起改变的属性列 A 和 B,如果 A 大于$\overline{A}$,则 B 很可能大于$\overline{B}$。因此,A 和 B 的协方差为正。另外,如果当一个属性小于它的期望值时,另一个属性趋向于大于它的期望值,则 A 和 B 的协方差为负。

如果 A 和 B 是独立的(即它们不具有相关性),则 $E(A\cdot B)=E(A)\cdot E(B)$。因此,协方差 $\mathrm{cov}(A,B)=E(A\cdot B)-\overline{A}\overline{B}=E(A)\cdot E(B)-\overline{A}\overline{B}=0$。然而,其逆不成立。某些随机变量对(属性对)可能具有协方差 0,但不是独立的。仅在某种附加的假设下(如数据遵守多元正态分布),协方差 0 蕴含独立性。

Python 中使用 DataFrame.cov()函数计算协方差,其语法格式为

```
DataFrame.cov([min_periods])
```

该函数计算列的成对协方差,不包括 NA/null 值,其中,参数 min_periods 表示样本最少的数据量,返回值为表示协方差的 DataFrame 对象。

5.3.3 数据值冲突问题

数据集成还涉及数据值冲突的检测与处理。例如,对于现实世界的同一对象,来自不

同数据源的值可能不同。这可能是因为表示、尺度或编码不同。例如,同样是学生缴纳的学费列,数据类型均为数值型,但是一个数据源中使用逗号分隔,另一个数据源中用科学记数法。重量属性可能在一个系统中以公制单位存放,而在另一个系统中以英制单位存放。不同学校交换信息时,每个学校可能都有自己的课程计划和评分方案。一所大学可能采取学季制,开设3门数据库系统课程,用A+～F评分;而另一所大学可能采取学期制,开设两门数据库课程,用1～10评分。很难在这两所大学之间指定准确的课程成绩变化规则,这使得信息交换非常困难。

列也可能在不同的抽象层,其中列在一个系统中记录的抽象层可能比另一个系统中"相同的"属性低。例如,"籍贯"在一个数据库中可能填写的是城市,而另一个数据库中相同名字的列可能表示的是县或者省份等。

对待这种问题,需要对实际业务知识有一定的理解。同时,对数据进行调研,尽量明确造成冲突的原因,如果数据的冲突实在无法避免,就要考虑冲突数据是否都要保留,是否要进行取舍,如何取舍等问题。

5.4 数据规约

5.4.1 策略概述

用于数据分析的数据集可能非常大。但是,在海量数据集上进行复杂的数据分析可能需要很长的时间。数据规约产生更小但保持原数据完整性的数据集。在规约后的数据集上进行分析和挖掘将更有效率。

数据规约策略包括维规约、数量规约和数据压缩。

维规约(Dimensionality Reduction)减少所考虑的随机变量或属性的个数。维规约方法包括小波变换和主成分分析法,它们把原数据变换或投影到较小的空间。属性子集选择是一种维规约方法,其中不相关、弱相关或冗余的属性或维被检测和删除。

数量规约(Numerosity Reduction)用替代的、较小的数据表示形式替换原数据。这些技术可以是参数的或非参数的。对于参数方法而言,使用模型估计数据,使得一般只需要存放模型参数,而不是实际数据(离群点可能也要存放)。回归和对数-线性模型就是例子。存放数据规约表示的非参数方法包括直方图、聚类、抽样和数据立方体聚集。

数据压缩(Data Compression)使用变换,以便得到原数据的规约或"压缩"表示。如果原数据能够从压缩后的数据重构,而不损失信息,则该数据规约称为无损的。如果只能近似重构原数据,则该数据规约称为有损的。对于串压缩,有一些无损压缩算法。然而,它们一般只允许有限的数据操作。维规约和数量规约也可以视为某种形式的数据压缩。

5.4.2 属性子集选择

属性子集选择属于维规约方法中的一种。用于分析的数据集可能包含数以百计的属性,其中大部分属性可能与分析任务不相关,或者是冗余的。例如,如果分析任务是"学生选择'Python数据分析'这门课程的影响因素分析",与"专业"和"选修课"不同,诸如学生的电话号码等属性多半是不相关的。尽管领域专家可以挑选出有用的属性,但这可能是一项困难而费时的任务,特别是当数据的行为不是十分清楚的时候更是如此。遗漏相关属性或留下不相关属性都可能是有害的，会导致所用的分析和挖掘方法无所适从。这可能导致发现质量很差的模式。此外，不相关或冗余的属性增加了数据量，可能会减慢分析进程。

属性子集选择通过删除不相关或冗余的属性（或维）减少数据量。属性子集选择的目标是找出属性最小属性集，使得数据内的概率分布尽可能地接近使用所有属性得到的原分布。在缩小的属性集上分析和挖掘还有其他的优点：它减少了出现在发现模式上的属性数目，使得模式更容易理解。

如何找出原属性的一个“好的”子集？对于 n 个属性，有 2^n 个可能的子集。穷举搜索找出属性的最佳子集可能是不现实的，特别是当 n 和数据集的数目增加时。因此，属性子集选择通常使用压缩搜索空间的启发式算法。通常，这些方法是典型的贪心算法，在搜索属性空间时，总是做看上去最佳的选择。他们的策略是做局部最优选择，期望由此导致全局最优解。在实践中，这种贪心方法是有效的，并可以逼近最优解。

“最好的”（和“最差的”）属性通常使用统计显著性检验来确定。这种检验假定属性是相互独立的。也可以使用一些其他属性评估度量，如建立分类决策树使用的信息增益度量。属性子集选择的基本启发式方法包括以下技术，如图 5-6 所示。

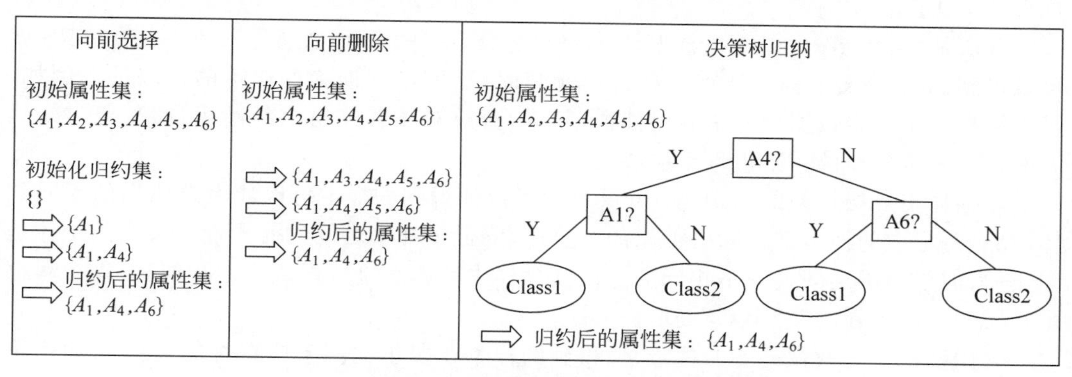

图 5-6　属性子集选择的贪心（启发式）方法

（1）逐步向前选择：该过程由空属性集作为归约集开始，确定原属性集中最好的属性，并将它添加到归约集中。在其后的每一次迭代，将剩下的原属性集中的最好属性添加到该集合中。

（2）逐步向后删除：该过程由整个属性集开始。在每一步中，删除尚在属性集中最差的属性。

（3）逐步向前选择和逐步向后删除的组合：可以将逐步向前选择和逐步向后删除方法结合在一起，每一步选择一个最好的属性，并在剩余属性中删除一个最差的属性。

（4）决策树归纳：决策树算法（例如 ID3、C4.5 和 CART）最初是用于分类的。决策树归纳构造一个类似于流程图的结构，其中每个内部（非树叶）结点表示一个属性上的测试，每个分枝对应于测试的一个结果；每个外部（树叶）结点表示一个类预测。在每个结点上，算法选择“最好”的属性，将数据划分成类。

当决策树归纳用于属性子集选择时，由给定的数据构造决策树。不出现在树中的所有属性假定是不相关的。出现在树中的属性形成归约后的属性子集。

这些方法的结束条件可以不同。该过程可以使用一个度量阈值来决定何时停止属性选择过程。

5.4.3 抽样

抽样可以作为一种数据归约技术使用,因为它允许用比数据小得多的随机样本(子集)表示大型数据集。假定大型数据集 D 包含 N 个元组。可以用于数据归约的、最常用的对 D 的抽样方法包括:

s 个样本的无放回简单随机抽样:从 D 中抽取 s 个样本,而且每次抽取一个样本,不放回数据集 D 中。

s 个样本的有放回简单随机抽样:该方法类似于无放回简单随机抽样,不同之处在于当一个样本从 D 中抽取后,记录它,然后放回原处。也就是说,一个样本被抽取后,它又被放回 D,以便它可以被再次抽取。

簇抽样:如果 D 中的样本被分组,放入 M 个互不相交的"簇",则可以得到 s 个簇的简单随机抽样(SRS),其中 $s<M$。例如,在空间数据库中,可以基于不同区域位置上的邻近程度定义簇。

分层抽样:如果 D 被划分成互不相交的部分,称作"层",则通过对每一层的 SRS 就可以得到 D 的分层抽样。特别是当数据倾斜时,这可以帮助确保样本的代表性。例如,可以得到关于顾客数据的一个分层抽样,其中,分层对顾客的每个年龄组创建。这样,具有的顾客人数最少的年龄组肯定能够被代表。

簇抽样与分层抽样的区别是:分层是为了保证得到的样本可以代表总体中的不同群体,并且每层中的样本都是随机抽取的,这样就降低了样本之间的变异性。层内的个体是同质的,但层与层之间是互不相同的。而簇抽样中的簇总是或多或少地相似,但每个簇都是异质的。被选择的簇"全部"提取。

采用抽样进行数据规约的优点是,得到的样本花费正比例于样本集的大小 s,而不是数据集的大小 N。用于数据规约时,抽样最常用来估计聚集查询的回答。在指定的误差范围内,可以确定(使用中心极限定理)估计一个给定的函数所需的样本大小。样本的大小 s 相对于 N 可能非常小。对于规约数据的逐步求精,抽样是一种自然选择。通过简单地增加样本大小,这样的集合可以进一步求精。

在 Python 中可以使用 DataFrame.sample()随机抽样,用于从 DataFrame 中随机选择行和列。参数 replace 控制是有放回抽样,还是无放回抽样。其语法格式为:

```
DataFrame.sample(n = None, frac = None, replace = False, weights = None, random_state = None,
axis = None)
```

该函数实现从对象轴返回一个随机样本。参数描述如表 5-9 所示。

表 5-9 DataFrame.sample()的参数描述

参数	描　述
n	int,可选参数,表示抽取的行数
frac	float,可选参数,表示抽取的比例,需为小数值。例如,随机抽取 30%的数据,则设置 frac=0.3。不能与 n 一起使用

续表

参数	描述
replace	bool,默认为 False。表示允许或不允许多次采样同一行。False 表示不允许多次采样同一行。即 False 表示无放回取样,True 表示有放回取样
weights	str 或 ndarray-like,可选参数。默认为 None 即等概率加权
random_state	int, array-like, BitGenerator, np. random. RandomState,可选参数,随机种子,本质是一个控制器,设置此值为任意实数,则每次随机的结果是一样的
axis	0 或 'index', 1 或 'columns', None, 默认为 None。表示抽取数据的行还是列,axis=0 时是抽取行,axis=1 时是抽取列

例 5.8 从"学生成绩记录(去缺失值). xlsx"的数据随机无放回抽取 10 条数据。

```
1:  import pandas as pd
2:  df = pd.read_excel(r'C:/case/学生成绩记录(去缺失值).xlsx')
3:  print(pd.DataFrame.sample(df,n = 10,replace = False,axis = 0))
```

【例题解析】

此例题显示了无放回随机抽样的使用。

第 1 行导入 pandas 库。第 2 行读取学生成绩记录文件。第 3 行打印使用 DataFrame. sample()函数随机抽取的数据。其中,DataFrame. sample()函数内 df 表示数据集,n=10 代表抽取 10 条数据,replace=False 表示无放回抽样,因为默认即为 False 故此参数可以不写,axis=0 表示在行上进行抽样。

【运行结果】

```
      学年  学期  考试科目              考试性质  学分   成绩  班级    学号
5153  2020  春    Web 应用系统开发      正常考试  3.0   92.0  B17  20171993
6993  2021  春    数据库技术及应用      正常考试  4.0   76.0  B19  20192337
1944  2018  秋    Web 应用系统开发      正常考试  3.0   74.0  B15  20151837
6836  2021  秋    决策支持系统          正常考试  2.0   79.0  B18  20182099
2787  2018  秋    C++面向对象程序设计   正常考试  4.0   98.0  B17  20171993
4167  2019  春    中国近现代史纲要      正常考试  2.0   80.0  B18  20182149
7172  2021  秋    西方经济学(宏观)(B)   正常考试  2.0   93.0  B19  20192379
3045  2018  秋    大学英语 I            正常考试  4.0   84.0  B18  20182123
6783  2021  秋    IT 项目管理           正常考试  3.0   87.0  B18  20182085
6473  2021  春    毕业设计              正常考试  11.0  89.9  B17  20172047
```

例 5.9 从不同课程的学生成绩记录中随机抽取两个学生。

```
1:  import random
2:  import pandas as pd
3:  def get_sample(df, k = 1, stratified_col = None):
4:      grouped = df.groupby(by = stratified_col)[stratified_col[0]].count()
```

```
 5:         group_k = grouped.map(lambda x:k)
 6:         res_df = pd.DataFrame(columns = df.columns)
 7:         for df_idx in group_k.index:
 8:             df1 = df
 9:             df1 = df1[df1[stratified_col[0]] == df_idx]
10:             idx = random.sample(range(len(df1)), group_k[df_idx])
11:             group_df = df1.iloc[idx,:].copy()
12:             res_df = res_df.append(group_df)
13:         return res_df
14: if __name__ == '__main__':
15:     df = pd.read_excel(r'C:/case/学生成绩记录(去缺失值).xlsx')
16:     a = get_sample(df = df, k = 2, stratified_col = ['班级'])
17:     print(a)
```

【例题解析】

从不同的课程进行抽样,即分层抽样。该例旨在演示如何进行分层抽样。

第1~2行引入random、pandas库。

第3~13行定义分层抽样函数。参数df是抽样对象,k为每一个层抽样的个数,stratified_col表示分层依据。这里的基本思路是,先对整体数据进行分层处理,然后随机从每层中抽取指定数量的样本。

具体来讲,第4行使用groupby根据分层依据stratified_col进行分组,确定每层的数据量。第5行确定每层中抽样的个数。第6行创建新的数据框,其列名与原数据列名一致,意欲存放样本数据。第7~12行,通过循环语句对数据进行分层抽样,抽取的数据存进res_df。第13行返回保存的res_df抽样结果。

第14~17行为程序主体。其中,第15行导入数据,括号内为文件路径。第16行使用自定义的分层抽样函数对df数据依据课程名称进行抽样。每层抽样数目为2。第17行打印抽样结果。

【运行结果】

	学年	学期	考试科目	考试性质	学分	成绩	班级	学号
1020	2017	春	数据库开发工具	正常考试	4.0	71.0	B15	20151837
313	2016	春	VisualBasic程序设计	正常考试	3.0	80.0	B15	20151823
3236	2019	春	信息系统安全与保密	正常考试	2.0	84.0	B16	20162119
2328	2018	夏	社会实践	正常考试	1.0	89.9	B16	20162089
2959	2018	春	C语言程序设计	补考	3.5	31.0	B17	20172003
2922	2018	春	马克思主义政治经济学原理	正常考试	2.0	70.0	B17	20172043
6521	2021	春	英语听说Ⅱ	正常考试	1.5	83.0	B18	20182099
4115	2019	秋	中国文化概论	正常考试	2.0	NaN	B18	20182147
7109	2021	春	信息存储与检索	正常考试	2.0	65.0	B19	20192351
7094	2021	春	人力资源管理	正常考试	2.0	80.0	B19	20192351

5.5 数据变换

数据变换即对数据进行规范化处理，将数据转换成“适当的”形式，以便于后续的分析和挖掘。本节将从数据合并、数据抽取和数据计算三方面介绍。

5.5.1 数据合并

记录合并指把两个数据表合并成一个数据表。例如，有两张成绩表的数据类型、格式等均一致，需要把两张表合到一起，以便后续分析使用。在 Python 中表现为把两个数据框合并成一个数据框。

1. concat()函数

concat()函数的语法格式为：

```
concat(objs,axis = 0,join = 'outer',join_axes = None,keys = None,verify_integrity = False,
copy = True,ignore_index = False)
```

返回值为 DataFrame。其功能是实现将数据根据指定轴进行拼接。concat()函数中的常用参数及其描述如表 5-10 所示。

表 5-10 concat()函数参数描述

参　　数	描　　述
objs	参与连接的 pandas 对象的列表或字典
axis	指明连接的轴向，默认为 0 即横轴
join	接收 inner 或 outer，默认 outer
join_axes	指定根据哪个轴来对齐数据
keys	与连接对象有关的值，用于形成连接轴向上的层次化索引。可以是任意值的列表或数组、元组数组、数组列表(如果将 levels 设置成多级数组)
verify_integrity	检查结果对象新轴上的重复情况，如果发现则引发异常。默认(False)允许重复
copy	是否复制数据。默认为 True
ignore_index	不保留连接轴上的索引，产生一组新索引 range(total_length)

2. merge()函数

merge()函数连接两个数据框对象 DataFrame 并返回连接之后的数据框对象 DataFrame，与 SQL 中的 join 用法类似。其语法格式为：

```
merge(left, right, how = 'inner', on = None, left_on = None, right_on = None,left_index =
False, right_index = False, sort = True,suffixes = ('_x', '_y'), copy = True)
```

其中参数描述如表 5-11 所示。

表 5-11 merge()函数参数描述

参　　数	描　　述
left	参与合并的左侧 DataFrame
right	参与合并的右侧 DataFrame
how	连接方式：'inner'(默认)、'outer'、'left'、'right'
on	用于连接的列名，必须同时存在于左右两个 DataFrame 对象中，如果未指定，则以 left 和 right 列名的交集作为连接键
left_on	左侧 DataFarme 中用作连接键的列
right_on	右侧 DataFarme 中用作连接键的列
left_index	将左侧的行索引用作其连接键
right_index	将右侧的行索引用作其连接键
sort	根据连接键对合并后的数据进行排序，默认为 True。有时在处理大数据集时，禁用该选项可获得更好的性能
suffixes	字符串值元组，用于追加到重叠列名的末尾，默认为('_x','_y')。例如，左右两个 DataFrame 对象都有'data'，则结果中就会出现'data_x'，'data_y'
copy	设置为 False，可以在某些特殊情况下避免将数据复制到结果数据结构中。默认总是复制

例 5.10 设有贷款状态表 loan_stats 和用户等级表 member_grade，如图 5-7 所示。查询不同等级会员的贷款状态包括数额、年限等信息。

	A	B	C	D	E
1	id	member_id	loan_amnt	term	int_rate
2	1077501	1296599	5000	36 months	10.65%
3	1077175	1313524	2400	36 months	15.96%
4	1075358	1311748	3000	60 months	12.69%
5	1075269	1311441	5000	36 months	7.90%
6	1072053	1288686	3000	36 months	18.64%
7	1071795	1306957	5600	60 months	21.28%

(a) 贷款状态表loan_stats

	A	B
1	member_id	grade
2	1296599	B
3	1313524	C
4	1277178	C
5	1311441	A
6	1304742	C
7	1306957	F

(b) 用户等级表member_grade

图 5-7 例 5.10 数据表

```
1:   import pandas as pd
2:   loanstats = pd.DataFrame(pd.read_excel(r'C:/case/loan_stats.xlsx'))
```

```
3:  member_grade = pd.DataFrame(pd.read_excel(r'C:/case/member_grade.xlsx'))
4:  loan_inner = pd.merge(loanstats,member_grade,how = 'inner')
5:  print(loan_inner)
```

【例题解析】

贷款状态 loan_stats 表中有贷款状态的各种信息，但缺少用户等级；而 member_grade 表中有用户等级，但缺少贷款的各种状态。将两张表通过 member_id 连接起来，即可获得不同等级会员的贷款状态信息。

因此，第 1 行导入 pandas 库。第 2～3 行使用 read_excel 函数分别读取 loan_stats 与 member_grade 中数据。第 4 行使用 merge()函数中的 inner 方式连接两张表。inner 方式是通过相同列（即 member_id），将具有相同 member_id 的行拼接起来，并仅留一个 member_id 列。

【运行结果】

运行结果如图 5-8 所示。

	id	member_id	loan_amnt	term	int_rate	grade
0	1077501	1296599	5000	36 months	0.1065	B
1	1077175	1313524	2400	36 months	0.1596	C
2	1075269	1311441	5000	36 months	0.0790	A
3	1071795	1306957	5600	60 months	0.2128	F

图 5-8 inner 连接表结果

3. join()函数

join()函数是将两个不同列索引的数据框 DataFrame 组合成单一 DataFrame 的方法，默认为左外连接，其语法格式为：

```
join(other, on = None, how = 'left', sort = False)
```

其参数描述如表 5-12 所示。

表 5-12 join()函数参数说明

参数	说明
other	DataFrame、series 或者 DataFrame 组成的 list
on	列名，包含列名的 list 或 tuple，或矩阵样子的列，跟上面的几种函数一样，用来指明依据哪一列进行合并。如果没有赋值，则依据两个数据框的 index 合并
how	连接方式：inner、outer、left(默认)、right
sort	sort：布尔型，默认为 False。如果为 True，将链接键(on 的那列)按字母排序

4. append()函数

append()函数用于向 DataFrame 对象中添加新的行，如果添加的列名不在 DataFrame 对象中，将会被当作新的列进行添加。其语法为：

```
DataFrame.append(other, ignore_index = False, verify_integrity = False, sort = None)
```

其参数的意义如表 5-13 所示。

表 5-13 append()函数参数描述

参 数	描 述
other	DataFrame、series、dict 或 list，表示要追加的数据
ignore_index	bool，默认为 False。如果为 True，则不要使用索引标签
verify_integrity	bool，默认为 False。如果为 True，在创建带有重复项的索引时引发 ValueError
sort	bool，默认为 None。如果 self 和 other 的列没有对齐，则对列进行排序

以上这四种函数对比如表 5-14 所示。

表 5-14 concat()、merge()、join()和 append()的适用情形

函数	使用场景	调用方法	备 注
concat()	用于两个或多个 df 间行方向(增加行)或列方向(增加列)进行内连或外连拼接操作，默认行拼接，取并集	result = pd. concat ([df1, df2], axis=1)	提供了参数 axis 设置行/列拼接的方向
merge()	可用于两个 df 间行方向(一般用 join 代替)或列方向的拼接操作，默认列拼接，取交集(即存在相同主键的 df1 和 df2 的列拼接)	result = pd. merge (df1, df2, how='left')	提供了类似于 SQL 数据库连接操作的功能，支持左连、右连、内连和外连等全部四种 SQL 连接操作类型
join()	可用于 df 间列方向的拼接操作，默认左列拼接，how='left'	df1. join(df2)	支持左连、右连、内连和外连四种操作类型
append()	可用于 df 间行方向的拼接操作，默认		

例 5.11 2017 学年学生选课的记录如图 5-9 所示。图 5-10 中显示的是 2018 学年学生的选课记录和成绩。2017 学年学生的成绩、得奖记录和双学位成绩如图 5-11 所示。

	A	B	C	D	E	F	G
1	学年	学期	考试科目	考试性质	学分	班级	学号
2	2017	春	证券投资学	正常考试	2.00000	B15	20151809
3	2017	春	证券投资学	正常考试	2.00000	B15	20151845
4	2017	春	企业管理	正常考试	1.50000	B15	20151801
5	2017	春	企业管理	正常考试	1.50000	B15	20151851
6	2017	春	证券投资学	正常考试	2.00000	B15	20151803
7	2017	春	管理学原理	正常考试	1.50000	B15	20151863
8	2017	春	货币银行学 (B)	正常考试	2.00000	B15	20151831
9	2017	春	企业管理	正常考试	1.50000	B15	20151835

图 5-9 2017 学年学生选课表

	A	B	C	D	E	F	G	H
1	学年	学期	考试科目	考试性质	学分	成绩	班级	学号
2	2018	秋	体育舞蹈	正常考试	1.00000	80.00000	B15	20151861
3	2018	秋	多媒体技术应用基础	正常考试	3.00000	82.00000	B15	20151801
4	2018	秋	音乐知识与作品鉴赏	正常考试	1.50000	83.00000	B15	20151801
5	2018	秋	形体与健美	正常考试	1.00000	0.00000	B15	20151845
6	2018	春	VisualFoxPro程序设计	正常考试	3.50000	62.00000	B15	20151819
7	2018	春	Java语言程序设计	正常考试	3.00000	87.00000	B15	20151809
8	2018	春	UNIX/LINUX基础	正常考试	2.00000	83.00000	B15	20151809
9	2018	春	竞技体育	正常考试	1.00000	82.00000	B15	20151821
10	2018	春	竞技体育	正常考试	1.00000	84.00000	B15	20151829
11	2018	春	女性学	正常考试	1.50000	55.00000	B15	20151857
12	2018	春	知识产权法	正常考试	2.00000	81.00000	B15	20151825
13	2018	春	女性学	正常考试	1.50000	67.00000	B15	20151863
14	2018	春	面向对象程序设计	正常考试	4.00000	67.00000	B15	20151801

图 5-10　2018 学年学生选课成绩表

	A
1	成绩
2	60.10000
3	60.10000
4	76.00000
5	80.00000
6	60.10000
7	85.00000
8	60.10000
9	67.00000

(a) 成绩表

	A	B
1	学号	得奖信息
2	20151809	一等奖
3	20151845	二等奖
4	20151801	二等奖
5	20151851	三等奖
6	20151803	三等奖
7	20151863	三好学生

(b) 学生得奖记录表

	A	B	C
1	学号	双学位课程	双学位成绩
2	20151809	英语	79
3	20151845	英语	82
4	20151801	马克思	80

(c) 学生双学位表

图 5-11　2017 学年学生考试成绩、获奖记录和双学位课程信息表

```
1:  import pandas as pd
2:  df1 = pd.read_excel(r'C:/case/2017 学生选课.xlsx')
3:  df2 = pd.read_excel(r'C:/case/2017 学生成绩.xlsx')
4:  df3 = pd.read_excel(r'C:/case/2018 学生成绩.xlsx')
5:  df4 = pd.read_excel(r'C:/case/2017 学生得奖记录.xlsx')
6:  df5 = pd.read_excel(r'C:/case/2017 学生双学位.xlsx')
7:  dfa = df1.join(df2)
8:  print(dfa)
9:  dfb = dfa.append(df3)
10: print(dfb)
11: dfc = pd.merge(dfb,df4)
12: print(dfc)
13: dfd = pd.concat([dfc,df5],axis = 1,join = 'inner')
14: print(dfd)
```

【例题解析】

此例意在进一步了解四种函数的区别。

第 1 行导入 pandas 库。第 2～6 行分别导入相应数据；

第 7～8 行使用 join()函数中连接 df1 与 df2，默认根据行标签进行连接，获得了选修课程成绩，命名为 dfa 并打印。第 9～10 行使用 append()函数拼接 dfa 与 df3，命名为 dfb 并打印。如此获得了 2017 学年和 2018 学年学生的选课记录和成绩。

第 11～12 行使用 merge()函数连接 dfb 与 df4，以相同的列“学号”作为连接列名，取

两个数据框中同时包含的对象,命名为 dfc 并打印。实现了显示获奖同学的体育课成绩。第 13～14 行使用 concat()函数连接 dfc 与 df5,axis=1 表示在列的方向上进行连接,inner 表示取交集。在第 12 行运行结果的基础上,进一步显示获得了奖励并同时修读双学位的同学信息,命名为 dfd 并打印。

【运行结果】

第 8 行运行结果:

	学年	学期	考试科目	考试性质	学分	班级	学号	成绩
0	2017	春	证券投资学	正常考试	2.0	B15	20151809	60.1
1	2017	春	证券投资学	正常考试	2.0	B15	20151845	60.1
2	2017	春	企业管理	正常考试	1.5	B15	20151801	76.0
3	2017	春	企业管理	正常考试	1.5	B15	20151851	80.0
4	2017	春	证券投资学	正常考试	2.0	B15	20151803	60.1
5	2017	春	管理学原理	正常考试	1.5	B15	20151863	85.0
6	2017	春	货币银行学(B)	正常考试	2.0	B15	20151831	60.1
7	2017	春	企业管理	正常考试	1.5	B15	20151835	67.0

第 10 行运行结果:

	学年	学期	考试科目	考试性质	学分	班级	学号	成绩
0	2017	春	证券投资学	正常考试	2.0	B15	20151809	60.1
1	2017	春	证券投资学	正常考试	2.0	B15	20151845	60.1
2	2017	春	企业管理	正常考试	1.5	B15	20151801	76.0
3	2017	春	企业管理	正常考试	1.5	B15	20151851	80.0
4	2017	春	证券投资学	正常考试	2.0	B15	20151803	60.1
5	2017	春	管理学原理	正常考试	1.5	B15	20151863	85.0
6	2017	春	货币银行学(B)	正常考试	2.0	B15	20151831	60.1
7	2017	春	企业管理	正常考试	1.5	B15	20151835	67.0
0	2018	秋	体育舞蹈	正常考试	1.0	B15	20151861	80.0
1	2018	秋	多媒体技术应用基础	正常考试	3.0	B15	20151801	82.0
2	2018	秋	音乐知识与作品鉴赏	正常考试	1.5	B15	20151801	83.0
3	2018	秋	形体与健美	正常考试	1.0	B15	20151845	0.0
4	2018	春	VisualFoxPro 程序设计	正常考试	3.5	B15	20151819	62.0
5	2018	春	Java 语言程序设计	正常考试	3.0	B15	20151809	87.0
6	2018	春	UNIX/LINUX 基础	正常考试	2.0	B15	20151809	83.0
7	2018	春	竞技体育	正常考试	1.0	B15	20151821	82.0
8	2018	春	竞技体育	正常考试	1.0	B15	20151829	84.0
9	2018	春	女性学	正常考试	1.5	B15	20151857	55.0
10	2018	春	知识产权法	正常考试	2.0	B15	20151825	81.0
11	2018	春	女性学	正常考试	1.5	B15	20151863	67.0
12	2018	春	面向对象程序设计	正常考试	4.0	B15	20151801	67.0

第 12 行运行结果：

	学年	学期	考试科目	考试性质	学分	班级	学号	成绩	得奖信息
0	2017	春	证券投资学	正常考试	2.0	B15	20151809	60.1	一等奖
1	2018	春	Java 语言程序设计	正常考试	3.0	B15	20151809	87.0	一等奖
2	2018	春	UNIX/LINUX 基础	正常考试	2.0	B15	20151809	83.0	一等奖
3	2017	春	证券投资学	正常考试	2.0	B15	20151845	60.1	二等奖
4	2018	秋	形体与健美	正常考试	1.0	B15	20151845	0.0	二等奖
5	2017	春	企业管理	正常考试	1.5	B15	20151801	76.0	二等奖
6	2018	秋	多媒体技术应用基础	正常考试	3.0	B15	20151801	82.0	二等奖
7	2018	秋	音乐知识与作品鉴赏	正常考试	1.5	B15	20151801	83.0	二等奖
8	2018	春	面向对象程序设计	正常考试	4.0	B15	20151801	67.0	二等奖
9	2017	春	企业管理	正常考试	1.5	B15	20151851	80.0	三等奖
10	2017	春	证券投资学	正常考试	2.0	B15	20151803	60.1	三等奖
11	2017	春	管理学原理	正常考试	1.5	B15	20151863	85.0	三好学生
12	2018	春	女性学	正常考试	1.5	B15	20151863	67.0	三好学生

第 14 行运行结果：

	学年	学期	考试科目	考试性质	学分	...	成绩	得奖信息	学号	双学位课程	双学位成绩
0	2017	春	证券投资学	正常考试	2.0	...	60.1	一等奖	20151809	英语	79
1	2018	春	Java 语言程序设计	正常考试	3.0	...	87.0	一等奖	20151845	英语	82
2	2018	春	UNIX/LINUX 基础	正常考试	2.0	...	83.0	一等奖	20151801	马克思	80

[3 rows x 12 columns]

5.5.2 数据抽取

数据抽取是分析师日常工作中经常遇到的需求。将数据从源表中原封不动地抽取出来，并转换成数据分析需要的格式。从数据抽取的方向，可以分为纵向数据抽取和横向数据筛选。

1. 纵向数据抽取

纵向数据抽取主要是两个操作，即将一个字段拆分成多个字段和从一个字段中抽取特定位置的数据形成新的字段。前者使用的是 split()函数，后者采用 slice()函数。

1)split()函数

该函数通常用于将字符串切片并转换为列表,返回分隔后的字符串列表。其语法格式为:

```
split (sep,n,expand=False)
```

其中参数描述如表 5-15 所示。

表 5-15　split()函数参数描述

参　　数	描　　述
sep	用于分隔字符串的分隔符
n	分隔后新增的列数(不分隔 n=0,分隔为两列 n=1,以此类推)
expand	是否展开为数据框,默认为 False,一般都设置为 True。 如果 expand 为 True,则返回 DataFrame; 如果 expand 为 False,则返回 Series

例 5.12　"上网记录.xlsx"数据如图 5-12 所示,数据列为:学号、手机号、IP。将 IP 地址以"."为分隔符分为四列,并存于数据框 df1。

学号	手机号	IP
2308024	18603518513	221.205.98.55
2308025	15623462341	183.184.226.205
2308026	13876129892	221.205.98.55
2308027	15172923748	222.31.51.200

图 5-12　上网记录.xlsx

```
1:  import pandas as pd
2:  df = pd.read_excel(r'C:/case/上网记录.xlsx')
3:  df1 = df["IP"].str.split(".",3,True)
4:  print(df1)
```

【例题解析】

第 1 行导入 pandas 库。第 2 行读取上网记录文件,括号中为数据路径。第 3 行先将 IP 列转换为 str 类型,然后使用 split()函数将其以"."为分隔符分开,分开后新增三列,即现在有四列,返回数据框。第 4 行打印结果。

【运行结果】

```
     0    1    2    3
0  221  205   98   55
1  183  184  226  205
2  221  205   98   55
3  222   31   51  200
```

2) slice()函数

从数据表中抽出特定位置的数据列,做成新列,采用 slice()函数进行字段截取。slice()

函数的主要作用是获取对象(常用于列表、字符串、元组等)的切片对象。其语法格式为:

```
slice(start,stop,step)
```

其中参数描述如表 5-16 所示。

表 5-16 slice()函数参数描述

参数	描述	参数	描述
start	起始位置	step	间距
stop	结束位置		

例 5.13 从例 5.12 中的"上网记录.xlsx"数据的电话列中分别取出前三位、中间四位和后四位分别表示品牌、地区和手机号码。例如,18603518513,前三位 186 代表中国联通,中间 0351 表示太原,后四位 8513 是手机号码。

```
1:  import pandas as pd
2:  df = pd.read_excel(r'C:/case/上网记录.xlsx')
3:  df['手机号'] = df['手机号'].astype(str)
4:  df2 = pd.DataFrame()
5:  df2['品牌'] = df["手机号"].str.slice(0,3)
6:  df2['地区'] = df["手机号"].str.slice(3,7)
7:  df2['手机号码'] = df["手机号"].str.slice(7,11)
8:  print(df2)
```

【例题解析】

第 1 行导入 pandas 库。第 2 行读取上网记录文件。第 3 行将手机号列强制类型转换为 str 数据类型。第 4 行定义一个空的数据框存放品牌、地区和手机号码数据。第 5~7 行分别对手机号列转换为 str 类型并使用 slice()函数进行分隔。第 8 行打印结果。

【运行结果】

```
   品牌   地区   手机号码
0  186   0351   8513
1  156   2346   2341
2  138   7612   9892
3  151   7292   3748
```

2. 横向数据抽取

横向数据抽取是指从行的角度从数据集中筛选满足一定条件的集合。可以采用数据框的布尔索引实现,即 dataframe[condition],其中,condition 表示过滤条件,返回值为 DataFrame 对象。

例 5.14 在"学生成绩记录(去缺失值).xlsx"数据中,分别筛选出成绩为 60,成绩为 90~100 的同学的详细信息。

```
1:  import pandas as pd
2:  df = pd.read_excel(r'C:/case/学生成绩记录(去缺失值).xlsx')
3:  print(df[df.成绩 == 60])
4:  print(df[df.成绩.between(90,100)])
```

【例题解析】

第 1 行导入 pandas 库。第 2 行读取学生成绩记录文件,括号中为数据存放路径。第 3 行打印成绩列数值为 60 的数据信息,第 4 行筛选出成绩为 90～100 的数据。

【运行结果】

	学年	学期	考试科目	考试性质	学分	成绩	班级	学号
4	2015	秋	体育Ⅰ	正常考试	1.0	60.0	B15	20151813
9	2015	秋	体育Ⅰ	正常考试	1.0	60.0	B15	20151823
58	2015	秋	大学英语Ⅰ	正常考试	4.0	60.0	B15	20151813
73	2015	秋	大学英语Ⅰ	正常考试	4.0	60.0	B15	20151809
76	2015	秋	体育Ⅰ	正常考试	1.0	60.0	B15	20151845
	…	…	…	…	…	…	…	…
7424	2021	春	计算机网络技术	正常考试	3.0	60.0	B19	20192371
7534	2022	春	女性学	正常考试	1.5	60.0	B19	20192351
7544	2022	春	生活美语与北美文化	正常考试	1.5	60.0	B19	20192391
7546	2022	春	日语专题	正常考试	2.0	60.0	B19	20192389
7621	2022	春	信息系统安全与保密	正常考试	2.0	60.0	B19	20192405

[251 rows x 8 columns]

	学年	学期	考试科目	考试性质	学分	成绩	班级	学号
8	2015	秋	马克思主义哲学原理	正常考试	2.5	90.0	B15	20151853
16	2015	秋	高等数学(A)Ⅰ	正常考试	4.0	90.0	B15	20151795
17	2015	秋	高等数学(A)Ⅰ	正常考试	4.0	90.0	B15	20151803
21	2015	秋	高等数学(A)Ⅰ	正常考试	4.0	98.0	B15	20151823
29	2015	秋	高等数学(A)Ⅰ	正常考试	4.0	90.0	B15	20151853
	…	…	…	…	…	…	…	…
7901	2023	春	毕业实习	正常考试	6.0	100.0	B19	20192367
7904	2023	春	毕业实习	正常考试	6.0	100.0	B19	20192399
7907	2023	春	毕业实习	正常考试	6.0	100.0	B19	20192369
7909	2023	春	毕业实习	正常考试	6.0	100.0	B19	20192393
7920	2023	春	毕业实习	正常考试	6.0	100.0	B19	20192365

[809 rows x 8 columns]

5.5.3 数据计算

本节将讨论数据的简单计算、数据规范化和离散化方法。

1. 简单计算

一个数据表中的各字段(或列)可以进行加、减、乘、除四则算术运算,结果作为新的数据列。两个不同数据表中的数据,可以使用 pandas 中数据框(DataFrame)对象,在运算时通过对象索引自动对齐进行相应列的计算;如果参加运算的数据框中存在不同索引,则结果索引是所有索引的并集,对应不同索引的值标记为 NaN。也可以使用 add(加)、sub(减)、div(除)和 mul(乘)等方法,将其他 DataFrame 对象的值传入指定 DataFrame 对象,实现两个不同数据表中数据的简单计算。

例 5.15 在"学生成绩记录(去缺失值).xlsx"数据中,根据学分与成绩计算标准成绩,即学分×成绩。

```
1:  import pandas as pd
2:  df = pd.read_excel(r'C:/case/学生成绩记录(去缺失值).xlsx')
3:  df['标准分数'] = df['学分'] * df['成绩']
4:  print(df)
```

【例题解析】

第 1 行引入 pandas 库。第 2 行读取学生成绩记录数据。第 3 行增加一列"标准分数",值为学生成绩记录中的成绩一列乘以对应学分列。第 4 行打印结果。

【运行结果】

	学年	学期	考试科目	考试性质	学分	成绩	班级	学号	标准分数
0	2015	秋	体育Ⅰ	正常考试	1.0	85.0	B15	20151803	85.0
1	2015	秋	体育Ⅰ	正常考试	1.0	70.0	B15	20151795	70.0
2	2015	秋	体育Ⅰ	正常考试	1.0	80.0	B15	20151819	80.0
3	2015	秋	体育Ⅰ	正常考试	1.0	70.0	B15	20151809	70.0
4	2015	秋	体育Ⅰ	正常考试	1.0	60.0	B15	20151813	60.0
	…	…	…	…	…	…	…	…	…
7917	2023	春	毕业实习	正常考试	6.0	89.9	B19	20192341	539.4
7918	2023	春	毕业设计	正常考试	11.0	79.9	B19	20192371	878.9
7919	2023	春	毕业实习	正常考试	6.0	79.9	B19	20192371	479.4
7920	2023	春	毕业实习	正常考试	6.0	100.0	B19	20192365	600.0
7921	2023	春	毕业设计	正常考试	11.0	79.9	B19	20192365	878.9

[7922 rows x 9 columns]

2. 数据规范化

在数据文件中所用的度量单位可能影响数据分析。例如,把身高的度量单位从米变成英寸,把体重的度量单位从千克改成市斤,可能导致完全不同的结果。为了避免对度量单位选择的依赖性,数据应该规范化或标准化。这涉及变换数据,使之落入较小的共同区间,如[-1,1]或[0.0,1.0]。在数据预处理中,术语"规范化"和"标准化"可以互换使用。

规范化数据试图赋予所有数据列相等的权重。有许多数据规范化的方法,本节主要介绍最小-最大规范化、z分数规范化和按小数定标规范化。在以下的讨论中,令 A 是数值属性列,具有 n 个观测值 $v_1,v_2,\cdots,v_n$。

1) 最小-最大规范化

对原始数据进行线性变换。假设 $\min_A$ 和 $\max_A$ 分别为数据列 A 的最小值和最大值。最小-最大规范化通过计算

$$v'_i=\frac{v_i-\min_A}{\max_A-\min_A}(\text{new\_max}_A-\text{new\_min}_A)+\text{new\_min}_A \tag{5-7}$$

把 A 的值 v 映射到区间$[\text{new_min}_A,\text{new_max}_A]$中的 v'_i。最小-最大规范化保持原始数据值之间的联系。如果今后的输入实例落在 A 的原数据值域之外,则该方法将面临“越界”错误。

例 5.16 使用最小-最大规范化方法,对“学生成绩记录(去缺失值).xlsx”数据中的成绩规范到区间[0,1]。

```
1:  import pandas as pd
2:  df = pd.read_excel(r'C:/case/学生成绩记录(去缺失值).xlsx')
3:  print((df["成绩"] - df["成绩"].min())/(df["成绩"].max() - df["成绩"].min()))
```

【例题解析】

第1行引入 pandas 库。第2行导入文件,括号中为文件路径。第3行打印对成绩最小-最大规范化结果。

【运行结果】

```
0          0.076715
1          0.063177
2          0.072202
3          0.063177
4          0.054152

7917       0.081137
7918       0.072112
7919       0.072112
7920       0.090253
7921       0.072112
Name: 成绩, Length: 7922, dtype: float64
```

2) 小数定标规范化

通过移动数据列 A 值的小数点位置进行规范化。小数点的移动位数依赖于 A 的最大绝对值。A 的值 v_i 被规范化为 v'_i,由式(5-8)计算:

$$v'_i=\frac{v_i}{10^j} \tag{5-8}$$

其中，j 是使得 $\max(|v'_i|)<1$ 的最小整数。

例 5.17　对“学生成绩记录(去缺失值).xlsx”数据使用小数定标规范化对成绩进行规范。

```
1:  import pandas as pd
2:  import numpy as np
3:  df = pd.read_excel(r'C:/case/学生成绩记录(去缺失值).xlsx')
4:  df = df['成绩']/10 ** np.ceil(np.log10(df['成绩'].abs().max()))
5:  print(df)
```

【例题解析】

第 1 行引入 pandas 库。第 2 行引入 NumPy 库。

第 3 行导入文件，括号中为文件路径。第 4 行使用小数定标的计算公式对成绩列进行计算。第 5 行打印拟合后的结果。

【运行结果】

```
0        0.00850
1        0.00700
2        0.00800
3        0.00700
4        0.00600

7917     0.00899
7918     0.00799
7919     0.00799
7920     0.01000
7921     0.00799
Name: 成绩, Length: 7922, dtype: float64
```

3. 数据离散化

离散化是指将连续数据、特征或变量转换或划分为离散或标称属性/间隔的过程。下面介绍基于 Python 的标签化方法和分箱离散化方法。

1) 标签化

在进行数据分析时，有时需要对数据列做标签化处理，便于理解或后续处理。例如，在进行数据记录时，为了方便将考试性质以“0,1,2”存储，但是这样不容易理解。此时，可对这些值进行标签化处理，将其恢复为易于理解的“正常考试、补考、重修”形式。

首先使用 DataFrame 的 astype() 函数将原始数据转换为 category 类型。category 类型在 pandas 中是和 string、int 等类型并列的一种数据类型，中文翻译可以理解为分类。

category 类型可以有效地对数据进行分组进行汇总统计工作。然后,利用 cat.categories()为数据值挂标签时,赋值的时候是按照顺序进行对应的。

例 5.18 "2017 年学生成绩记录节选.xlsx"数据如图 5-15 所示。数据列分别为"学年""学期""考试科目""考试性质""学分""成绩""班级""学号"。请为考试性质设置标签"0"(正常考试)、"1"(补考)、"2"(重修)。

学年	学期	考试科目	考试性质	学分	成绩	班级	学号
2017	春	证券投资学	正常考试	2.00000	60.10000	B15	20151809
2017	春	证券投资学	正常考试	2.00000	60.10000	B15	20151845
2017	春	企业管理	正常考试	1.50000	76.00000	B15	20151801
2017	春	企业管理	正常考试	1.50000	80.00000	B15	20151851
2017	春	证券投资学	正常考试	2.00000	60.10000	B15	20151803
2017	春	管理学原理	正常考试	1.50000	85.00000	B15	20151863

图 5-15　2017 年学生成绩记录节选

```
1:  import pandas as pd
2:  df = pd.read_excel(r'C:/case/2017 年学生成绩记录节选.xlsx')
3:  df['考试性质_标签'] = df['考试性质'].astype('category')
4:  df['考试性质_标签'].cat.categories = ['0','1','2']
5:  print(df)
```

【例题解析】

第 1 行引入 pandas 库。第 2 行读取数据。第 3 行将考试性质列变为 category 类型并命名列为考试性质_标签。第 4 行将考试性质_标签列通过 cat.categories()函数进行标签"0""1""2"处理。第 5 行输出挂上标签以后的数据。

【运行结果】

```
     学年 学期 考试科目     考试性质 学分 成绩  班级  学号     考试性质_标签
0    2017 春  证券投资学     正常考试 2.0 60.1  B15 20151809    0
1    2017 春  证券投资学     正常考试 2.0 60.1  B15 20151845    0
2    2017 春  企业管理       正常考试 1.5 76.0  B15 20151801    0
3    2017 春  企业管理       正常考试 1.5 80.0  B15 20151851    0
4    2017 春  证券投资学     正常考试 2.0 60.1  B15 20151803    0
…    …    …   …              …       …   …     …   …           …
1044 2017 秋  高等数学(A)Ⅰ 正常考试 4.0 82.0  B17 20172043    0
1045 2017 秋  高等数学(A)Ⅰ 正常考试 4.0 55.0  B17 20171997    0
1046 2017 秋  高等数学(A)Ⅰ 正常考试 4.0 100.0 B17 20172013    0
1047 2017 秋  高等数学(A)Ⅰ 正常考试 4.0 55.0  B17 20172037    0
1048 2017 秋  高等数学(A)Ⅰ 正常考试 4.0 61.0  B17 20172007    0
[1049 rows x 9 columns]
```

2) 分箱离散化

使用 pandas 库下的 cut()函数实现对数值型数据分段标签,其语法格式为

```
pandas.cut(x,bins ,right = True,labels = None,retbins = False,precision = 3 ,include_lowest
= False)
```

其中,参数解释如表 5-17 所示。

表 5-17 pandas.cut()函数参数描述

参　数	描　述
x	将要操作的一维数组对象
bins	将要对 x 数组中的每个元素归到 bins 个组中(间距不一定相等),有两种形式:整数、序列。如果 bins 是一个整数,它定义了 x 宽度范围内的等宽面元数量,但是在这种情况下,x 的范围在每个边上被延长 1%,以保证包括 x 的最小值或最大值。如果 bins 是序列,它定义了允许非均匀 bin 宽度的 bin 边缘,在这种情况下没有 x 的范围的扩展
right	分组时是否包含右边的值(即区间右边是否是闭合),形式:right = True
labels	是否用标签来代替分组的结果。必须与结果箱相同长度,比如 bins=[1,2,3],划分后有两个区间(1,2],(2,3],则 labels 的长度必须为 2
retbins	为布尔值,默认为 False。表示是否将分割后的 bins 返回,当 bins 为一个 int 型的标量时比较有用,这样得到划分后的区间
precision	精度,默认为 3
include_lowest	是布尔值,默认为 False。表示区间的左边是开还是闭,当为 False 时,不包含区间左部

例 5.19 将上述"学生成绩记录(去缺失值).xlsx"数据,根据成绩列的数值,进行分段标签处理,并将此列命名为"成绩_区间"。

```
1:  import pandas as pd
2:  df = pd.read_excel(r'C:/case/学生成绩记录(去缺失值).xlsx')
3:  listBins = [0,59,69,79,89,100]
4:  listlabels = ['0-59', '60-69', '70-79', '80-89','90-100']
5:  df['成绩_区间'] = pd.cut(df['成绩'], bins = listBins, labels = listlabels,right =
True)
6:  print(df)
```

【例题解析】

第 1 行引入 pandas 库。第 2 行读取学生成绩记录数据,引号内为文件位置。第 3 行定义成绩的分组的列表。第 4 行根据成绩分组创建标签的列表。第 5 行使用 cut()函数将学生成绩记录数据的成绩列按 listBins 分组,并使用 listlabels 的标签来代替分组的结果,并赋值给 df['成绩_区间']。第 6 行输出结果。

【运行结果】

```
   学年   学期  考试科目  考试性质  学分  成绩   班级     学号     成绩_区间
0  2015   秋    体育Ⅰ    正常考试  1.0  85.0  B15   20151803   80-89
1  2015   秋    体育Ⅰ    正常考试  1.0  70.0  B15   20151795   70-79
2  2015   秋    体育Ⅰ    正常考试  1.0  80.0  B15   20151819   80-89
```

```
3    2015 秋 体育Ⅰ    正常考试 1.0  70.0  B15  20151809  70-79
4    2015 秋 体育Ⅰ    正常考试 1.0  60.0  B15  20151813  60-69
     ...  ... ...     ...     ...   ...   ...  ...       ...
7917 2023 春 毕业实习 正常考试 6.0  89.9  B19  20192341  90-100
7918 2023 春 毕业设计 正常考试 11.0 79.9  B19  20192371  80-89
7919 2023 春 毕业实习 正常考试 6.0  79.9  B19  20192371  80-89
7920 2023 春 毕业实习 正常考试 6.0  100.0 B19  20192365  90-100
7921 2023 春 毕业设计 正常考试 11.0 79.9  B19  20192365  80-89

[7922 rows x 9 columns]
```

小结

数据分析依赖于数据质量,高质量的数据才可能得出高质量的结果。因此本章主要介绍数据预处理的主要步骤和相关方法,包括数据清洗、数据集成、数据规约和数据变换等。

在数据清洗方面,主要介绍了重复值、缺失值和噪声的检测与处理。其中,重复值的检测一般使用 Python 的 duplicated()函数,重复值的删除一般使用 drop_duplicates()函数;缺失值的检测一般使用 isnull()函数,删除使用 dropna()函数,填充使用 fillna()函数;常用的数据平滑去噪的技术有分箱(Binning)、回归(Regression)和离群点分析(Outlier Analysis)。

在数据集成方面,主要介绍了实体识别问题,使用假设检验方法进行数据冗余问题的识别以及数据值冲突问题;在数据归约方面,重点介绍了从列的角度选择对数据分析结果较为重要作用的列的方法,即属性子集选择;从行的角度出发,对数据进行随机抽样,分层抽样以及簇抽样的方法。

在数据变换方面,主要介绍了数据的合并、抽取和计算方法。其中,数据的合并可以通过 Python 的 concat()函数、merge()函数、join()函数和 append()函数实现;数据的抽取包括纵向数据抽取和横向数据抽取,关于纵向数据抽取介绍了 split()函数和 slice()函数,横向数据抽取可以采用 Python 的 dataframe[condition];关于数据的计算,主要介绍了简单计算、数据的规范化以及离散化。

习题

请从以下各题中选出正确答案(正确答案可能不止一个)。

1. 数据清洗通常包括以下哪种?(　　)

A. 重复值处理　　B. 缺失值处理　　C. 异常值处理　　D. 以上均不是

2. 给定一组数据,如图 5-14 所示,分析每门课的平均成绩,需要进行什么样的数据清洗?(　　)

A. 去重　　B. 缺失值填充

姓名	语文	英语	数学
张飞	66	65	-
关羽	95	85	88
赵云	95	92	96
黄忠	90	88	77
典韦	80	90	90
典韦	80	90	90

图 5-14　平均成绩

C. 噪声平滑　　　　D. 以上均不对

3. 以下关于 drop_duplicates 函数的说法中错误的是(　　)。

A. 仅对 Dataframe 和 Series 类型的数据有效

B. 仅支持单一特征的数据去重

C. 数据重复时默认保留第一个数据

D. 该函数不会改变原始数据排列

4. (　　)是一个观测值,它与其他观测值的差别如此之大,以至于怀疑它是由不同的机制产生的。

A. 边界点　　B. 质心　　C. 离群点　　D. 核心点

5. 将原始数据进行集成、变换、维度规约、数值规约是在以下哪个步骤的任务?(　　)

A. 频繁模式挖掘　　B. 分类和预测　　C. 数据预处理　　D. 数据流挖掘

6. 假设 12 个销售价格记录组已经排序如下:5,10,11,13,15,35,50,55,72,92,204,215,使用如下每种方法将它们划分成四个箱。等频(等深)划分时,15 在第几个箱子内)?(　　)

A. 第一个　　B. 第二个　　C. 第三个　　D. 第四个

7. 假设属性 income 的最大最小值分别是 12 000 元和 98 000 元。利用最大最小规范化的方法将属性的值映射到 0～1 的范围内。对属性 income 的 73 600 元将被转换为(　　)。

A. 0.821　　B. 1.224　　C. 1.458　　D. 0.716

8. 关于下列数据合并函数的说法错误的是(　　)。

A. join(),主要用于基于索引的纵向合并拼接

B. merge(),主要用于基于指定列的横向合并拼接

C. concat(),可用于横向和纵向合并拼接

D. append(),主要用于纵向追加

9.
```
u = "www.doiido.com.cn"
print (u.split('.',1))
```

下列输出结果正确的是(　　)。

A. ['www', 'doiido', 'com','cn']

B. ['www', 'doiido', 'com.cn']

C. ['www', 'doiido. com', 'cn']

D. ['www', 'doiido. com. cn']

10. 若知道数据的Max(最大值)、Min(最小值)、mu(均值)、sigma(标准差)。下列几种数据标准化函数正确的是(　　)。

A. (0,1)标准化:

```
def  MaxMinNormalization(x,Max,Min):
      x = (x - Min) / (Max - Min)
      return x
```

B. Z-score 标准化:

```
def  Z_ScoreNormalization(x,mu,sigma):
     x = (x - mu) / sigma
     return x
```

C. Sigmoid 函数:

```
defsigmoid(X,useStatus):
    if useStatus:
    return 1.0 / (1 + np.exp( - float(X)))
else:
    return float(X)
```

D. 以上均正确

第6章

数据探索

【学习目标】

学完本章之后，读者将掌握以下内容。

- 描述性分析方法及常用函数。
- 数据分组与聚合以及常用函数。
- 交叉分析方法。
- 参数估计与假设检验方法。
- 相关性分析方法。

探索性数据分析(Exploratory Data Analysis，EDA)是卓越的统计学家John Tukey于20世纪70年代创建的，是指对已有的数据在尽量少的先验假定下进行探索，通过作图、制表、方程拟合、计算特征量等手段探索数据的结构和规律的一种数据分析方法。特别是当面对大数据，各种杂乱的“脏数据”，不知道从哪里开始了解手上的数据时，探索性数据分析就非常有效。

本章的数据探索与EDA有许多重叠，将讲解如何通过描述性统计分析了解数据概况，通过分组、聚合、交叉等分析方法汇总分析数据，而聚类分析、异常检测和数据可视化等都是很大的领域，将由第8章和第9章整章深入讨论。数据探索是对数据进行初步研究，以便更好地理解其性质，这将有助于理解和解释数据分析结果。

6.1 基本统计描述

基本统计描述可以用来识别数据的性质、凸显哪些数据值应该视为噪声或离群点。本节先从集中趋势度量数据分布的中部或中心位置谈起。除了集中趋势，还要知道数据的离散程度，即数据如何分散。最后，还需要知道数据分布的形状是否对称、偏斜的程度以及分布的扁平程度等。

6.1.1 集中趋势

数据集中趋势(Central Tendency)是指这组数据向某一中心值靠拢的程度,它反映了一组数据中心点的位置所在。对数据的集中趋势进行描述就是寻找数据的中心值或代表值,可用来代表集合中所有的数据,并能刻画它们共同的特点。下面介绍几种常用的表示数据集中趋势的度量。

1. 平均数

数据集“中心”最常用、最有效的数值度量是均值。根据所掌握数据的不同,平均数有不同的计算形式和计算公式。最简单的是简单平均数,即一组数据相加后除以数据的个数得到的结果。假设给定一个包含 n 个数值型数据的集合,平均数的定义为: $\bar{x}=\frac{1}{n}\sum_{i=1}^{n}x_i$,其中, x_i 表示第 i 个数据。

在 Python 中,可以使用 NumPy 库或者 pandas 库下的 mean()方法计算平均数。mean()方法的语法格式为: mean(a, axis=None)。其中,a 表示被计算的对象; axis 表示计算的轴向,当 axis=0 时,压缩行,按列求均值; 当 axis=1 时,压缩列,按行求均值,默认轴为 None 指对所有维度运算。

例 6.1

```
1:  import numpy as np
2:  import pandas as pd
3:  data_list = [88, 76, 85, 40, 93, 90]
4:  data_float = np.mean(data_list)
5:  print(data_float)
6:  data_Series = pd.Series(data = data_list)
7:  print(data_Series.mean())
```

【例题解析】

第 1 行和第 2 行分别引入了 NumPy 和 pandas 库; 第 3 行定义了一个列表 data_list; 第 4 行利用 NumPy 中的 mean()方法求列表 data_list 的平均数; 第 6 行将列表 data_list 转换为 Series 数据结构的 data_Series; 第 7 行运用 pandas 下的 mean()方法求 data_Series 的平均数。虽然第 4 行和第 7 行分别使用不同库下的 mean()方法,但是计算结果相同。

【运行结果】

第 5 行的输出结果: 78.66666666666667

第 7 行的输出结果: 78.66666666666667

在 Python 中,stats 是统计建模分析的核心工具包,其包括绝大多数常见的各种回归模型、非参数模型和估计、时间序列分析和建模以及空间面板模型等,功能强大、便捷。为了抵消少数极端值的影响，在 Python 中可以使用 scipy. stats. tmean()函数计算沿数组指定轴的数组元素的修剪均值。其语法格式为：

```
scipy.stats.tmean(a, limits = None, inclusive = (True, True), axis = None)
```

参数描述如表 6-1 所示。

表 6-1 scipy. stats. tmean()函数的参数描述

参数	描 述
a	输入数组
limits	要考虑的输入数组的上下限，小于下限或大于上限的值将被忽略。如果限制为"None"(默认)，则使用所有值
inclusive	由(下标志、上标志)组成的元组，确定是否包含完全等于下限或上限的值，默认值为(True，True)
axis	计算测试的轴，默认值为"None"

续例 6.1(1)

```
 8:   from scipy import stats
 9:   print(stats.tmean(data_list))
10:   print(stats.tmean(data_list, (80, 90)))
```

【例题解析】

第 1 行表示从 Scipy 模块中引入了 stats。第 2 行运用 stats. tmean()函数，参数采用默认值求 data_list 的修剪均值，由于没有被忽略的元素，利用 data_list 中全部的元素计算均值，即(88+76+85+40+93+90)÷6≈78. 67。

为了对比，在第 10 行加入了 limits 参数的限制，忽略小于 80 和大于 90 的元素后计算 data_list 的修剪均值，即(88+85+90)÷3≈87. 67。

【运行结果】

第 9 行的输出结果：78. 66666666666667

第 10 行的输出结果：87. 66666666666667

平均数是概括一个数值型数据集合简单而又实用的指标。由于其良好的数学特性，被广泛应用在数据分析与挖掘过程中。平均数的缺点也比较明显，即容易受到极端值或离群点的影响。

2. 中位数

对于倾斜(非对称)数据，数据中心的更好度量是中位数。中位数是有序数据值的中间值，一半数据(50%)比中位数大，另一半数据(50%)比中位数小。在概率论和统计学中，中位数一般用于数值型数据。也可以把这一概念推广到顺序数据。

假设给定某属性 X 的 N 个值按增序排序。如果 N 是奇数，则中位数是该有序集的中间值；如果 N 为偶数，则中位数不唯一，是最中间的两个值和它们之间的任意值。通常，对于数值型数据，取最中间的两个数值的平均数作为中位数。形式化地，设一组数据

为 $x_1, x_2, \cdots, x_n$，按从小到大的顺序排序后为 $x_{(1)}, x_{(2)}, \cdots, x_{(n)}$，则中位数($M_e$)如式(6-1)所示。

$$M_e = \begin{cases} x_{\left(\frac{n+1}{2}\right)}, & n \text{ 为奇数} \\ \frac{1}{2}\left\{x_{\left(\frac{n}{2}\right)} + x_{\left(\frac{n}{2}+1\right)}\right\}, & n \text{ 为偶数} \end{cases} \tag{6-1}$$

在 Python 中，可以使用 NumPy 库或者 pandas 库的 median()函数计算中位数。median()函数的语法格式为：median(a, axis=None)。其中，a 表示被计算对象。axis 表示计算的轴向，假设被计算对象为二维数组，axis=0 对应行，axis=1 对应列，默认轴为 None，指对所有维度运算。

续例 6.1(2)

```
11:  data_float_1 = np.median(data_list)
12:  print(data_float_1)
13:  print(data_Series.median())
```

【例题解析】

第 11 行利用 NumPy 中的 median()函数求出列表 data_list 的中位数。data_list 中的值排序后为[40, 76, 85, 88, 90, 93]。因为其中有 6 个数(偶数)，所以中位数为(85+88)÷2=86.5。第 10 行运用 pandas 下的 median()函数求中位数。第 12 行和第 13 行的输出结果相同。

【运行结果】

第 12 行的输出结果：86.5

第 13 行的输出结果：86.5

中位数的优点是不受极端数值的影响。以下几种情况常考虑使用中位数。

(1) 数据集中具有极端值。

(2) 数据集中有未知的值或尚未确定的值。

(3) 存在没有最高或最低极限的开口组。

(4) 很多研究者认为，定性数据中具有顺序数据(如特等奖、一等奖、二等奖等)。

3. 众数

众数是另一种集中趋势度量。众数是数据集合中出现最频繁的值。因此，可以对定性和定量数据确定众数。众数是一个位置代表值，不受极端值影响。从分布的角度看，众数是具有明显集中趋势点的数值，一组数据分布的最高峰点所对应的数值即为众数。

可能最高频率对应多个不同值，导致多个众数。具有一个、两个、三个众数的数据集合分别称为单峰、双峰和三峰。一般地，具有两个或更多众数的数据集是多峰的(Multimodal)。在另一种极端情况下，如果每个数据值仅出现一次，则没有众数。

在 Python 中可以使用 pandas 库中的 mode()方法计算众数。mode()方法的语法格式为：mode(self, axis=0)。其中，axis=0 或'index'表示获取各行的众数；axis=1 或

'columns'表示获取各列的众数,默认为0。

例 6.2

```
1:  import pandas as pd
2:  data_list_1 = [1, 8, 4, 3, 2, 9, 6, 5, 6]
3:  data_Series_1 = pd.Series(data = data_list_1)
4:  print(data_Series_1.mode())
```

【例题解析】

第1行引入pandas库;第2行定义了一个列表data_list_1;第3行将data_list_1转换为Series数据结构的data_Series_1;第4行利用pandas中的mode()方法直接获取data_Series_1中的众数,即为6。

【运行结果】

第3行的输出结果:0　　6

dtype:int64

6.1.2 离散程度

与描述数据集中趋势的度量相反,数据离散趋势是指在一个数据集合中,各个数据偏离中心点的程度,是对数据间的差异状况进行的描述分析。数据的离散程度越大,集中趋势的测度值对该组数据的代表性越差;离散程度越小,其代表性越好。离散程度常用的测度包括极差、四分位差、方差和标准差以及离散系数。

1. 极差

极差,也叫全距或范围,用 R 表示,是数据中最大值减去最小值所得的差,公式为:$R=\max(x_i)-\min(x_i)$。其中,$\max(x_i)$和$\min(x_i)$分别表示一组数据的最大值和最小值。在Python中,分别利用max()函数和min()函数返回给定对象的最大值和最小值。其语法格式为:max(x),min(x)。其中,x 表示被计算的对象。

例 6.3

```
1:  data_list_2 = [1,5,8,11,6]
2:  print(max(data_list_2) - min(data_list_2))
```

【例题解析】

第1行定义了一个列表data_list_2;第2行运用max()函数求data_list_2中的最大值(即11),运用min()函数求data_list_2中的最小值(即1),将二者作差即为极差10。

【运行结果】

10

极差反映变量分布的变异范围或离散幅度,特点是计算简单、含义直观、运用方便。但由于其仅取决于两个极端值的水平,不能反映中间数据的分布情况,不能准确描述出数据的分散程度。

2. 四分位差

将一组数据由小到大(或由大到小)排序后,挑选出某些数据点,以便把数据分布划分成大小相等的连贯集,如图 6-1 所示。这些数据点被称为分位数。分位数是取自数据分布的每隔一定间隔上的点,把数据划分成基本上大小相等的连贯集合。基本上的说法的原因是因为可能不存在把数据划分成恰好大小相等的诸子集的数据值。例如,2-分位数是一个数据点,把数据分布划分成高低两半。2-分位数对应于中位数。

四分位数是用 3 个点将全部数据分为 4 等份,与这 3 个点位置上相对应的数值称为四分位数。**第一四分位数**记为 Q_L,即数据中数值由小到大排列后第 25%的数字;**第二四分位数**又称"中位数",记为 Q,即数据中数值由小到大排列后第 50%的数字;**第三四分位数**记为 Q_U,等于所有数值由小到大排列后第 75%的数字。

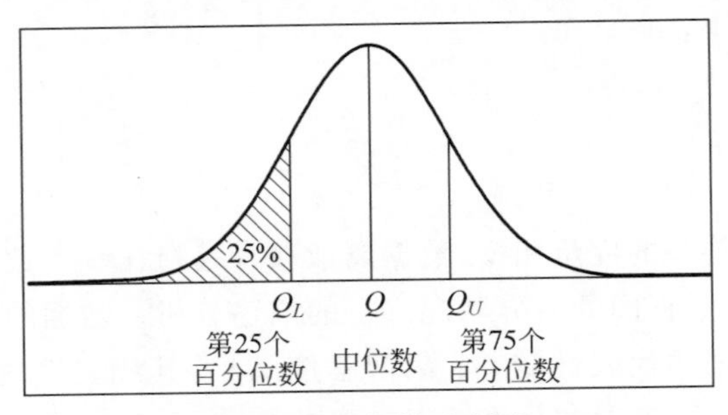

图 6-1　分位数示意图

在 Python 中,可以利用 NumPy 库中的 percentile()函数计算分位数。其语法格式为:percentile(a, q, axis=None)。其中,a 表示被计算的对象;q 表示要计算的百分位数,为 0～100;axis 表示沿着它计算百分位数的轴,默认为 None。

例 6.4

```
1:  import numpy as np
2:  data_ndarray = np.array([1, 2, 3, 4, 5, 6, 7, 8, 9, 10])
3:  print(np.median(data_ndarray))
4:  print(np.percentile(data_ndarray, 25))
5:  print(np.percentile(data_ndarray, 75))
```

【例题解析】

第 1 行引入 NumPy 库;第 2 行定义了一个数组 data_ndarray;第 3 行运用 median()函数求 data_ndarray 的第二四分位数,即中位数;第 4 行运用 percentile()函数通过将参数 q 设置为 25 求 data_ndarray 中的第一四分位数;第 5 行运用 percentile()函数通过将参数 q 设置为 75 求 data_ndarray 中的第三四分位数。

【运行结果】

第 2 行的输出结果:5.5

第 3 行的输出结果：3.25

第 4 行的输出结果：7.75

四分位差也称为内距或四分间距(Inter-quartile Range)，是上四分位数和下四分位数之间的差值，用 Q_d 表示。其计算公式为：$Q_d = Q_U - Q_L$。例如，在例 6.4 中，求得的上四分位数为 $Q_U = 7.75$，下四分位数为 $Q_L = 3.25$，则四分位差 $Q_d = 7.75 - 3.25 = 4.5$。

四分位差反映了中间 50% 的数据的离散程度，数值越小，说明中间的数据越集中；数值越大，说明中间的数据越分散。四分位差不受极值的影响。此外，由于中位数处于数据的中间位置，因此，四分位差的大小在一定程度上说明了中位数对一组数据的代表程度。四分位差主要用于测度顺序数据的离散程度。对于数值型数据也可以计算四分位差，但它不适合分类数据。

3. 方差和标准差

方差和标准差均用于反映数据的离散程度。方差是各变量值与其平均数离差平方的平均数。设 n 个数据 $x_1, x_2, \cdots, x_n$ 的方差(记为 δ^2)为

$$\delta^2 = \frac{\sum_{i=1}^{n}(x_i - \bar{x})^2}{n} \tag{6-2}$$

其中，$\bar{x}$ 为均值，n 为数据的总数。方差的平方根称为标准差，记为 σ。低标准差意味数据观测趋向非常靠近均值，而高标准差表示数据散布在一个大的值域中。

在 Python 的 NumPy 库中 var()函数和 std()函数分别可以用来返回数据沿指定轴的方差和标准差。其语法格式为：var/std(a, axis=None, dtype=None)。其中，a 表示被计算的对象；axis 表示计算的轴向，None(默认)或 int 或 int 类型的 tuple，可选计算方差的一个或多个轴，默认值是计算展平数组的方差；dtype 表示可选用于计算方差的类型，对于整数类型的数组，默认值为 float64，对于 float 类型的数组，则与数组类型相同。

例 6.5

```
1:  import numpy as np
2:  data_ndarray_1 = np.array([1, 2, 3, 4])
3:  print(np.var(data_ndarray_1))
4:  print(np.std(data_ndarray_1))
```

【例题解析】

第 1 行引入 NumPy 库；第 2 行定义了一个数组 data_ndarray_1；第 3 行运用 var()函数计算数组 data_ndarray_1 的方差；第 4 行运用 std()函数计算数组 data_ndarray_1 的标准差。

【运行结果】

第 3 行的输出结果：1.25

第 4 行的输出结果：1.11803398875

作为离散程度的度量，标准差 σ 的性质是：

- σ 度量关于均值的发散，仅当选择均值作为集中趋势的度量时使用。
- 仅当不存在发散时，即当所有的观测值都具有相同值时，$\sigma=0$；否则，$\sigma>0$。

pandas 库中 DataFrame 数据结构可以使用 describe()方法展示数据的一些集中趋势和离散程度的度量参数，其语法格式为：

```
DataFrame.describe(self, percentiles = None, include = None, exclude = None)
```

参数描述如表 6-2 所示。

表 6-2　describe()方法的参数描述

参数	描　述
percentiles	设定数值型特征的统计量，默认是[.25，.5，.75]，也就是返回 25%，50%，75%数据量时的数字
include	计算各种数据类型的统计量，默认是只计算数值型数据的统计量
exclude	和参数 include 是相反的，表示不输出哪些数据类型的统计量，默认不丢弃任何列，相当于无影响

例 6.6　某班级高等数学的成绩如表 6-3 所示，试运用 describe()方法分析该班成绩情况。

表 6-3　某班的高等数学成绩表

64	35	82	88	68	90	77	69	71	78
80	88	60	74	60	65	80	85	60	90
75	64	80	100	74	68	92	78	72	75
79	83	94	81	100	97	96	83	50	57

```
1:  import pandas as pd
2:  grade = pd. Series([64, 35, 82, 88, 68, 90, 77, 69, 71, 78, 80, 88, 60, 74, 60, 65, 80,
85, 60, 90, 75, 64, 80, 100, 74, 68, 92, 78, 72, 75, 79, 83, 94, 81, 100, 97, 96, 83, 50,
57])
3:  print(grade. describe())
```

【例题解析】

第 1 行引入 pandas 库；第 2 行表示将该班的高等数学成绩保存在 Series 数据结构的 grade 中。

第 3 行运用 describe()方法返回了 grade 中的一些统计性信息。该例中参数均采用了默认值，即计算的是 grade 中数值类型的统计量。输出结果中包括 count，mean，std，min，max 以及第一四分位数，第二四分位数和第三四分位数。

通过输出结果可以看出，该班总共有 40 名同学，高等数学的最高成绩为 100 分，最低成绩为 35 分，极差为 65 分，标准差大约在 14 分，数据较离散。受极端成绩的影响，班级的整体平均成绩近似仅为 76.55 分，小于中位数的 78 分，呈现左偏分布。

【运行结果】

```
count     40.000000
mean      76.550000
std       14.023698
min       35.000000
25%       68.000000
50%       78.000000
75%       85.750000
max      100.000000
dtype: float64
```

6.1.3 分布形状

集中趋势和离散程度是数据分布的两个重要特征，但要全面地了解数据分布的特点，还需要知道数据分布的形状是否对称、偏斜的程度以及分布的扁平程度等。偏态和峰态就是对分布形状的测度。

1. 偏态及其测度

偏态分布与“正态分布”相对。数据分布的不对称性，称为偏态(Skewness)。对数据分布不对称性的度量值称为偏态系数(Coefficient of Skewness)，记作 SK。其计算公式如式(6-3)所示。

$$\mathrm{SK}=\frac{\sum_{i=1}^{n}(x_i-\bar{x})^3}{ns^3} \tag{6-3}$$

如果一组数据的分布是对称的，则偏态系数等于 0；如果偏态系数明显不等于 0，表明分布是非对称的。若偏态系数大于 1 或者小于−1，则称高度偏态分布；若偏态系数为 0.5～1 或者−1～−0.5，则认为是中等偏态分布；偏态系数越接近 0，偏斜程度就越小。

偏态分布分为正偏态分布(偏态系数大于 0)和负偏态分布(偏态系数小于 0)。

(1) 正偏态分布(右偏态分布)是相对正态分布而言的。当平均数大于中位数，中位数又大于众数时，数据的分布属于正偏态分布。如图 6-2(a)所示，正偏态分布的特征是曲线的最高点偏向 x 轴的左边，位于左半部分的曲线比正态分布的曲线更陡，而右半部分的曲线比较平缓，并且其尾线比起左半部分的曲线更长，无限延伸直到接近 x 轴。

(2) 负偏态分布(左偏态分布)也是相对正态分布而言的。当平均数小于中位数，中位数又小于众数时，数据的分布属于负偏态分布。如图 6-2(b)所示，负偏态分布的特征是曲线的最高点偏向 x 轴的右边，位于右半部分的曲线比正态分布的曲线更陡，而左半部分的曲线比较平缓，并且其尾线比起右半部分的曲线更长，无限延伸直到接近 x 轴。

2. 峰态及其测度

峰态是对数据分布平峰或尖峰程度的测度。测度峰态的统计量则是峰态系数

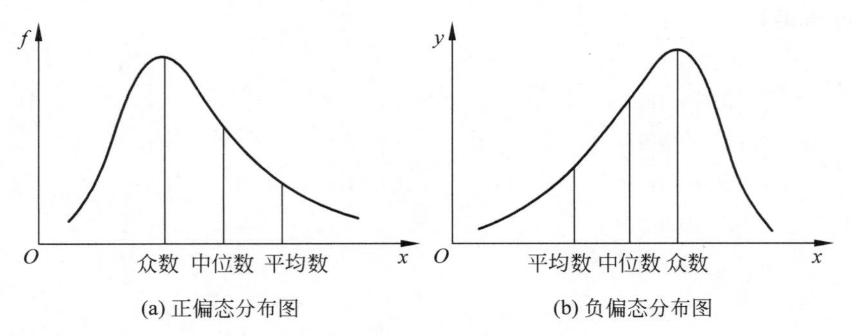

(a) 正偏态分布图　　(b) 负偏态分布图

图 6-2　偏态分布图

(Coefficient of Kurtosis),记作 K。其计算公式如式(6-4)所示。

$$K=\frac{\sum_{i=1}^{n}(x_i-\bar{x})^4}{ns^4}-3 \tag{6-4}$$

用峰态系数说明分布的尖峰和扁平程度,是通过标准正态分布的峰态系数进行比较来实现的。如图 6-3(b)所示,正态分布的峰态系数 $K=0$;如图 6-3(a)所示,当 $K>0$ 时为尖峰分布,数据的分布更集中;如图 6-3(c)所示,当 $K<0$ 时为扁平分布,数据的分布越分散。峰态系数的绝对值数值越大,表示其分布形态的陡缓程度与正态分布的差异程度越大。

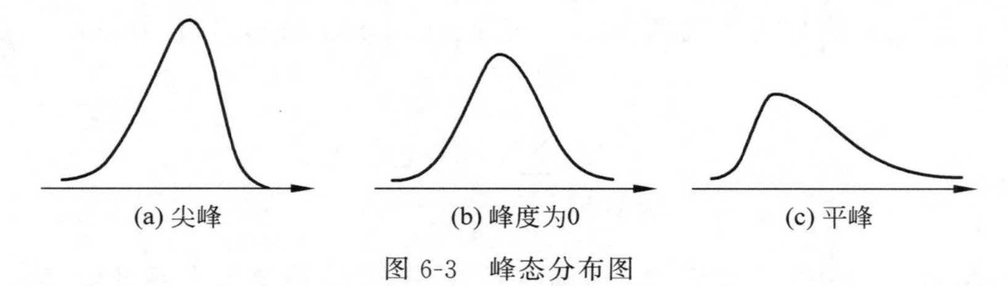

(a) 尖峰　　(b) 峰度为0　　(c) 平峰

图 6-3　峰态分布图

在 Python 的 pandas 库中,分别用 skew()函数和 kurt()函数可以返回数据的偏态系数和峰态系数。skew()函数的语法格式为:skew(axis=None, skipna=None),其中,axis 表示计算的轴向,当 axis=0 时,沿行轴向进行计算;当 axis=1 时,沿列轴向进行计算,默认为 None。skipna 表示计算时是否忽略空缺值,默认为 None,即忽略。kurt()函数与 skew()函数参数及其含义相同,不赘述。

续例 6.6　利用表 6-3 中的高等数学成绩,计算成绩的偏态系数和峰态系数。

```
4:  print(grade.mean())
5:  print(grade.median())
6:  print(grade.mode())
7:  print(grade.skew())
8:  print(grade.kurt())
```

【例题解析】

第 4~6 行运用 mean()函数、median()函数以及 mode()函数分别计算该班高等数学成绩的平均数、中位数以及众数。第 7 行和第 8 行运用 skew()函数和 kurt()函数分别计算该班高等数学成绩的偏态系数和峰态系数。通过比较平均数、中位数以及众数的大小，可以看出平均数<中位数<众数(即偏态系数为负值)，相对于正态分布，该班的高等数学成绩处于中等左偏尖峰偏态分布。

【运行结果】

第 4 行的输出结果：76.55

第 5 行的输出结果：78.0

第 6 行的输出结果：0　　60

1　　80

dtype：int64

第 7 行的输出结果：－0.576361713723623

第 8 行的输出结果：0.7091971673335942

6.2　数据分组与聚合分析

6.2.1　数据分组

数据分析时常需要根据目标数据的性质、特征，按照一定指标将数据总体划分成几部分，分析内部结构和相互关系，了解事物的总体情况或发展规律。如图 6-4 所示展示了利用 CBD 店某月的销售产品的种类和销售额数据进行分组聚合(即求和)的一个简单过程。首先，数据集按照分组键 key(即产品种类)分成小的数据片(Split)；然后，对每一个数据片(即同一产品)求和(sum)；最后，将求和后的结果组合起来形成了新的数据集，即得到每一种产品总销售额。

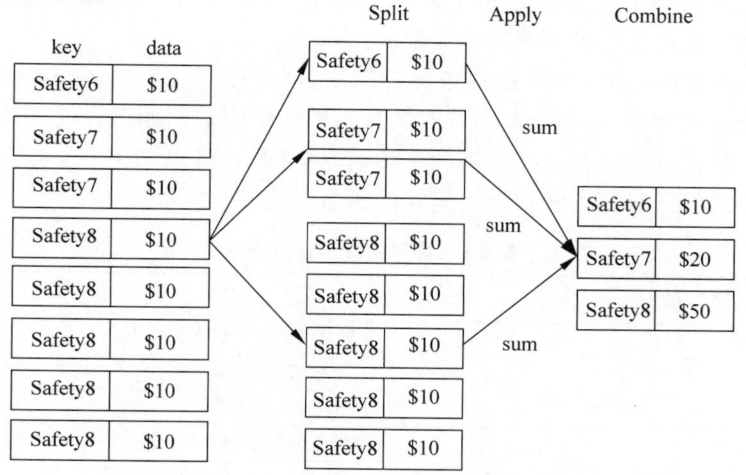

图 6-4　分组聚合过程图

数据操作上表现为对数据进行分组，然后在各组上应用一个函数。Hadley Wickham(许多热门 R 语言包的作者)创造了一个用于表示分组运算的术语“拆分-应用-合并

(Split-Apply-Combine)”。

首先,pandas 对象(Series、DataFrame 对象等)根据一个或多个分组键,将数据拆分(split)为多组。拆分操作是在对象的特定轴上执行的。pandas 提供了 groupby()方法可以实现对数据集的分组。然后,将一个函数应用(Apply)到各个分组并产生一个新值。最后,所有这些函数的执行结果会被合并(Combine)到最终的结果对象中。结果对象的形式一般取决于数据上所执行的操作。

groupby()方法的功能是进行数据的分组以及分组后的组内运算,其语法格式为:

```
groupby(by = None, axis = 0, level = None, as_index = True, sort = True, group_keys = True,
squeeze = False, observed = False, ** kwargs)
```

参数描述如表 6-4 所示。

表 6-4　groupby()方法的参数描述

参　数	描　述
by	分组键,无默认
axis	表示操作的轴向,默认为列(即为 0)
level	代表标签所在级别,默认为 None
as_index	表示聚合后的聚合标签是否以 DataFrame 索引形式输出,默认为 True
sort	表示是否对分组依据分组标签进行排序,默认为 True
group_keys	表示是否显示分组标签名称,默认为 True
squeeze	表示是否在允许的情况下对返回数据进行降维。默认为 False

分组键可以有多种形式,且类型不必相同,常见的有:①列表或数组;②表示 DataFrame 某个列名的值;③字典或 Series,给出待分组轴上的值与分组名之间的对应关系;④函数,用于处理轴索引或索引中的各个标签。注意,后三种都只是快捷方式而已,其最终目的仍然是产生一组用于拆分对象的值。

当运用 groupby()方法对数据集进行分组后,就变成了一个 GroupBy 对象。它实际上还没有进行任何计算,只是含有一些有关分组键的中间数据而已。换句话说,该对象已经有了接下来对各分组执行运算所需的一切信息。例如,可以调用 GroupBy 的分组运算的方法进行分组后的运算。常用分组运算的函数如表 6-5 所示。

表 6-5　常用的分组运算方法

函 数 名	描　述
count()	分组中的非 NA 值数量
sum()	非 NA 值的累和
mean()	非 NA 值的均值
median()	非 NA 值的算术中位数
std()、var()	无偏的($n-1$)分母标准差和方差
min()、max()	非 NA 值的最小值、最大值
prod()	非 NA 值的乘积
first()、last()	非 NA 值的第一个和最后一个值

例 6.7 已知 CBD 店某月产品、销售单价和天气数据，如表 6-6 所示。①统计每种产品的当月销售总额；②统计在各种天气状况下每种产品的月销售总额。

表 6-6 CBD 店某月产品、销售单价和天气数据

产　　品	销售额/万元	天　　气
Safety6	10	sunny
Safety7	10	rainy
Safety7	10	rainy
Safety8	10	sunny
Safety8	10	rainy
Safety8	10	sunny
Safety8	10	sunny
Safety8	10	rainy

```
1:  import pandas as pd
2:  dict_CBDsale = {
'key':['Safety6','Safety7','Safety7','Safety8','Safety8','Safety8','Safety8','Safety8'],
'data_1': [10,10,10,10,10,10,10,10],
'data_2': ['sunny','rainy','rainy','sunny','rainy','sunny','sunny','rainy']
}
3:  df_CBDsale = pd.DataFrame(dict_CBDsale)
4:  print(df_CBDsale)
5:  CBDsaleGroupBy_key = df_CBDsale['data_1'].groupby(df_CBDsale['key'])
6:  print(CBDsaleGroupBy_key)
7:  print(CBDsaleGroupBy_key.sum())
8:  CBDsaleGroupBy_key_data2 = df_CBDsale['data_1'].groupby([df_CBDsale['key'],df_
CBDsale['data_2']]).sum()
9:  print(CBDsaleGroupBy_key_data2)
```

【例题解析】

第 1 行引入 pandas 库。

第 2 行利用 CBD 店某月的销售数据定义了一个字典 dict_CBDsale，其中，“key”中的数据表示产品类型，“data_1”中的数据表示销售额，“data_2”表示天气数据。第 3 行将 dict_CBDsale 转换为 DataFrame 对象 df_CBDsale。

第 5 行调用 groupby()方法，按产品类型 key 列进行分组。第 7 行运用常用的分组运算 sum()方法求得分组中的非 NA 值的累和，即 data 列分组后每组的总销售额。

第 8 行使用两个分组关键字“key”和“data2”，得到的 Series 具有一个层次化索引（由唯一的键对组成），即每组产品在不同的天气状况下的销售额度。

【运行结果】

第 4 行的输出结果：

```
       key  data_1 data_2
0  Safety6      10  sunny
1  Safety7      10  rainy
```

```
2    Safety7    10    rainy
3    Safety8    10    sunny
4    Safety8    10    rainy
5    Safety8    10    sunny
6    Safety8    10    sunny
7    Safety8    10    rainy
```

第 6 行的输出结果：< pandas. core. groupby. generic. SeriesGroupBy object at 0x000001675FF1ADF0 >

第 7 行的输出结果：

```
key
Safety6    10
Safety7    20
Safety8    50
Name: data_1, dtype: int64
```

第 9 行的输出结果：

```
key        data_2
Safety6    sunny     10
Safety7    rainy     20
Safety8    rainy     20
           sunny     30
Name: data_1, dtype: int64
```

6.2.2 数据聚合

聚合是指任何能够从一组数据中产生标量值的数据转换过程。数据分组与数据聚合常常配合使用，前面已经介绍过一些常用的聚合运算，如 mean、count、min 以及 sum 等。除了这些外，还可以使用自己定义的聚合函数、调用分组对象上已经定义好的任何聚合函数。

1. agg()方法

当 groupby 对象被建立后，可以用 agg()方法对分组后的数据进行计算。该函数的语法格式为：

```
agg(func, axis = 0, * args, ** kwargs)
```

返回应用于每行或列的函数后的聚合结果，参数描述如表 6-7 所示。

表 6-7 agg()方法的参数描述

参　数	描　述
func	表示应用于每行或每列的函数
axis	代表操作的轴向，默认为 0(列)
args	传递给 func 的位置参数
kwargs	传递给 func 的关键字参数

使用 agg()方法对 Series 或 DataFrame 列的聚合运算包括调用诸如 mean()、std()之类的函数和使用自定义函数。如果直接或间接传入一组函数或函数名,得到的 DataFrame 的列就会以相应的函数命名。如果直接或间接传入的是一个由(name, function)元组组成的列表,则各元组的第一个元素就会被用作 DataFrame 的列名(可以将这种二元元组列表看作一个有序映射)。

续例 6.7

```
10:  print(CBDsaleGroupBy_key.agg(sum))
11:  fun_1 = ['mean','count']
12:  print(CBDsaleGroupBy_key.agg(fun_1))
13:  print(CBDsaleGroupBy_key.agg(['mean','count']))
14:  fun_2 = [('result_1','sum'), ('result_2','count')]
15:  print(CBDsaleGroupBy_key.agg(fun_2))
16:  print(CBDsaleGroupBy_key.agg([('result_1','sum'),('result_2','count')]))
```

【例题解析】

第 10 行通过将 agg()方法的 func 设置为 sum,计算了 CBDsaleGroupBy_key(按照'key'标签进行分组后的对象)中每组非 NA 值的累和。

第 11 行定义了一组函数 fun_1,其中包括均值函数和计数函数;第 12 行通过将 agg()方法的 func 设置为 fun_1,计算了 saleGroupBy_key 中每组非 NA 值的均值以及非 NA 值数量,并且将得到的 DataFrame 的列以"mean"和"count"命名。第 13 行采用直接传入一组函数的方式,实现了第 11～12 行相同的功能。

第 14 行定义了一组函数 fun_2,其中包括求和函数和计数函数;第 15 行通过将 agg()方法的 func 设置为 fun_2,计算了 saleGroupBy_key 中每组非 NA 值的累和以及非 NA 值数量,并且将得到的 DataFrame 的列以"result_1"和"result_2"命名。第 16 行采用直接传入一组元组的方式,实现了第 14～15 行相同的功能。

通过分组聚合可以很方便地对 CBD 店每种产品的销售数据进行一系列运算操作分析,例如,按照'key'标签进行分组后计算 saleGroupBy_key 中每组非 NA 值的累和后可以看出,在同样的时间内,Safety8 产品的销售数量较 Safety6 和 Safety7 更多一些,商家就可以根据销售情况及时调整货源供应计划。

【运行结果】

第 10 行的输出结果:

```
key
Safety6    10
Safety7    20
Safety8    50
Name: data_1, dtype: int64
```

第 12 行的输出结果:

```
           mean    count
key
Safety6    10      1
Safety7    10      2
```

```
          Safety8    10      5
```

第13行的输出结果：

```
          mean    count
key
Safety6    10      1
Safety7    10      2
Safety8    10      5
```

第15行的输出结果：

```
          result_1    result_2
key
Safety6    10          1
Safety7    20          2
Safety8    50          5
```

第16行的输出结果：

```
          result_1    result_2
key
Safety6    10          1
Safety7    20          2
Safety8    50          5
```

2. transform()方法

transform()方法的主要任务是自行生成具有其转换后值的数据框对象，该函数的计算结果和原始数据的形状保持一致。其语法格式为：

```
transform(func, axis = 0, *args, **kwargs)
```

参数描述与agg()方法类似，这里不再进行介绍。常常通过transform()方法将缺失值替换为组间平均值。接下来使用transform()方法对groupby对象进行变换。

例6.8 运用transform()通过对缺失值进行填充。

```
1:  import pandas as pd
2:  import numpy as np
3:  dict_sale = {
'key':['Safety6','Safety7','Safety7','Safety8','Safety8','Safety8','Safety8','Safety8'],
'data_1': [10,10,10,10,10,10,10,10],
'data_2': ['sunny','rainy','rainy','sunny','rainy','sunny','sunny','rainy'],
'sales':[2,4,np.NaN,6,4,np.NaN,6,8]
}
4:  df_sale = pd.DataFrame(dict_sale)
5:  print(df_sale.groupby('key').mean())
6:  f = lambda x:x.fillna(x.mean())
7:  print(df_sale.groupby('key').transform(f))
```

【例题解析】

第 1～2 行分别引入 pandas 和 numpy 库；第 3 行是在例 6.7 的基础上增加了对应产品的销量数据（即标签'sales'所在的行）得到 dict_sale。可以看出'sales'数据中存在缺失值。

第 4 行将 dict_sale 转化为 DataFrame 对象 df_sale。

第 5 行利用 groupby()方法将 df_sale 根据'key'标签分组后计算均值。

第 6 行利用 lambda 函数定义了一个利用均值填充缺失值的匿名函数 f。

第 7 行通过设置 transform()方法的参数为 f 实现将缺失值替换为组间平均值。

【运行结果】

第 5 行的输出结果：

```
         data_1  sales
key
Safety6    10     2.0
Safety7    10     4.0
Safety8    10     6.0
```

第 7 行的输出结果：

```
   data_1  sales
0    10     2.0
1    10     4.0
2    10     4.0
3    10     6.0
4    10     4.0
5    10     6.0
6    10     6.0
7    10     8.0
```

6.3　交叉分析

交叉分析法通常是用于分析两个变量之间的相互关系的一种基本数据分析法。在将数据集加载、融合、准备好之后，通常通过生成数据透视表、数据交叉表等进行交叉分析。

6.3.1　数据透视表

透视表(Pivot Table)是各种电子表格程序和其他数据分析软件中一种常见的数据汇总工具。它是一种可以对数据动态排布并且分类汇总的表格格式。进行交叉数据统计，可以利用数据透视表中行、列、中间计数项进行计算，方便快捷。

pandas 库中的 pivot_table()方法可以实现数据透视表创建，其语法格式为：

```
pandas.pivot_table(data, values = None, index = None, columns = None, aggfunc = 'mean', fill_
value = None, margins = False, dropna = True, margins_name = 'All')
```

参数描述如表 6-8 所示。

表 6-8 pivot_table()方法的参数描述

参数	描 述
data	表示创建表的数据,接收 DataFrame
values	表示指定想要聚合的数据字段名,默认使用全部数据,接收字符串。默认为 None
index	表示行分组键,接收 string 或 list。默认为 None
columns	表示列分组键,接收 string 或 list。默认为 None
aggfunc	表示聚合函数,接收 functions。默认为 mean
fill_value	替换缺失值 NaN
margins	表示添加行/列小计和总计,默认为 False
dropna	表示是否删掉全为 NaN 的列,接收 boolearn。默认为 False

例 6.9 试分析 CBD 店 1—3 月份每种产品的总销售量情况。

```
1:  import pandas as pd
2:  dict_CBDsale = {
            'key':['Safety6','Safety7','Safety7','Safety8','Safety8','Safety8','Safety8',
'Safety8'],
            'sales':[2,4,4,6,4,6,6,8],
            'month': ['Jan', 'Mar', 'Feb', 'Feb', 'Jan', 'Mar', 'Feb', 'Jan']}
3:  df_CBDsale = pd.DataFrame(dict_CBDsale)
4:  print(df_CBDsale.pivot_table(index = 'key',columns = 'month',aggfunc = 'sum'))
```

【例题解析】

从分析目的可知,从产品的月份和产品种类两个维度共同评价总销量。因此,可以运用数据透视表进行汇总分析。其中,透视表的行是产品种类,列是销售月份,行列相交单元即该月份该产品的总销量。

第 1 行引入 pandas 库。

第 2~3 行是进行数据准备。第 2 行利用 CBD 店 1—3 月每种产品的销售数据构建字典 dict_CBDsale。第 3 行将 dict_CBDsale 转换为 DataFrame 结构的数据 df_CBDsale。第 4 行利用 pivot_table()方法通过将行分组键设置为'key',列分组键设置为'month',聚合函数设置为'sum'得到三种产品与对应月份的销售数据分类表格,即数据透视表。

透视表中 1—3 月三种产品每个月的销售情况一目了然。产品 Safety6 仅在 1 月份有销售,产品 Safety7 在 2 月份和 3 月份有销售,并且销售量相当,产品 Safety8 在 1—3 月份均有销售,相比较 1 月和 2 月的销售量,3 月的销售量比较低。产品 Safety8 在三个月内始终是三个产品中销售量最好的。

【运行结果】

```
        sales
month   Feb    Jan    Mar
key
Safety6 NaN    2.0    NaN
Safety7 4.0    NaN    4.0
```

Safety8　　12.0　　12.0　　6.0

6.3.2　数据交叉表

交叉表(cross-tabulation,crosstab)是一种用于计算分组频率的特殊透视表。pandas库中的crosstab()函数可实现,其语法格式为:

```
pandas.crosstab(index, columns, values = None, rownames = None, colnames = None, aggfunc = None, margins = False, dropna = True, normalize = False)
```

参数描述如表6-9所示。

表6-9　crosstab()函数的参数描述

参　数	描　述
index	表示行索引键,接收string或list。无默认
columns	表示列索引键,接收string或list。无默认
values	表示聚合数据,接收array。默认为None
aggfunc	表示聚合函数,接收function。默认为None
rownames	表示行分组键名,无默认
colnames	表示列分组键名,无默认
dropna	表示是否删掉全为NaN的列,接收boolearn。默认为False
margins	表示结果集中会出现名为“ALL”的行和列
normalize	表示是否对值进行标准化,接收boolearn。默认为False

续例6.9

```
5:  print(pd.crosstab(df_CBDsale.key, df_CBDsale.month,margins = True))
```

【例题解析】

第5行利用crosstab()函数将行分组键设置为'key',列分组键设置为'month'得到三种产品与对应月份的销售频数,即数据交叉表。该例中将参数'margins'设置为'True'使得结果集中出现名为“All”的行和列的分项小计和总计。aggfunc采用默认值None,即没有聚合函数。

通过数据交叉表得到每种产品1—3月份销售的频数,通过该表可以看出,相比较而言,产品Safety8在1月和2月的销售频数比较高,结合数据透视表中该产品的销量情况,可以考虑适当在1月和2月增加产品库存。产品Safety6和Safety7在1—3月份销售频数较低,而且还存在较多的销售频数为0的情况,可以考虑适当地采取优惠活动促进产品销售。

【运行结果】

```
month    Feb   Jan   Mar   All
key
Safety6   0     1     0     1
Safety7   1     0     1     2
```

```
Safety8    2    2    1    5
All        3    3    2    8
```

6.4 参数估计及假设检验

在进行数据分析时,常常得不到总体数据。因此,需要通过对样本数据分析,利用参数估计或假设检验对总体情况进行推断。假设检验和参数估计是推断统计的两个组成部分。虽然都是利用样本对总体进行某种推断,但是两者进行推断的角度不同。参数估计讨论的是用样本统计量估计总体参数的一种方法,总体参数在估计前是未知的。而假设检验,则是对总体参数先提出一个假设,然后用样本信息去检验这个假设是否成立。

6.4.1 参数估计

在统计中,参数是用来描述总体特征的概括性数字度量,它是研究者想要了解的总体的某种特征值,如平均数、标准差等。统计量是用来描述样本特征的概括性数字度量。在实际进行数据分析时,总体数据的获取往往是比较困难的,总体参数一般也是未知的。

因此,需要利用总体的某个样本,通过样本统计量去估计总体参数。参数估计(Parameter Estimation)是用样本统计量去估计总体参数。例如,用样本均值估计总体均值,用样本方差估计总体方差等。设总体参数用符号 θ 表示,用于估计总体参数的统计量用 $\hat{\theta}$ 表示。以下参数估计的基本方法以单总体参数估计展开介绍。

参数估计的方法有点估计和区间估计两种。

1. 点估计

点估计(Point Estimate)就是用样本统计量 $\hat{\theta}$ 的某个取值直接作为总体参数 θ 的估计值,例如,用样本均值 $\bar{x}$ 作为总体均值 μ 的估计值,用样本方差 s^2 作为总体方差 σ^2 的估计值等。虽然在重复抽样条件下点估计的均值可望等于总体真值,但由于样本是随机的,抽出一个具体的样本得到的估计值很可能不同于总体真值。

在用点估计值代表总体参数值的同时还必须给出点估计的可靠性,也就是说,必须能说出点估计值与总体参数的真实接近的程度。但一个点估计的可靠性是由它的抽样标准误差来衡量的,这表明一个具体的点估计值无法给出估计的可靠性的度量,因此,就不能完全依赖于一个点估计值,而是围绕点估计值构造总体参数的一个区间,这就是区间估计。

2. 区间估计

区间估计(Interval Estimate)是在点估计的基础上,给出总体参数估计的一个区间范围,该区间通常由样本统计量加减估计误差得到。与点估计不同,进行区间估计时,样本统计量的抽样分布可以对样本统计量与总体参数的接近程度给出一个概率度量。

在区间估计中,由样本统计量所构造的总体参数的估计区间称为置信区间(Confidence Interval),其示意图如图 6-5 所示。其中,区间的最小值称为置信下限,最大值称为置信上限。置信区间的概率是在多次抽样得到的区间中大概有多少个区间包含参数的真值。一般地,如果将构造置信区间的步骤重复多次,置信区间中包含总体参数真值的次数所占的比例称为置信水平(Confidence Level),也称为置信度或置信系数(Confidence Coefficient)。

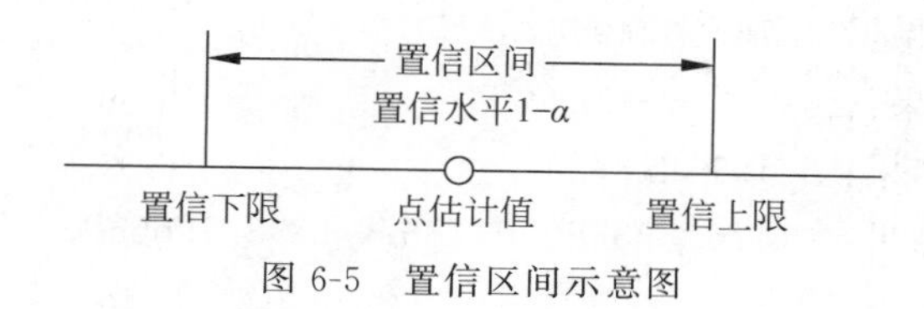

图 6-5　置信区间示意图

例 6.10　已知某种灯泡的寿命服从正态分布,现从一批灯泡中随机抽取 16 个,测得其使用寿命(单位：h)如下。

1510　1450　1480　1460　1520　1480　1490　1460
1480　1510　1530　1470　1500　1520　1510　1470

试建立该批灯泡平均使用寿命的 95%的置信区间。

```
1:  import numpy as np
2:  from scipy import stats
3:  BurningLife = np.array([1510, 1450, 1480, 1460, 1520, 1480, 1490, 1460,1480, 1510,
1530, 1470, 1500, 1520, 1510, 1470])
4:  mean_BurningLife = np.mean(BurningLife)
5:  print(mean_BurningLife)
6:  std_BurningLife = np.std(BurningLife, ddof = 1)
7:  print(std_BurningLife)
8:  len_BurningLife = len(BurningLife)
9:  print(len_BurningLife)
10:  sd_BurningLife = std_BurningLife/(np.sqrt(len_BurningLife))
11:  print(sd_BurningLife)
12:  CI_BurningLife = stats.t.interval(alpha = 0.95, df = len_BurningLife - 1, loc = mean
_BurningLife, scale = sd_BurningLife)
13:  print(CI_BurningLife)
```

【例题解析】

此处灯泡数据为小样本且总体方差未知,所以需要采用 t 分布$\left(t=\frac{\bar{x}-\mu}{s/\sqrt{n}}\sim t(n-1)\right)$建立总体均值的置信区间。

第 1 行引入 numpy 库;第 2 行表示从 Scipy 中引入统计建模分析的核心工具包 stats 模块。

第 3 行将样本数据存放在数组 BurningLife 中。第 4 行运用 mean()函数求样本均值;第 6 行运用 std()函数求样本方差;第 8 行运用 len()函数求样本个数。第 10 行通过 std_BurningLife/(np.sqrt(len_BurningLife))求抽样分布的标准差。

第 12 行运用 stats.t.interval()函数(即 t 分布)计算置信区间,其中,alpha 表示置信水平;df 表示自由度;t 分布的自由度为$(n-1)$,n 表示样本个数,即为(len_

BurningLife-1)；loc 表示样本均值，即为 mean_BurningLife，scale 表示均值标准差，即为 sd_BurningLife。

【运行结果】

第 5 行的输出结果：1490.0

第 7 行的输出结果：24.765567494675615

第 9 行的输出结果：16

第 11 行的输出结果：6.19139187367

第 13 行的输出结果：(1476.8033606044887, 1503.1966393955113)

6.4.2 假设检验

假设检验 (Hypothesis Testing)，也称为显著性检验，指通过样本的统计量判断与总体参数之间是否存在差异(差异是否显著)。事先对总体参数进行一定的假设，然后通过收集到的数据，来验证所提出的假设是否合理。在假设检验中，建立两个完全对立的假设，分别为原假设 H_0 与备择假设 H_1。然后，根据样本信息进行分析判断，是否拒绝原假设。假设检验基于“反证法”。

相对于假设而言，在一次观测或实验中几乎不可能发生的事情，称为小概率事件。小概率事件在一次实验中发生的概率称为显著性水平。

假设检验的基本原理就是观测小概率事件在假设成立的情况下是否发生，如果在一次实验中小概率事件发生了，说明该假设在一定的显著性水平下不可靠或不成立，从而拒绝假设；如果一次实验中小概率事件没有发生，只能说明没有足够理由相信假设是错误的，但是不能说明假设是正确的，因为在现有条件下无法收集所有的证据去证明它是正确的。

除了指定理论上的显著性水平 α 之外，在 Python 的大多数数据分析工具库中可以根据样本分布和样本数据自动计算出一个实际的显著性水平，通常称之为 P 值。P 值也具体指在检验过程中“当假设为真时却否定它而犯的错误”的概率。P 值越小越能否定原假设。

假设检验的一般步骤如下。

(1) 根据实际问题的要求，提出原假设和备择假设。通常情况下，把想要搜集证据去否定的结论作为原假设，用 H_0 表示；把想要搜集证据去支持的结论作为备择假设，用 H_1 表示。

(2) 确定理论的显著性水平 α，通常情况取 0.05，也可以取 0.1、0.001 等。此步骤为手工检验时常用的手段，在使用软件工具进行检验时可不指定 α。

(3) 根据已知条件和总体分布情况，在原假设成立的情况下，选择计算用于检验的统计量。

(4) 根据计算出来的统计量值对应的 P 值进行判定。

如果 $P \leqslant \alpha$，说明在显著性水平 α 条件下，原假设不成立，拒绝原假设，选择备择假设；如果 $P > \alpha$，说明在显著性水平 α 下，没有充分证据表明应当拒绝原假设。

本节仍以单总体假设为例，说明基于 Python 中不同分析工具库对总体均值、总体比例和总体方差等参数进行假设检验。不同的总体分布情况计算不同的统计量，检验所用的统计量的形式和步骤取决于所抽取样本的样本量大小。表 6-10 列出了在各种情况下所用的检验统计量和所使用的数据分析包以及函数。其中，σ 表示总体标准差，n 表示样本容量，$\bar{x}$、P、$S*$ 分别表示样本均值、样本比例和样本方差。μ_0、π_0 表示原假设成立时的总体均值、总体比例。

表 6-10 常用统计推断的统计量及其分布

检验类型	统计推断所用的统计量	抽样分布	Python 中方法
单样本均值 Z 检验	$Z=\frac{\bar{X}-\mu_0}{\sigma/\sqrt{n}}$	标准正态分布	Statsmodels 提供的类 DescrStatsW()和 ztest_mean()函数
单样本均值 t 检验	$t=\frac{\bar{x}-\mu_0}{S^*/\sqrt{n}}$	自由度为$(n-1)$的 t 分布	Statsmodels 提供的类 DescrStatsW()和 ttest_mean()函数
单样本比例检验	$Z=\frac{P-\pi_0}{\sqrt{\frac{\pi_0(1-\pi_0)}{n}}}$	标准正态分布	Statsmodels 的类 stats. proportions_ztest()函数

例 6.11 某专业往年的英语平均成绩为 76 分，2021 级某班的大学英语成绩如表 6-11 所示。问该班的成绩是否显著高于往年平均成绩？（设显著性水平 $\alpha=0.05$）。

表 6-11 某班级的大学英语成绩表

87	98	78	56	85	66	74	89	80	83	85	90	91
80	58	96	83	88	92	87	90	87	86	88	56	82

```
1:  import pandas as pd
2:  import statsmodels.api as sm
3:  EnglishGrade = pd.Series([87, 98, 78, 56, 85, 66, 74, 89, 80, 83, 85, 90, 91, 80, 58,
96, 83, 88, 92, 87, 90, 87, 86, 88, 56, 82])
4:  print(sm.stats.DescrStatsW(EnglishGrade[:]).ztest_mean(value = 76, alternative =
'larger'))
```

【例题解析】

第 1 行表示引入 pandas 模块。第 2 行表示引入 statsmodels 模块中的 statsmodels. api。其中，statsmodels 是 pandas 生态系统下统计与机器学习(Statistics and Machine Learning)下的一个库，主要是偏传统频率学派统计方法，statsmodels. api 是其中的一个主题，主要包括横截面模型和方法。

第 3 行将表 6-11 中的数据转换为 DataFrame 结构的数据 EnglishGrade。第 4 行利用 sm. stats. DescrStatsW(data). ztest_mean(value, alternative)方法进行单样本均值 Z 检验。其中，data 表示样本数据；value 表示总体的均值；alternative 表示备择假设的类型，省略则表示默认符号为等号，其值为 two-sided(双尾)，而"larger"和"smaller"分别表示备择假设符号为大于和小于。

在第 4 行输出结果的第一个值为根据样本数据计算的 Z 统计量，第二个值为该统计量

对应的 P 值。结果表明，在给定的理论显著性水平 $\alpha=0.05$ 的条件下，P 值$=0.03<0.05$，因此拒绝原假设，即该班级的大学英语成绩显著高于往年成绩。

【运行结果】

(2.7287382895778634, 0.003178856905036095)

6.5 相关分析

现实世界任何事务之间都存在或多或少的必然联系，数据之间也不例外。数据之间的关系往往体现为相互依存的相关性，而这种关系人们可以根据数据本身的特征和自身经验进行大概的判定。

相关关系根据其分析方法和处理对象不同，可以分为简单相关关系、偏相关关系和非参数相关关系等，本节将对这些分析过程进行详细介绍。此外，相关分析根据相关关系表现形式的不同，又可以分为线性相关分析和非线性相关分析，本节主要介绍线性相关的内容和分析过程。

6.5.1 简单相关分析

简单相关分析主要分析两个变量之间相互依存的关系。可以通过绘制两个变量之间散点图进行分析；也可以通过统计分析的方法，计算相关系数，利用相关系数的符号和大小来判定相关关系的方向和强弱。

1. 用散点图描述相关关系

利用散点图可以描绘出两个变量的相互影响状况。选定两个分析的变量，把其中任意一个变量指定为二维坐标轴的横轴，另一个变量指定为纵轴，根据两个变量的每一对数值在二维坐标轴上描点，所有点在一起形成了散点图。根据散点图的不同表现情形，主要有以下几种类型，如图 6-6 所示。

图 6-6(a)和图 6-6(b)表示了两个变量之间的函数关系，而且这种关系是线性的，可以用一条直线方程来描述两个变量之间一一对应的严格关系。图 6-6(a)表示随着一个变量的增加(减少)，另一个变量对应地也增加(减少)，这种同增同减的情况被称为"正相关"；与之相对地，图 6-6(b)描绘的是一个变量的增加(减少)，另一个变量减少(增加)，这种反向变动的情况被称为"负相关"。图 6-6(c)描绘了变量之间的曲线相关关系，变量之间的变动关系随着曲线的形式发生，但是这种变动关系同样不能用严格的数学函数表示。图 6-6(d)和图 6-6(e)分别描述的是正线性相关和负线性相关关系。在这两个图中，只能够看到两个变量变动情况的趋势是直线的，与 6-6(a)和 6-6(b)相比，二者之间的变动不能够用直线方程严格对应。在图 6-6(f)中，基本上看不出两个变量之间有相互依存的关系。

根据散点图描述相关关系比较简单和直观，但是如果要对相关关系进一步分析和下结论，只用图形描述就显得主观性比较强。因此，还可以使用相关关系的测度指标——相关系数来衡量变量之间的相互依存关系。

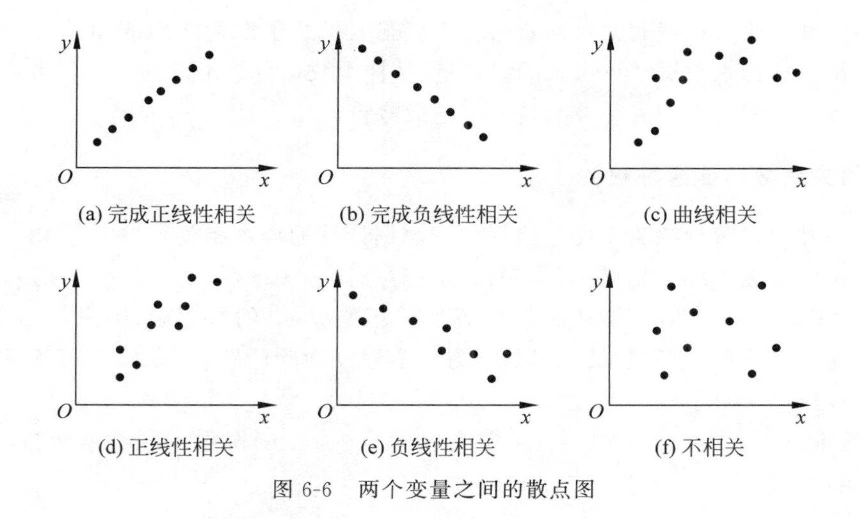

图 6-6 两个变量之间的散点图

2. 用相关系数测度相关关系

相关系数是描述线性相关程度和方向的统计量，根据样本数据计算的相关系数通常用字母 r 表示（r 也可称为样本相关系数）。r 的正负符号表示相关关系的方向，r 的绝对值大小表示相关关系的强弱程度。

设有两个变量分别是 x 和 y，根据样本计算相关系数的方法主要采用 Pearson 提出的方法，即 Pearson 相关系数，如式(6-5)所示。

$$r=\frac{\sum(x-\bar{x})(y-\bar{y})}{\sqrt{\sum(x-\bar{x})^2\cdot\sum(y-\bar{y})^2}}=\frac{x\text{ 与 }y\text{ 的协方差}}{x\text{ 标准差与 }y\text{ 标准差的乘积}} \tag{6-5}$$

如果两个变量之间的正向关系可用线性函数表示，则相关系数 $r=+1$，表示完全正线性相关；如果两个变量之间的负向关系可用线性函数表示，则相关系数 $r=-1$，表示完全负线性相关。相关系数 r 的取值范围为$[-1,+1]$。除了以上两种情况，还有三种情况：①$r<0$，表示负线性相关；②$r>0$，表示正线性相关；③$r=0$，表示不存在线性关系。注意：当 $r=0$ 时，只是表示线性关系不存在，但变量之间可能存在其他形式的相关关系（如曲线关系）。

此外，$|r|$的大小可以根据经验，表示不同程度的线性相关关系：①$|r|<0.3$，表示低度线性相关；②$0.3\leqslant|r|<0.5$，表示中低度线性相关；③$0.5\leqslant|r|<0.8$，表示中度线性相关；④$0.8\leqslant|r|<1.0$，表示高度线性相关。

在 Python 中，pandas 的 DataFrame 实例对象本身的 corr()函数可以直接计算 pearson 简单相关系数以及 spearman、kendall 等非参数相关系数，其语法格式为：

```
DataFrame.corr(method = 'pearson')
```

参数 method 表示计算相关系数的方法，包括 pearson(默认)，kendall 和 spearman。其中，pearson 表示标准相关系数，kendall 表示 Kendall Tau 相关系数，spearman 表示 Spearman 秩相关系数。该函数主要计算列的成对相关性，不包括 NA/null 值。

上述这种对相关程度的大致判断只是从状态上描述了变量之间的相关关系,但是相关系数 r 是根据样本数据计算出来的统计量,从样本数据分析出来的相关关系,是否能够反映总体呢?这需要对相关系数的显著性进行检验。

3. 相关系数的显著性检验

相关系数的显著性检验主要是根据样本数据计算的样本相关系数 r,利用 t 统计量,根据 r 服从自由度为$(n-2)$的 t 分布的假设,对总体相关系数(通常用 ρ 表示)是否等于0进行假设检验。如果在一定的显著性水平下,拒绝 $\rho=0$ 的原假设,则表示样本相关系数 r 是显著的。因此,该问题又可以归结为一个假设检验问题,其原假设和备择假设是:$H_0: \rho=0, H_1: \rho\neq0$。

在 Python 中,常使用 scipy. stats 模块中的 pearsonr()函数对相关系数进行显著性检验,其语法格式为:

```
stats.pearsonr(x,y)
```

其中,参数 x 和 y 为相同长度的两组数据;返回值 r 是相关系数,范围为$[-1,1]$;p-value 表示 p 值。

该问题假设检验的过程方法,与 7.4.2 节中的过程一致。相关系数显著性的检验也可适用于本章后面介绍的其他相关分析方法。

例 6.12 某高校为了评价在线自主学习的学习时长对成绩的影响,收集了学生们的学习时长、成绩的数据如表 6-12 所示。试运用这些数据分析学习时长与成绩的相关性。

表 6-12 学习时长与成绩表

学习时长	0.5	0.75	1	1.25	1.5	1.75	1.75	2	2.25	2.5	2.75	3	3.25	3.5	4	4.25	4.5	4.75	5	5.5
成绩	10	22	13	43	20	22	33	50	62	48	55	75	62	73	81	76	64	82	90	93

```
1:  import pandas as pd
2:  import matplotlib.pyplot as plt
3:  from scipy import stats
4:  from pylab import mpl
5:  mpl.rcParams['font.sans-serif'] = ['SimHei']
6:  mpl.rcParams['axes.unicode_minus'] = False
7:  time_grade = pd.DataFrame({
'学习时长': [0.50, 0.75, 1.00, 1.25, 1.50, 1.75, 1.75, 2.00, 2.25, 2.50, 2.75, 3.00,
3.25, 3.50, 4.00, 4.25, 4.50, 4.75, 5.00, 5.50],
'分数':[10, 22, 13, 43, 20, 22, 33, 50, 62,48, 55, 75, 62, 73, 81, 76, 64, 82, 90, 93]})
8:  plt.title("学习时长与分数相关性分析")
9:  plt.scatter(time_grade['学习时长'],time_grade['分数'])
10: plt.xlabel("学习时长")
11: plt.ylabel("分数")
12: plt.show()
13: print(stats.pearsonr(time_grade['学习时长'], time_grade['分数']))
```

【例题解析】

预分析学习时长与成绩的相关性，首先绘制学习时长（小时/天）与成绩（分）构成的散点图，直观地判断一下两者的关系；然后，计算二者之间的相互关系；最后，进行相关系数的显著性检验。

第1～6行引入该例所需的模块。第7行利用DataFrame结构存储学习时长与成绩。第8～12行利用scatter()函数画出了二者的散点图。第13行运用stats.pearsonr()函数进行相关系数的显著性检验。

通过图6-7的散点图可以看出，随着学习时长的增加，成绩也处于增长的趋势，大致呈现线性相关。从相关系数的显著性检验的结果可以看来，上述两个变量的相关系数为0.92，显著性检验的P值几乎为0，即学习时长与成绩存在显著的高度正线相关性。

【运行结果】

第12行的输出结果如图6-7所示。

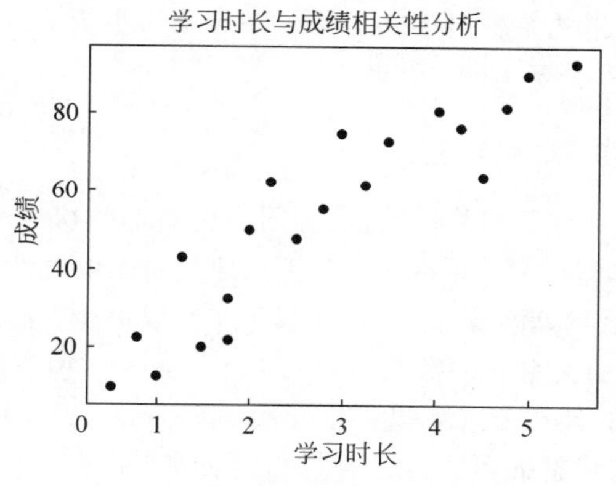

图6-7　学习时长与成绩的散点图

第13行的输出结果：(0.9239852119728442, 6.093364570214365le-09)

6.5.2　偏相关分析

简单相关分析有时不能够真实反映现象之间的关系。例如，学生的成绩在各种评优评先中均会产生一定的影响。因此，在研究其他指标与学生自身的整体素质之间的相关关系时，会不知不觉地在变量之间加入成绩，对所研究的变量有影响，而这种影响由于相关关系的不可传递性，往往会得到错误的结论。

所以，在进行相关分析时往往要控制这种变量，剔除其对其他变量的影响之后，来研究变量之间的相关关系。这种剔除其他变量影响之后再进行相关分析的方法称为偏相关分析(Partial Correlation Analtsis)。

本节主要讨论一阶偏相关分析。即控制一个变量p，单纯分析x和y之间的相关关系。其计算公式如式(6-6)所示。其中，r_{xy}、r_{xp}、r_{yp}分别表示x和y之间、x和控制变量p之间、y和控制变量p之间的简单相关系数。

$$r_{xy,p}=\frac{r_{xy}-r_{xp}r_{yp}}{\sqrt{(1-r_{xp}^2)}\sqrt{(1-r_{yp}^2)}} \tag{6-6}$$

目前,在 Python 中还没有现成的函数可对偏相关系数进行计算,可以采用 scipy.stats 模块中的 pearsonr()函数分别计算出简单相关系数。然后将计算结果代入式(6-6)计算偏相关系数。

6.5.3 非参数相关分析

简单相关分析和偏相关分析广泛应用于定量数据或连续型数据的研究。需要考虑其他的方法对定性数据尤其是顺序数据进行相关分析。

在这种从数据值的次序入手,并借助非参数统计分析的思想中,次序在数列中代表了某个具体变量值的位置、等级或秩,因此这类相关分析通常称为非参数相关分析、等级相关分析或者秩相关分析,其计算的相关系数便是对应的非参数相关系数、等级相关系数或者秩相关系数。非参数相关系数计算方法较多,常见的主要有 Spearman、Kendall tau-b 和 Hoeffding's D 相关系数等。

1. Spearman 相关系数

Spearman 相关系数又称秩相关系数,是利用两变量的秩次大小做线性相关分析,对原始变量的分布不做要求,即该相关系数主要测度顺序变量间的线性相关关系,在计算过程中只考虑变量值的顺序而不考虑变量值的大小,属于非参数统计方法,适用范围要广些。

对于服从 Pearson 相关系数的数据也可计算 Spearman 相关系数,但统计效能要低一些。Pearson 相关系数的计算公式可以完全套用 Spearman 相关系数计算公式,但公式中的 x 和 y 用相应的秩次代替即可。其计算过程为:首先把变量值转换成在样本所有变量值中的排列次序,再利用 Pearson 方法求解转换后的两个变量对应的排列次序(Rank,即"秩"或等级)的相关系数。其具体计算公式如式(6-7)所示。其中,R_{x_i} 和 R_{y_i} 分别表示第 i 个 x 变量和 y 变量经过排序后的次序,$\bar{R}_x$ 和 $\bar{R}_y$ 分别表示 R_{x_i} 和 R_{y_i} 的均值。

$$r=\frac{\sum(R_{x_i}-\bar{R}_x)(R_{y_i}-\bar{R}_y)}{\sqrt{\sum(R_{x_i}-\bar{R}_x)^2\cdot\sum(R_{y_i}-\bar{R}_y)^2}} \tag{6-7}$$

2. Kendall tau-b 系数

该系数与 Spearman 相关系数作用类似,主要测度顺序变量间的线性相关关系,其计算过程中也是只考虑变量值的顺序而不考虑变量值的大小。

在 Kendall tau-b 系数计算过程中,除对数据进行排列顺序之外,还应当综合考虑该排序与变量值的具体情况,即

- 同序对:在两个变量上排列顺序相同的一对变量。
- 异序对:在两个变量上排列顺序相反的一对变量。

上述对子的数目简称为对子数,设 P 为同序对子数,Q 为异序对子数,T_x 为在 x 变量上是同序但在 y 变量上不是同序的对子数,T_y 为在 y 变量上不是同序的对子数,则 Kendall tau-b 系数如式(6-8)所示。该系数的取值范围与简单相关系数相同，即 $\tau_b \in [-1, +1]$。

$$\tau_b = \frac{P-Q}{\sqrt{(P+Q+T_x)(P+Q+T_y)}} \tag{6-8}$$

3. Hoeffding's D 系数

该系数主要用于测度顺序变量或具有等级水平变量间的线性相关关系，其具体计算公式如式(6-9)所示：

$$D = 30 \times \frac{(n-2)(n-3)D_1 + D_2 - 2(n-2)D_3}{n(n-1)(n-2)(n-3)(n-4)} \tag{6-9}$$

其中，$D_1 = \sum(Q_i - 1)(Q_i - 1)$；$D_2 = \sum(R_i - 1)(R_i - 2)(S_i - 1)(S_i - 2)$；$D_3 = \sum(R_i - 2)(S_i - 2)(Q_i - 1)$。$R_i$、$S_i$ 分别表示变量 x、y 的排列顺序；Q_i 表示 1 加上变量 x 和 y 的值均小于这两个变量中的第 i 个值时的个数，也称为双变量等级。

在 Python 中，可以用 pandas 的 DataFrame 实例对象本身的 corr()函数计算 Spearman 和 Kendall tau-b 非参数相关系数，corr()函数的介绍详见 6.5.1 节。也可以直接使用 scipy. stats 中的 spearmanr()、kendalltau()函数分别计算对应的非参数相关系数。其中，spearmanr()函数的语法格式为：

```
scipy.stats.spearmanr(a, b = None, axis = 0, nan_policy = 'propagate')
```

返回值为 correlation 和 pvalue。参数描述如表 6-13 所示。

表 6-13　scipy. stats. spearmanr()函数的参数描述

参数	描　述
a,b	b 是可选参数(默认为 None)。一或两个包含多个变量和观测值的一维或二维数组
axis	int 或 None，可选参数。如果 axis = 0(默认)，则每一列代表一个变量，在行中具有观察值。如果 axis = 1，则每行代表一个变量，列包含观察值。如果 axis = None，则两个数组都将被拆解
nan_policy	{'propagate','raise','omit'}，可选参数。定义当输入包含 nan 时如何处理。'propagate'(默认)：返回 nan；'raise'：抛出异常；'omit'：nan 值被忽略

kendalltau()函数的语法格式为：

```
scipy.stats.kendalltau(x, y, , nan_policy = 'propagate', method = 'auto')
```

返回值为 correlation 和 pvalue。参数描述如表 6-14 所示。

表 6-14　scipy. stats. kendalltau()函数的参数描述

参数	描　述
x,y	array_like，具有相同形状的排名数组。如果数组不是一维的，则将它们展平为一维的
nan_policy	{'propagate','raise','omit'}，可选参数。定义当输入包含 nan 时如何处理，同表 6-13
method	{'auto','asymptotic','exact'}，可选参数。定义用于计算 p-value 的方法

在Python中,Hoeffding's D相关系数还没有直接可以计算的函数,在实际的应用中可以采用通过公式代入的方式进行计算。

小结

本章主要介绍了基于Python的数据探索方法。

首先,介绍了基本统计描述,包括集中趋势、离散程度以及分布形状。其中,集中趋势中主要介绍了平均数、中位数、众数的特点及应用情况等;离散程度中主要介绍了极差、四分位差以及方差和标准差的特点、常用函数以及应用等;分布形状中主要介绍了偏态及其测度和峰态及其测度的特点。

其次,介绍了数据分组与聚合分析。其中,数据分组主要介绍了数据分组的步骤、操作以及运用groupby()函数实现数据分组。数据聚合主要从应用等方面介绍了Python中常用的聚合函数:agg()函数和transform()函数。

再次,介绍了一种常用于分析两个变量之间相互关系的基本数据分析法,即交叉分析。介绍了进行交叉分析时常用的数据透视表、数据交叉表,以及在Python中用于生成两个表格的函数:pivot_table()函数和crosstab()函数。

接下来,介绍了通过样本数据推断总体情况的参数估计和假设检验。其中,参数估计中介绍了点估计和区间估计两种方法的定义、原理、特点等;假设检验部分介绍了其定义、原理以及步骤等,并结合实例介绍了基于Python进行假设检验的一般情况。

最后,详细介绍了相关分析的常用知识以及知识的运用,主要包括简单相关分析、偏相关分析以及非参数相关分析。其中,简单相关分析中主要介绍了用图形描述相关关系、用相关系数测度相关关系以及相关系数的显著性检验。

习题

请从以下各题中选出正确答案(正确答案可能不止一个)。

1. 在进行数据的描述性分析时,统计量常从(　　)方面进行测量。

   A. 集中趋势　　B. 离散程度　　C. 分布性状　　D. 结构特征

2. 下列关于groupby()函数说法正确的是(　　)。

   A. groupby()函数能够实现分组聚合

   B. groupby()函数的结果能够直接查看

   C. groupby()是pandas提供的一个用来分组的方法

   D. groupby()函数是pandas提供的一个用来聚合的函数

3. 假设有一些地区的旅游景点评分数据,数据样例如表6-15所示。以下语句中可以输出表格所有数据中不同地区不同类型的评分数据平均值的是(　　)。

表 6-15 数据样例

地区	类型	评分(10分)
广州	自然景观	7
三亚	温泉	8
成都	历史文化	8
三亚	主题乐园	7
张家界	科技教育	6
秦皇岛	滨海	8
……	……	……

A. print(df["评分"].groupby(df["地区"],df["类型"]).mean())
B. print(df["评分"].groupby([df["地区"],df["类型"]]).mean())
C. print(groupby([df["地区"],df["类型"]])df["评分"].mean())
D. print(groupby([df["地区"],df["类型"]])(df["评分"]).mean())

4. 以下代码中第3行主要实现的功能为(　　)。

```
1: import pandas as pd:
2: A = pd.DataFrame([[1.68,2300,'city','Yes'],
                     [1.13,1293,'city','Yes'],
                     [20.56,3732,'Province','Yes'],
                     [18.77,7185,'Province','No'],
                     [72,560,'Province','No']],
                     columns = ['面积','人口数','行政级别','是否为一线城市'])
3: print(A.groupby(['行政级别','是否为一线城市']).agg(['mean','sum']))
```

A. 将DataFrame结构的数据A按照'行政级别'和'是否为一线城市'进行分组,在每个分组下分别按照求均值、总和进行聚合
B. 将DataFrame结构的数据A按照'行政级别'和'是否为一线城市'进行分组后,在每个分组下按照求均值进行聚合。将DataFrame结构的数据A按照'行政级别'和'是否为一线城市'进行分组后,在每个分组下按照求总和进行聚合
C. 将DataFrame结构的数据A按照'行政级别'进行分组后,在每个分组下按照求均值进行聚合。将DataFrame结构的数据A按照'是否为一线城市'进行分组后,在每个分组下按照求总和进行聚合
D. 将DataFrame结构的数据A按照'行政级别'进行分组后,在每个分组下按照求均值和总和进行聚合。将DataFrame结构的数据A按照'是否为一线城市'进行分组后,在每个分组下按照求均值和总和进行聚合

5. 在Python中,以下哪个函数具有计算分组频率的特殊透视表功能?(　　)
A. groupby()　　B. transform()　　C. crosstab()　　D. pivot_table()

6. 使用crosstab()函数制作交叉表用下列(　　)参数设置行索引键。
A. index　　B. raw　　C. values　　D. data

7. 有人说:鸢尾花的平均花瓣长度为3.5cm,至于说这种说法是否可靠需要进行假设检验(假设经过长期大量验证,鸢尾花花瓣长度总体的标准差为1.8cm)。所用的检验

类型为(　　),Python 中可以运用(　　)计算。(　　)

A. 单样本比例检验;Statsmodels 提供的类 DescrStatsW()和 ztest_mean()函数

B. 单样本均值 Z 检验;Statsmodels 提供的类 DescrStatsW()和 ztest_mean()函数

C. 单样本均值 t 检验;Statsmodels 提供的类 DescrStatsW()和 ttest_mean()函数

D. 单样本比例检验;Statsmodels 的类 stats. proportions_ztest()函数

8. 进行一个总体的参数检验时,用到的检验统计量主要有(　　)。

A. Z 统计量　　B. 正态统计量　　C. t 统计量　　D. 卡方统计量

9. 在一个总体均值的假设检验中,确定检验统计量,需要考虑的主要因素有(　　)。

A. 总体方差已知还是未知

B. 双侧检验还是单侧检验

C. 显著性水平的大小

D. 用于进行检验的是大样本还是小样本

E. 总体和样本的方差是否相等

10. 网站统计了客户收货天数和满意度结果,满意度最高为 5 分,如表 6-16 所示。针对该数据选用(　　)相关系数分析客户收货天数与满意度之间的关系最为合理。

表 6-16　客户收货天数和满意度表

收货天数/天	6	12	8	6	18	7	3	8	11	2	12	15	6	9	2	10	4	13	14	9	7	3	6	5	16	9	6	10	17
满意度	5	3	3	5	2	3.5	4	2.5	3	5	2.5	2	4	2	5	2	5	2	1.5	3	3	3.5	4	4.5	1	2.5	3.5	3	2

A. Spearman　　B. Kendall tau-b

C. Pearson　　D. Hoeffding's D

第 7 章

数据挖掘概述

【学习目标】

学完本章之后，读者将掌握以下内容。

- 什么是数据挖掘，数据挖掘的问题和任务。
- 分类分析的预备知识、解决分类问题的一般方法以及对分类器性能的评估方法。
- 关联分析中频繁项集、关联规则的挖掘以及关联模式的评估。
- 聚类分析的基础知识、常用方法以及聚类评估的主要任务。

数据收集和存储技术的快速进步使各组织机构可以积累海量的数据，我们已进入到了真正的数据时代。需要从这些海量数据中发现有价值的信息，把这些数据转换成有组织的知识。然而，从海量数据中提取有用的信息和知识具有巨大的挑战。数据挖掘技术将传统的数据分析方法与处理大量数据的复杂算法相结合，为探查和分析海量数据提供了令人振奋的机会。本章主要介绍数据挖掘方法解决的问题与任务，以及分类、关联分析和聚类分析的代表性方法。

7.1 什么是数据挖掘

数据挖掘是指在大型数据库中，自动地发现有用信息的过程。数据挖掘技术用来探查大型数据库，发现先前未知的有用模式，可以预测未来观测结果。例如，预测一位新的顾客是否会在一家百货公司消费 1000 元以上。并非所有的信息发现任务都被视为数据挖掘。例如，使用数据库管理系统查找个别的记录，或通过因特网的搜索引擎查找特定的 Web 页面，则是**信息检索**（Information Retrieval）领域的任务。虽然这些任务非常重要，可能涉及使用复杂的算法和数据结构，但是它们主要依赖传统的计算机科学技术和数据的明显特征来创建索引结构，从而有效地组织和检索信息。尽管如此，人们也在利用数据挖掘技术增强信息检索系统的能力。

在第1章曾讨论过数据挖掘的定义。数据挖掘是**数据库中知识发现**(Knowledge Discovery in Database, KDD)不可缺少的一部分,而KDD是将未加工的数据转换为有用信息的整个过程,如图7-1所示。该过程包括一系列转换步骤,是从数据的预处理到数据挖掘结果的后处理。

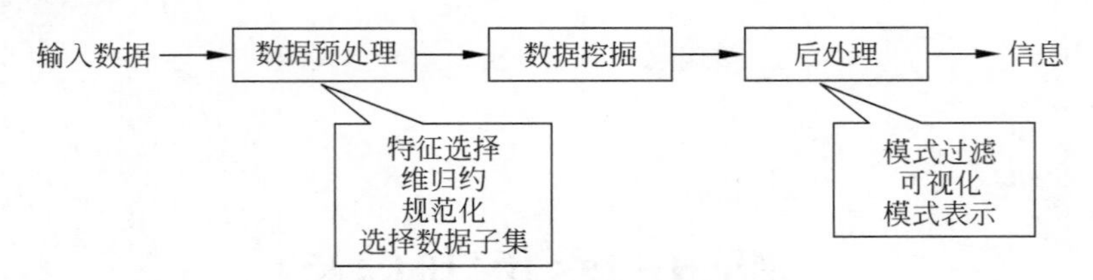

图7-1 数据库中知识发现(KDD)过程

输入数据可以以各种形式存储(平展文件、电子数据表或关系表),并且可以驻留在集中的数据库中,或分布在多个站点上。数据预处理在第6章介绍过,其目的是将未加工的输入数据转换成适合分析的形式。数据预处理涉及的步骤包括融合来自多个数据源的数据,清洗数据以消除噪声和重复的观测值,选择与当前数据挖掘任务相关的记录和特征。

"结束循环"(Closing the Loop)通常指将数据挖掘结果集成到决策支持系统的过程。例如,在商业应用中,数据挖掘的结果所揭示的规律可以结合商业活动管理工具,从而开展或测试有效的商品促销活动。这样的结合需要**后处理**(Postprocessing)步骤,确保只将那些有效的和有用的结果集成到决策支持系统中。后处理的一个例子是可视化,它使得数据分析者可以从各种不同的视角探查数据和数据挖掘结果。在后处理阶段,还能使用统计度量或假设检验,删除虚假的数据挖掘结果。

7.2 数据挖掘问题与任务

海量数据中存在数据丰富但信息贫乏的现象,这让传统的数据分析技术遇到困难,表现为以下五方面。

1. 可伸缩性

由于数据产生和收集技术的进步,数吉(10^9)字节、数太(10^{12})字节甚至数拍(10^{12})字节的数据集越来越普遍。如果数据挖掘算法要处理这些海量数据,则算法必须是可伸缩的(Scalable)。许多数据挖掘算法使用特殊的搜索策略处理指数级搜索问题。为实现可伸缩可能还需要实现新的数据结构,才能以有效的方式访问每个记录。例如,当要处理的数据不能放进内存时,需要非内存算法。使用抽样技术或开发并行和分布算法也可以提高可伸缩程度。

2. 高维性

现在,常常遇到具有成百上千属性的数据集,而不是几十年前常见的只具有少量属性的数据集。在生物信息学领域,微阵列技术的进步已经产生了涉及数千特征的基因表达数据。具有时间或空间分量的数据集也经常具有很高的维度。例如,考虑包含不同地区的温度测量结果的数据集,如果在一个相当长的时间周期内反复地测量,则维度(特征数)的增长正比于测量的次数。为低维数据开发的传统数据分析技术通常不能很好地处理这样的高维数据。此外,对于某些数据分析算法,随着维度(特征数)的增加,计算复杂性迅速增加。

3. 异种数据和复杂数据

通常,传统的数据分析方法只处理包含相同类型属性的数据集,或者是连续的,或者是分类的。随着数据挖掘在商务、科学、医学和其他领域的作用越来越大,越来越需要能够处理异种属性的技术。近年来,已经出现了复杂的数据对象。这些非传统的数据类型的例子有:含有半结构化文本和超链接的 Web 页面集、具有序列和三维结构的 DNA 数据、包含地球表面不同位置上的时间序列测量值(温度、气压等)的气象数据等。为挖掘这种复杂对象而开发的技术应当考虑数据中的联系,如时间和空间的自相关性、图的连通性、半结构化文本和 XML 文档中元素之间的父子联系。

4. 数据的所有权与分布

有时,需要分析的数据并非存放在一个站点,或归属一个机构,而是地理上分布在属于多个机构的资源中。这就需要开发分布式数据挖掘技术。分布式数据挖掘算法面临的主要挑战包括:如何降低执行分布式计算所需的通信量;如何有效地统一从多个资源得到的数据挖掘结果;如何处理数据安全性问题。

5. 非传统的分析

传统的统计方法基于一种假设-检验模式,即提出一种假设,设计实验来收集数据,然后针对假设分析数据。但是,这一过程劳力费神。当前的数据分析任务常常需要产生和评估数千种假设,因此需要自动地产生和评估假设,这促使人们开发了一些数据挖掘技术。此外,数据挖掘所分析的数据集通常不是精心设计的实验结果,并且它们通常代表数据的时机性样本(Opportunistic Sample),而不是随机样本(Random Sample)。而且,这些数据集常常涉及非传统的数据类型和数据分布。

通常,数据挖掘的任务分为两类:描述任务和预测任务。

- **描述任务**的目标是导出概括数据中潜在联系的模式(相关、趋势、聚类、轨迹或异常)。通常是探查性的,常常需要后处理技术验证和解释结果。
- **预测任务**的目标是根据其他属性的值,预测特定属性的值。被预测的属性一般称为目标变量或因变量,用来做预测的属性称为说明变量或自变量。

本章后面将主要讲解分类分析、关联分析和聚类分析三大任务及代表性方法。

7.3 分类分析

分类是预测建模中非常重要的一类任务,确定对象属于哪个预定义的目标类。分类问题是一个普遍存在的问题,有许多不同的应用。例如,根据电子邮件的标题和内容检查垃圾邮件,根据星系的形状对它们进行分类等。本节介绍分类的基本概念、解决分类问题的一般方法和一种代表性的分类技术——K 最近邻分类。

7.3.1 预备知识

分类任务的输入数据是记录的集合。每条记录也称为实例或样例,用元组(x,y)表示,其中,x 是属性的集合,而 y 是一个特殊的属性,指出样例的类标号(也称为分类属性或目标属性)。表 7-1 列出一个样本数据集,用来将脊椎动物分为以下几类: 哺乳类、鸟类、鱼类、爬行类和两栖类。属性集指明脊椎动物的性质,如体温、表皮覆盖、繁殖后代的方式、飞行的能力和在水中生存的能力等。表 7-1 中的属性主要是离散的,但是属性集也可以包含连续特征。另外,类标号必须是离散属性。

表 7-1 脊椎动物的数据集

名字	体温	表皮覆盖	胎生	水生动物	飞行动物	有腿	冬眠	类标号
人类	恒温	毛发	是	否	否	是	否	哺乳类
蟒蛇	冷血	鳞片	否	否	否	否	是	爬行类
鲑鱼	冷血	鳞片	否	是	否	否	否	鱼类
鲸	恒温	毛发	是	是	否	否	否	哺乳类
青蛙	冷血	无	否	半	否	是	是	两栖类
巨蜥	冷血	鳞片	否	否	否	是	否	爬行类
蝙蝠	恒温	毛发	是	否	是	是	是	哺乳类
鸽子	恒温	羽毛	否	否	是	是	否	鸟类
猫	恒温	软毛	是	否	否	是	否	哺乳类
豹纹鲨	冷血	鳞片	是	是	否	否	否	鱼类
海龟	冷血	鳞片	否	半	否	是	否	爬行类
企鹅	恒温	羽毛	否	半	否	是	否	鸟类
豪猪	恒温	刚毛	是	否	否	是	是	哺乳类
鳗	冷血	鳞片	否	是	否	否	否	鸟类
蝾螈	冷血	无	否	半	否	是	是	两栖类

分类任务是通过学习得到一个目标函数(Target Function) f,把每个属性集 x 映射到一个预先定义的类标号 y。目标函数也称分类模型(Classification Model),用于以下目的。

1. 描述性建模

分类模型可以作为解释性工具,用于区分不同类中的对象。例如,对于生物学家或者其他人,一个描述性模型有助于概括表 7-1 中的数据,并说明哪些特征决定一种脊椎动物是哺乳类、爬行类、鸟类、鱼类或者两栖类。

2. 预测性建模

分类模型还可以用于预测未知记录的类标号。如图 7-2 所示,分类模型可以看作一个黑箱，当给定未知记录的属性集上的值时，它自动地赋予未知样本类标号。例如，假设有一种叫作毒蜥的生物，其特征如表 7-2 所示。可以使用该表中的数据建立的分类模型来确定该生物所属的类。

输入属性集(x) ⟹ 分类模型 ⟹ 输出类标号(y)

图 7-2 分类器的任务是根据输入属性集 x 确定类标号 y

表 7-2 毒蜥的特征表

名字	体温	表皮覆盖	胎生	水生动物	飞行动物	有腿	冬眠	类标号
毒蜥	冷血	鳞片	否	否	否	是	是	?

分类技术非常适合预测或描述二元或标称类型的数据集，对于序数分类(例如，把人分类为高收入、中等收入或低收入组)，分类技术不太有效，因为分类技术不考虑隐含在目标类中的序关系。其他形式的联系，如子类或超类的关系(例如，人类和猿都是灵长类动物，而灵长类是哺乳类的子类)也被忽略。

7.3.2 解决分类问题的一般方法

分类技术是一种根据输入数据集建立分类模型的系统方法。分类法的例子包括决策树分类法、基于规则的分类法、神经网络、支持向量机和朴素贝叶斯分类法等。这些技术都是使用一种**学习算法**(Learning Algorithm)确定分类模型，该模型能很好地拟合输入数据中类标号和属性集之间的联系。学习算法得到的模型不仅要很好地拟合输入数据，还要能够正确地预测未知样本类标号的模型。

图 7-3 展示建立分类模型的一般方法。数据分类过程包括两个阶段，即学习阶段(构建分类模型)和分类阶段(应用模型预测给定数据的类标号)。

在第一阶段，建立描述预先定义的数据类的分类器。这是**学习阶段**(或训练阶段)，其中，分类算法通过分析或从训练集"学习"来构造分类器。**训练集**由数据库元组和与它们相关联的类标号组成。元组 X 用 n 维属性向量 $X=(x_1,x_2,\cdots,x_n)$表示，分别描述元组在 n 个属性 $A_1, A_2, \cdots, A_n$ 上 n 个度量，每个属性代表 X 的一个"特征"。假定每个元组 X 都属于一个预先定义的类，由一个称为类标号属性(Class Label Attribute)的数据库属性确定。构成训练数据集的元组称为训练元组，并从所分析的数据库中随机地选取。在谈到分类时，数据元组也称为样本、实例、数据点或对象。

由于提供了每个训练元组的类标号，这个阶段也称为**监督学习**(Supervised Learning)(即分类器的学习在被告知每个训练元组属于哪个类的"监督"下进行的)。它不同于**无监督学习**(或聚类)，每个训练元组的类标号是未知的，并且要学习的类的个数或集合也可能事先不知道。

分类的准确率如何？在第二阶段，使用模型进行分类。首先评估分类器的预测准确率。如果使用训练集来度量分类器的准确率，则评估可能是乐观的，因为分类器趋向于过分拟合(Overfit)该数据(即在学习期间，它可能包含训练数据中的某些特定的异常，这些

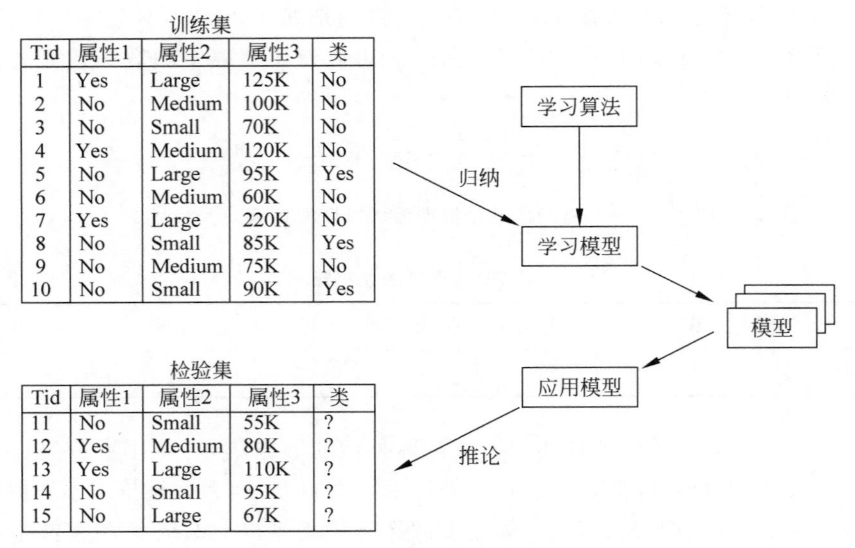

训练集

Tid	属性1	属性2	属性3	类
1	Yes	Large	125K	No
2	No	Medium	100K	No
3	No	Small	70K	No
4	Yes	Medium	120K	No
5	No	Large	95K	Yes
6	No	Medium	60K	No
7	Yes	Large	220K	No
8	No	Small	85K	Yes
9	No	Medium	75K	No
10	No	Small	90K	Yes

检验集

Tid	属性1	属性2	属性3	类
11	No	Small	55K	?
12	Yes	Medium	80K	?
13	Yes	Large	110K	?
14	No	Small	95K	?
15	No	Large	67K	?

图 7-3 建立分类模型的一般方法

异常不在一般数据集中出现)。因此,需要使用由检验元组和它们相关联的类别号组成的检验集。它们独立于训练元组,意指不适用它们的构造分类器。

分类器在给定检验集上的准确率是分类器正确分类的检验元组所占的百分比。每个检验元组的类标号与学习模型对该元组的类预测进行比较。如果认为分类器的准确率可以接受,那么可以用它对类标号未知的数据元组进行分类。

7.3.3 代表性方法之一:*K* 最近邻算法

有这样一个实例,小 C 打算在七夕节为女朋友筹备个烛光晚餐。说到烛光晚餐,自然是得有瓶好酒助兴。遗憾的是小 C 对酒实在没有什么研究,连最基本的酒的分类也说不清楚,所以需要借助分类的方法帮助小 C 了解酒的分类。本节将介绍 *K* 最近邻算法(*K*-Nearest Neighbors, KNN)的原理和它的基本应用,并用它来帮助小 C 对酒进行分类。

K 最近邻算法的原理,正如谚语"近朱者赤,近墨者黑"。想象一下,如果有一个数据集里面有一半是"朱"(图 7-4 中浅色的点),另一半是"墨"(图 7-4 中深色的点)。现在有了一个新的数据点,颜色未知,怎么判断它属于哪一个分类呢?

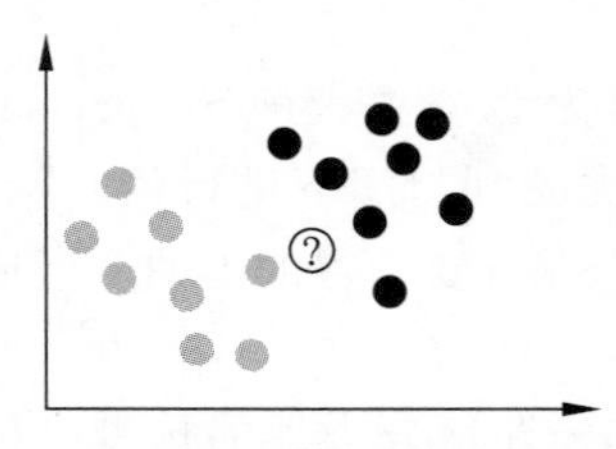

图 7-4 判断新数据点属于"朱"还是"墨"

对于 *K* 最近邻算法来说,这个问题就很简单:新数据点离谁最近,就和谁属于同类,从图 7-5 中可以看出,新数据点距离它 8 点钟方向的浅色数据点最近,那么这个新数据点被归为属于浅色分类。

看起来,*K* 最近邻算法真是够简单,如此轻松就完成了分类的工作。其实,刚才只是举的最简单例子,即选的最近邻数等于 1。但如果在模型训练过程中让最近邻数等于 1 的话，那么非常可能会犯“一叶障目，不见泰山”的错误。试想一下，万一和新数据点最近的数据恰好是一个测定错误的点呢？

所以需要增加最近邻的数量。例如，把最近邻数增加到 3，然后让新数据点的分类和 3 个当中最多的数据点所处的分类保持一致，如图 7-6 所示。

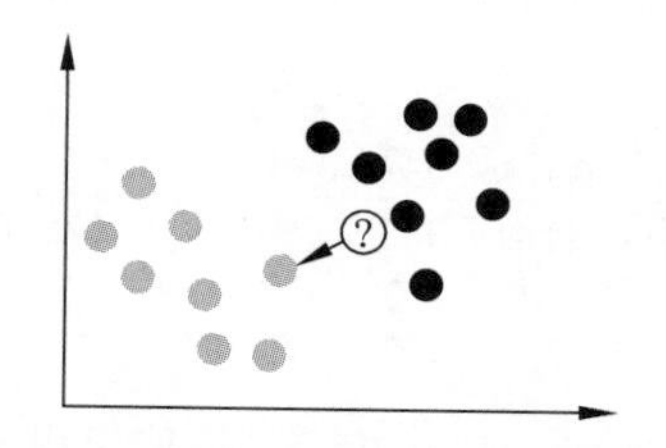

图 7-5　最近邻数等于 1 时的分类

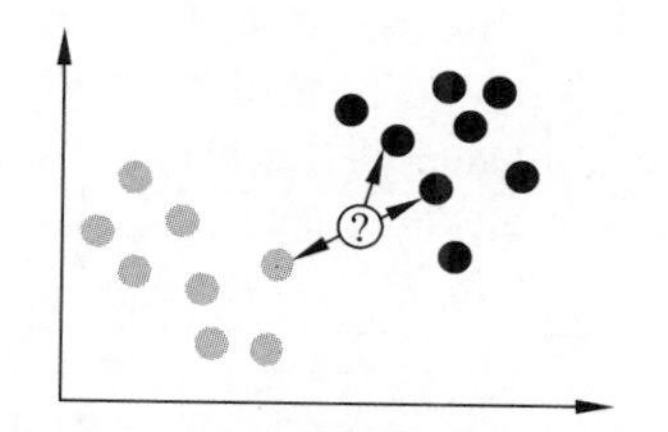

图 7-6　最近邻数等于 3 时的分类

从图 7-6 中可以看出，当令新数据点的最近邻数等于 3 的时候，也就是找出离新数据点最近的 3 个点，这时发现与新数据点距离最近的 3 个点中，有 2 个是深色，而只有 1 个是浅色。这样一来，K 最近邻算法就会把新数据点放进深色的分类当中。

以上即 K 最近邻算法在分类任务中的基本原理，实际上字母 K 的含义就是最近邻的个数。K 最近邻算法也可以用于回归，原理和其用于分类是相同的。当使用 K 最近邻回归计算某个数据点的预测值时，模型会选择离该数据点最近的若干训练数据集中的点，并且将它们的 y 值取平均值，并把该平均值作为新数据点的预测值。

Scikit-learn 是 Python 的一个开源机器学习模块，它建立在 NumPy，SciPy 和 Matplotlib 模块之上能够为用户提供各种机器学习算法接口，可以让用户简单、高效地进行数据挖掘和数据分析。K 最近邻算法在 scikit-learn 的 sklearn. neighbors 包之中，使用主要分为三步：创建 KNeighborsClassifier 对象；调用 fit(X，y)函数拟合分类模型；调用 predict(X)函数进行预测。其中，fit()函数中的参数 X 为训练集中的样本数据，y 为标签数据；predict()函数中的参数 X 为测试集中的样本数据。KNeighborsClassifier 类为：

```
class sklearn. neighbors. KNeighborsClassifier ( n _ neighbors = 5, weights = ' uniform',
algorithm = 'auto', leaf_size = 30, p = 2, metric = 'minkowski', metric_params = None, n_jobs
= None, ** kwargs)
```

其中参数描述如表 7-3 所示。

表 7-3　class sklearn. neighbors. KNeighborsClassifier()的参数描述

参数	描　述
n_neighbors	寻找的邻居数，默认是 5。也就是 K 值
weights	预测中使用的权重函数。可能的取值： ‘uniform’：统一权重，即每个邻域中的所有点均被加权。 ‘distance’：权重点与其距离的倒数，即查询点的近邻比远处的近邻具有更大的影响力。 [callable]：用户定义函数，该函数接收距离数组，并返回包含权重的相同形状的数组

续表

参数	描　　述
algorithm	用于计算最近邻居的算法： “ball_tree”将使用 BallTree； “kd_tree”将使用 KDTree； “brute”将使用暴力搜索； “auto”将尝试根据传递给 fit 方法的值来决定最合适的算法
leaf_size	叶子大小传递给 BallTree 或 KDTree。这会影响构造和查询的速度，以及存储树所需的内存，默认值为 30
p	Minkowski 距离的指标的功率参数。 当 p=1 时，等效于使用 manhattan_distance(l1)；当 p=2 时，即使用 euclidean_distance(l2)；其他任意 p，使用 minkowski_distance(l_p)。默认是 2
metric	树使用的距离度量。默认度量标准为 minkowski，p=2 表示标准欧几里得度量标准
metric_params	度量函数的其他关键字参数
n_jobs	并行计算数

接下来，就可以用 K 最近邻算法帮助小 C 对酒的分类进行建模。

例 7.1　使用 scikit-learn 内置的酒数据集来进行 K 最近邻算法的分类分析。

```
1:  from sklearn.datasets import load_wine
2:  from sklearn.model_selection import train_test_split
3:  from sklearn. neighbors import KNeighborsClassifier
4:  import numpy as np
5:  wine_dataset = load_wine ()
6:  print ("红酒数据集中的键：{}". format(wine_dataset.keys()))
7:  print('数据概况：{}'.format (wine_dataset['data'].shape))
8:  X_train, X_test, y_train,y_test = train_test_split(
wine_dataset['data'], wine_dataset['target'], random_state = 0)
9:  print('X_train shape:{}'.format (X_train.shape))
10: print('X_test shape:{}'.format(X_test.shape))
11: print('y_train shape:{}'. format(y_train.shape))
12: print('y_test shape:{}'.format(y_test.shape))
13: knn = KNeighborsClassifier(n_neighbors = 1)
14: knn.fit(X_train, y_train)
15: print('测试数据集得分：{:.2f}'.format(knn.score(X_test, y_test)))
16: X_new = np.array([[13.2,2.77,2.51,18.5,96.6,1.04,2.55,0.57,1.47,6.2,1.05,3.33,
820]])
17: prediction = knn.predict (X_new)
18: print ("预测新红酒的分类为：{}".format(wine_dataset['target_names'][prediction]))
```

【例题解析】

第 1～4 行表示引入所需的模块。

第 5～12 行在进行数据准备。为了了解数据集中的数据格式，第 5 行从 scikit-learn 的 datasets 模块中使用 load_wine 载入红酒的数据集，红酒的种类共有三类，即 class_0、 class_1、class_2。该数据集是一种 Bunch 对象，它包括键(keys)和数值(vlues)。

第 6 行输出红酒数据集中的键，即数据“data”，目标分类“target"，目标分类名称“target_ names”，数据描述“DESCR"，以及特征变量的名称“features_names”。为了了解数据大小，第 7 行运用 shape 属性输出了红酒数据集的形状，从输出结果看有 178 行 13 列数据。也就是说，该数据集中共有 178 个样本，每个样本有 13 个特征变量。

第 8 行使用 scikit-learn 中的 train_test_split()函数将红酒的数据集分为训练数据集和测试数据集，并返回划分好的训练集测试集样本和训练集测试集标签。其中，参数 random_state 可以为整数、0 或 None(默认)。若为整数时，每次生成的数据都为相同参数；若为 0，每次生成的伪随机数均不同；若为 None 时，每次生成的数据都是随机的，可能不一样。

为了了解 train_test_split()函数拆分后的情况，第 9～12 行分别打印了训练数据集中特征向量的形态、测试数据集中特征向量的形状、训练数据集中目标的形态以及测试数据集中目标的形状。划分的训练集共包含的样本数量为 133 个；测试集中共包含样本数量为 45 个。

第 13～18 行使用 K 最近邻算法对酒进行分类和预测。具体来说，第 13 行使用 KNeighborsClassifier()构建对象，并训练模型。这里指定了参数 n_neighbors 为 1，即寻找最近的邻居；其余参数保持默认。第 14 行运用 fit()方法基于划分好的训练数据 X_train，y_train 拟合模型。第 15 行运用 score()方法基于测试数据集对模型进行打分。从输出的结果可以看出，运用测试数据集训练的模型的得分为 0.76，即模型对于新的样本数据做出正确分类预测的概率是 76%。第 16 行将一瓶新酒的特征变量定义为 X_new。第 17 行运用建好的模型对新酒做出分类预测。最终，模型把新给出红酒的分类预测为 class_2。

【运行结果】

第 6 行的输出结果：

红酒数据集中的键：dict_keys(['data', 'target', 'frame', 'target_names', 'DESCR', 'feature_names'])

第 7 行的输出结果：数据概况：(178, 13)

第 9 行的输出结果：X_train shape：(133, 13)

第 10 行的输出结果：X_test shape：(45, 13)

第 11 行的输出结果：y_train shape：(133,)

第 12 行的输出结果：y_test shape：(45,)

第 15 行的输出结果：测试数据集得分：0.76

第 18 行的输出结果：预测新红酒的分类为：['class_2']

7.3.4　评估分类器性能的度量

建立了分类模型，就可以用建立的模型解决实际中的问题。然而，使用所建模型得到的预测结果是否是我们想要的，或者是否达到了一定的标准？这就需要对分类器的泛化能力进行评估。本节介绍一些评估度量，用来评估分类器预测元组类标号的性能或“准确率”。为方便理解,下面先以二分类问题为例介绍分类器的性能评价指标,然后再扩展到多分类问题上。

1. 二分类问题评价指标

先介绍一些基本术语。**正样本**,即感兴趣的主要类的元组,令 P 为正样本数。**负样本**,即其他元组,令 N 为负样本数。例如,以“判断垃圾邮件”为例,一封邮件是垃圾邮件则为正样本;否则为负样本。评价二分类模型性能,也引入了混淆矩阵的概念。混淆矩阵由如下两个维度构成:样本的实际标签和样本被模型预测出来的标签。

表 7-4 中两个维度下共有四种可能性。

表 7-4 二分类的混淆矩阵

	预测为正样本	预测为负样本	合 计
实际为正样本	True Positive (TP)	False Negative(FN)	P
实际为负样本	False Positive (FP)	True Negative (TN)	N
合计	P'	N'	$P+N=P'+N'$

- **真正例(True Positive, TP)**是指被分类器正确分类的正样本,即实际为正样本且预测为正样本,令 TP 表示真正例的个数。
- **真负例(True Negative, TN)**是指被分类器正确分类的负样本,即实际为负样本且预测为负样本,令 TN 表示真负例的个数。
- **假正例(False Positive, FP)**是被错误地标记为正样本的负样本,即实际为负样本且预测为正样本,令 FP 表示假正例的个数。
- **假负例(False Negative, FN)**是被错误地标记为负元组的正样本,即实际为正样本且预测为负样本,令 FN 表示假负例的个数。

如果预测的结果和实际的结果一致叫作真(True),如果预测和实际结果不一致叫作假(False)。在这四个可能情况里,有两个是预测正确的情况:TP 和 TN;两个是预测错误的情况:FP 和 FN。

接下来,介绍一些常用的评估度量。

1) 准确率(Accuracy)和错误率(Error Rate)

分类器在给定检验集上的准确率是被该分类器正确分类的元组所占的百分比,即 $\text{accuracy}=\dfrac{\text{TP}+\text{TN}}{P+N}$,反映分类器对各类元组的正确识别情况。与准确率相对的即为错误率,用(1－accuracy)表示,其中,accuracy 是准确率。也可以用公式 $\text{error rate}=\dfrac{\text{FP}+\text{FN}}{P+N}$计算。如果使用训练集(而不是检验集)来估计模型的错误率,则该量称为再带入误差(Resubstitution Error)。这种错误估计是实际错误率的乐观估计(类似地,对应的准确率也是乐观的),因为并未在没有见过的任何样本上对模型进行检验。

2) 灵敏性(Sensitivity)和特效性(Specificity)

灵敏度也称为真正例(识别)率(即正确识别的正样本的百分比),而特效性是真负例

率(即正确识别的负样本的百分比)。灵敏度定义为:

$$\text{sensitivity} = \frac{\text{TP}}{P} \tag{7-1}$$

特效性的定义为:

$$\text{specificity} = \frac{\text{TN}}{N} \tag{7-2}$$

可以证明准确率是灵敏性和特效性度量的函数:

$$\text{accuracy} = \text{sensitivity} \times \frac{P}{(P+N)} + \text{specificity} \times \frac{N}{(P+N)} \tag{7-3}$$

3) 精确度(Precision)和召回率(Recall)

精确度可以看作精确性的度量,即标记为正类的元组实际为正类所占的百分比,计算公式为:

$$\text{precision} = \frac{\text{TP}}{\text{TP}+\text{FP}} \tag{7-4}$$

召回率是完全性的度量,即所有的正样本标记为正的百分比,计算公式为:

$$\text{recall} = \frac{\text{TP}}{\text{TP}+\text{FN}} = \frac{\text{TP}}{P} \tag{7-5}$$

召回率即灵敏度。

4) F 度量

精度和召回率通常一起使用,用固定的召回率值比较精度,或用固定的精度比较召回率。另一种使用精度和召回率的方法是把它们组合到一个度量中。这是 F 度量(又称为 F_1 分数或 F 分数)和 F_β 度量的方法。

F 度量是精度和召回率的调和均值,赋予精度和召回率相等的权重,其计算公式为:

$$F = \frac{2 \times \text{precision} \times \text{recall}}{\text{precision} + \text{recall}} \tag{7-6}$$

F_β 度量是精度和召回率加权度量,赋予召回率权重是赋予精度的 β 倍。其定义为:

$$F_\beta = \frac{(1+\beta^2) \times \text{precision} \times \text{recall}}{\beta^2 \times \text{precision} + \text{recall}} \tag{7-7}$$

其中,β 是非负实数。通常使用的 F_β 是 F_2(它赋予召回率权重是精确度的 2 倍)和 $F_{0.5}$(它赋予精确度的权重是召回率的 2 倍)。

2. 多分类问题评价指标

假设多分类类别数目为 n。多分类场景下,可以将多分类问题简化为二分类问题即可得到类似二分类的混淆矩阵,如表 7-5 所示。例如,当观察某个类别 i 时,将其余的 $n-i$ 个类别看作二分类中的反例,这样就可以计算出类别 i 的 TP_i、FN_i、FP_i、TN_i。通过这种方法得到 n 个二分类的混淆矩阵,对 n 个二分类的混淆矩阵进行计算。

- $\text{TP}_i = T_i P_i$ 表示将真实分类 i 正确地预测为分类 i 的个数。
- $\text{TN}_i = \sum_{j=1, j\neq i}^{n} T_j P_j$ 表示将真实分类 j 正确地预测为分类 j 的个数。

- $\mathrm{FN}_i=\sum_{j=1,j\neq i}^{n} F_iP_j$ 表示将真实分类 i 错误地预测为分类 j 的个数。
- $\mathrm{FP}_i=\sum_{j=1,j\neq i}^{n} F_jP_i$ 表示将真实分类 j 错误地预测为分类 i 的个数。

其中,j 表示 n 个分类中,除分类 i 以外的剩余其他类别。

此时,如果混淆矩阵为正方形时,样本总数为 $\sum_{i=1}^{n}\mathrm{TP}_i+\sum_{i=1}^{n}\mathrm{FP}_i$(或者 $\sum_{i=1}^{n}\mathrm{TP}_i+\sum_{i=1}^{n}\mathrm{FN}_i$),而不是类似于二分类中的 $\mathrm{TP}_i+\mathrm{FN}_i+\mathrm{FP}_i+\mathrm{TN}_i$ 累加和。

表 7-5 多分类的混淆矩阵

真实分类	预测分类			
	1	2	…	n
1	T_1P_1	F_1P_2	…	F_1P_n
2	F_2P_1	T_2P_2	…	F_2P_n
…	…	…	…	…
n	F_nP_1	F_nP_2	…	T_nP_n

1) 准确率(Accuracy)和错误率(Error Rate)

在多分类问题中,准确率和错误率的公式分别为:

$$\text{accuarcy}=\frac{\sum_{i=1}^{n}\mathrm{TP}_i}{\sum_{i=1}^{n}\mathrm{TP}_i+\sum_{i=1}^{n}\mathrm{FP}_i} \tag{7-8}$$

$$\text{error rate}=\frac{\sum_{i=1}^{n}\mathrm{FP}_i}{\sum_{i=1}^{n}\mathrm{TP}_i+\sum_{i=1}^{n}\mathrm{FP}_i} \tag{7-9}$$

2) 宏平均(Macro-averaging)

宏平均是先在 n 个二分类的混淆矩阵上计算出查准率和查全率,再计算平均查准率和平均查全率。可见,macro 是基于类别的加权平均,每个类别的权重相同。

(1) macro 查准率:

$$\text{macro}-\mathrm{P}=\frac{1}{n}\sum_{i=1}^{n}P_i \tag{7-10}$$

其中,P_i 是正确地预测为类别 i 的样本数÷预测为类别 i 的样本总数,即

$$P_i=\frac{\mathrm{TP}_i}{\mathrm{TP}_i+\mathrm{FP}_i} \tag{7-11}$$

(2) macro 查全率:

$$\text{macro}-\mathrm{R}=\frac{1}{n}\sum_{i=1}^{n}R_i \tag{7-12}$$

其中，R_i 是指正确地预测为类别 i 的样本数÷类别 i 的实际样本数，即

$$R_i = \frac{\mathrm{TP}_i}{\mathrm{TP}_i + \mathrm{FN}_i} \tag{7-13}$$

（3）macro－F1：

① 基于 macro－P 和 macro－R 按照公式直接计算：

$$\text{macro} - \mathrm{F1} = \frac{2 \times \text{macro} - \mathrm{P} \times \text{macro} - \mathrm{R}}{\text{macro} - \mathrm{P} + \text{macro} - \mathrm{R}} \tag{7-14}$$

② 基于 P_i 和 R_i 的 $\mathrm{F1}_i$ 的平均：

$$\mathrm{F1}_i = \frac{2 \times P_i \times R_i}{P_i + R_i} \tag{7-15}$$

$$\text{macro} - \mathrm{F1} = \frac{1}{n} \times \sum_{i=1}^{n} \mathrm{F1}_i \tag{7-16}$$

3）微平均(Micro-ave)

先将 n 个二分类的混淆矩阵的四个元素进行平均，得到 $\overline{\mathrm{TP}} = \frac{1}{n}\sum_{i=1}^{n}\mathrm{TP}_i$、$\overline{\mathrm{FN}} = \frac{1}{n}\sum_{i=1}^{n}\mathrm{FP}_i$、$\overline{\mathrm{FP}} = \frac{1}{n}\sum_{i=1}^{n}\mathrm{FN}_i$、$\overline{\mathrm{TN}} = \frac{1}{n}\sum_{i=1}^{n}\mathrm{TN}_i$，然后再计算平均查准率和平均查全率。

（1）micro 查准率的定义为：

$$\text{micro} - \mathrm{P} = \frac{\overline{\mathrm{TP}}}{\overline{\mathrm{TP}} + \overline{\mathrm{FP}}} = \frac{\sum_{i=1}^{n}\mathrm{TP}_i}{\sum_{i=1}^{n}\mathrm{TP}_i + \sum_{i=1}^{n}\mathrm{FP}_i} \tag{7-17}$$

（2）micro 查全率的定义为：

$$\text{micro} - \mathrm{R} = \frac{\overline{\mathrm{TP}}}{\overline{\mathrm{TP}} + \overline{\mathrm{FN}}} = \frac{\sum_{i=1}^{n}\mathrm{TP}_i}{\sum_{i=1}^{n}\mathrm{TP}_i + \sum_{i=1}^{n}\mathrm{FN}_i} \tag{7-18}$$

（3）micro－F1 的定义为：

$$\text{micro} - \mathrm{F1} = \frac{2 \times \text{micro} - \mathrm{P} \times \text{micro} - \mathrm{R}}{\text{micro} - \mathrm{P} + \text{micro} - \mathrm{R}} \tag{7-19}$$

例 7.2　例 7.1 中，红酒的真实分类为 3 类(即 0、1、2)。根据例 7.1 中基于测试数据集得到的红酒分类结果，设红酒分类的混淆矩阵如表 7-6 所示。

表 7-6　基于红酒分类结果的混淆矩阵

	预测分类 0	预测分类 1	预测分类 2
真实分类 0	$T_0P_0=14$	$F_0P_1=1$	$F_0P_2=1$
真实分类 1	$F_1P_0=1$	$T_1P_1=17$	$F_1P_2=3$
真实分类 2	$F_2P_0=1$	$F_2P_1=4$	$T_2P_2=3$

试计算 micro 查准率、micro 查全率和 micro－F1。

【例题解析】

首先,计算 $\overline{\mathrm{TP}}=\frac{1}{n}\sum_{i=1}^{n}\mathrm{TP}_i$、$\overline{\mathrm{FN}}=\frac{1}{n}\sum_{i=1}^{n}\mathrm{FP}_i$、$\overline{\mathrm{FP}}=\frac{1}{n}\sum_{i=1}^{n}\mathrm{FN}_i$:

$$\overline{\mathrm{TP}}=\frac{1}{n}\sum_{i=1}^{n}\mathrm{TP}_i=\frac{1}{n}(T_0P_0+T_1P_1+T_2P_2)=\frac{1}{n}\times(14+17+3)=\frac{1}{n}\times 34$$

$$\begin{aligned}\overline{\mathrm{FP}}&=\frac{1}{n}\sum_{i=1}^{n}\mathrm{FP}_i=\frac{1}{n}(F_0P_1+F_1P_0+F_0P_2+F_2P_0+F_1P_2+F_2P_1)\\&=\frac{1}{n}\times(1+1+1+1+3+4)=\frac{1}{n}\times 11\end{aligned}$$

$$\begin{aligned}\overline{\mathrm{FN}}&=\frac{1}{n}\sum_{i=1}^{n}\mathrm{FN}_i=\frac{1}{n}(F_0P_1+F_0P_2+F_1P_0+F_1P_2+F_2P_0+F_2P_1)\\&=\frac{1}{n}\times(1+1+1+3+1+4)=\frac{1}{n}\times 11\end{aligned}$$

然后,计算 micro 查准率、micro 查全率和 micro-F1:

$$\mathrm{micro-P}=\frac{\overline{\mathrm{TP}}}{\overline{\mathrm{TP}}+\overline{\mathrm{FP}}}=\frac{\sum_{i=1}^{n}\mathrm{TP}_i}{\sum_{i=1}^{n}\mathrm{TP}_i+\sum_{i=1}^{n}\mathrm{FP}_i}=\frac{34}{34+11}=0.76$$

$$\mathrm{micro-R}=\frac{\overline{\mathrm{TP}}}{\overline{\mathrm{TP}}+\overline{\mathrm{FN}}}=\frac{\sum_{i=1}^{n}\mathrm{TP}_i}{\sum_{i=1}^{n}\mathrm{TP}_i+\sum_{i=1}^{n}\mathrm{FN}_i}=\frac{34}{34+11}=0.76$$

$$\mathrm{micro-F1}=\frac{2\times\mathrm{micro-P}\times\mathrm{micro-R}}{\mathrm{micro-P}+\mathrm{micro-R}}=\frac{2\times 0.76\times 0.76}{0.76+0.76}=0.76$$

当混淆矩阵为正方形时,有 micro-P=micro-R=micro-F1。

7.4 关联分析

关联分析(Association Analysis)用于发现隐藏在大型数据集中有意义的联系。所发现的联系可以用关联规则(Association Rule)或频繁项集的形式表示。想象你是某商场的销售经理,正在与一位刚在商店购买了笔记本电脑和手机的顾客交谈。你应该向他推荐什么产品?顾客在购买了笔记本电脑和手机之后频繁购买哪些产品,这种信息对推荐很有用。这种情况下,频繁模式和关联规则正是想要分析挖掘的知识。

频繁模式(Frequent Pattern)是频繁地出现在数据集中的模式(如项集、子序列或子结构)。例如,频繁地同时出现在交易数据集中的商品(如牛奶和面包)的集合是频繁项集。一个子序列,如首先购买了笔记本电脑,然后是手机,再后是内存卡,如果它频繁地出现在购物历史数据库中,则称它为一个(频繁的)序列模式。如果一个子结构频繁地出现,则称它为(频繁的)结构模式。对于挖掘数据之间的关联、相关性和许多其他有趣的联系,发现这种频繁模式起着至关重要的作用。

7.4.1 购物篮分析

频繁项集可以发现大型事务或关系数据集中项之间有趣的关联或相关性。随着大量数据不断地收集和存储，许多业界人士对从他们的数据库中挖掘这种模式越来越感兴趣。从大量事务记录中发现有趣的相关联系，可以为分类设计、交叉销售和顾客购买习惯分析等商务决策过程提供帮助。

频繁项集挖掘的一个典型例子是购物篮分析。该过程通过发现顾客放入他们“购物篮”中的商品之间的关联，分析顾客的购物习惯。这种关联的发现可以帮助零售商了解哪些商品频繁地被顾客同时购买，从而帮助他们制定更好的营销策略。例如，如果顾客在一次超市购物时购买了牛奶，他们有多大可能也同时购买面包(以及何种面包)。这种信息可以帮助零售商做选择性销售和安排货架空间，增加销售量。

下面看一个购物篮分析的例子。假定作为某部门经理，想更多地了解顾客的购物习惯。尤其是，想知道“顾客可能会在一次购物同时购买哪些商品”。为了回答问题，可以在商店的顾客事务零售数据上执行购物篮分析。分析结果可以用于营销规划、广告策划，或新的分类设计。例如，购物篮分析可以帮助设计不同的商店布局。一种策略是：经常同时购买的商品可以摆放近一些，以便进一步刺激这些商品同时销售。例如，如果购买计算机的顾客也倾向于同时购买 Office 软件，则将硬件摆放离软件陈列近一点，可能有助于增加这两种商品的销售。

另一种策略是：把硬件和软件摆放在商店的两端，可能诱发买这些商品的顾客一路挑选其他商品。例如，在决定购买了一台很贵的计算机后，去看软件陈列，购买 Office，途中看了打印机，还有可能决定买投影设备等。购物篮分析也可以帮助零售商规划什么商品降价出售。如果顾客趋向于同时购买计算机和打印机，则打印机的降价出售可能既促使购买打印机，又促使购买计算机。

如果购物篮数据用如表 7-7 所示的二元形式来表示，其中每行对应一个销售记录，而每列对应一个项。项可以用二元变量表示，如果项在销售记录中出现，则它的值为 1，否则为 0。因为，通常认为项在事务中出现比不出现更重要，因此项是非对称(Asymmetric)二元变量。或许这种表示是实际购物篮数据和其简单展现，因为这种表示忽略数据的某些重要方面，如所购商品的数量和价格等。

表 7-7 购物篮数据的二元 0/1 表示

TID	面包	牛奶	尿布	啤酒	鸡蛋	可乐
1	1	1	0	0	0	0
2	1	0	1	1	1	0
3	0	1	1	1	0	1
4	1	1	1	1	0	0
5	1	1	1	0	0	1

分析表 7-7 得到反映商品频繁关联或同时购买的购买模式。这些模式用关联规则

(Association Rule)的形式表示。例如,购买计算机也趋向同时购买 Office,则用以下关联规则表示:

$$\text{computer} \Rightarrow \text{Office}[\text{support}=2\%;\quad \text{confidence}=60\%] \tag{7-20}$$

规则的支持度(Support)和置信度(Confidence)是规则兴趣度的两种度量。它们分别反映所发现规则的有用性和确定性。关联规则的支持度为 2%,意味着所分析的所有销售记录数据中的 2%显示计算机和 Office 被同时购买。置信度 60%意味着购买计算机的顾客 60%也购买了 Office。在典型情况下,如果关联规则满足最小支持度阈值和最小置信度阈值,则该规则被认为是有趣的。这些阈值可以由用户或领域专家设定。

7.4.2 频繁项集和关联规则

设 $I=\{I_1, I_2, \cdots, I_m\}$是项的集合,数据集 D 中每条记录 T 是一个非空项集,使得 $T\subseteq I$。每一个记录都有一个标识符,称为 TID。设 A 是一个项集,事务 T 包含 A,当且仅当 $A\subseteq T$。关联规则是形如 $A\Rightarrow B$ 的蕴含式,其中,$A\subset I$,$B\subset I$,$A\neq\varnothing$,$B\neq\varnothing$,并且 $A\cap B=\varnothing$。规则 $A\Rightarrow B$ 在数据集 D 中成立,具有支持度 s,其中,s 是 D 中包含 $A\cup B$ 的百分比,它是概率 $P(A\cup B)$。规则 $A\Rightarrow B$ 在 D 中具有置信度 c,其中,c 是 D 中包含 A 的事务同时也包含 B 的事务的百分比,即条件概率 $P(B|A)$。即

$$\text{support}(A\Rightarrow B)=P(A\cup B) \tag{7-21}$$

$$\text{confidence}(A\Rightarrow B)=P(B\mid A) \tag{7-22}$$

同时满足最小支持度阈值(Min_sup)和最小置信度阈值(Min_conf)的规则称为强规则。

项的集合称为项集。包含 k 个项的项集称为 k 项集。集合{computer, Office}是一个 2 项集。项集的出现频度是包含项集的记录数,简称为项集的频度、支持度计数或计数。如果项集 I 的支持度满足预先定义的最小支持度阈值,则 I 是频繁项集(Frequent Item)。

由式(7-22),有

$$\begin{aligned}\text{confidence}(A\Rightarrow B)=P(B\mid A)&=\frac{\text{support}(A\cup B)}{\text{support}(A)}\\&=\frac{\text{support\_count}(A\cup B)}{\text{support\_count}(A)}\end{aligned} \tag{7-23}$$

式(7-23)表明规则 $A\Rightarrow B$ 的置信度容易从 A 和 $A\cup B$ 的支持度计数推出。也就是说,一旦得到 A、B 和 $A\cup B$ 的支持度计数,则可以导出对应的关联规则 $A\Rightarrow B$ 和 $B\Rightarrow A$,并检查它们是否是强规则。因此,挖掘关联规则的问题归结为了挖掘频繁项集。

一般而言,关联规则的挖掘是一个两步的过程。

第一,**找出所有的频繁项集**。根据定义,这些项集的每一个频繁出现的次数至少与预定义的最小支持计数 min_sup 一样。

第二,**由频繁项集产生强关联规则**。根据定义,这些规则必须满足最小支持度和最小置信度。

7.4.3 基于 Python 的 Apriori 算法

Apriori 算法是一种发现频繁项集的基本算法。由 Agrawal 和 R. Srikan 于 1994 年

提出，为布尔关联规则挖掘频繁模式集的原创性算法。利用频繁项集性质的先验知识，通过逐层搜索的迭代方法，即用 k-项集探察 $(k+1)$ 项集，穷尽数据集中的所有频繁项集。具体来讲，通过扫描整个数据集，累计每个项的计数，并收集满足最小支持度的项，找到频繁项集 1-项集集合 L_1；然后，用 L_1 找到频繁 2-项集集合 L_2，接着用 L_2 找 L_3，如此下去，直到找不到频繁 k-项集。

例 7.3　基于表 7-8 购物篮数据使用 Apriori 算法寻找频繁项集。（最小支持度计数为 3，最小置信度为 1）。

表 7-8　购物篮数据

订单编号	购买的商品
1	牛奶，面包，尿布
2	可乐，面包，尿布，啤酒
3	牛奶，尿布，啤酒，鸡蛋
4	面包，牛奶，尿布，啤酒
5	面包，牛奶，尿布，可乐

【例题解析】

（1）算法的第一次迭代，每个项都是候选 1 项集的集合 C_1 的成员。扫描表 7-8 中所有的事务，对每个项的出现次数计数，如图 7-7(a)所示。

（2）假设最小支持度计数为 3，即 min_sup= 3（这里，谈论的是绝对支持度，因为使用的是支持度计数。对应的相对支持度为 3÷5= 60%）。可以确定频繁 1 项集的集合 L_1。它由满足最小支持度的候选 1 项集组成。在该例中，C_1 中的所有候选都满足最小支持度，如图 7-7(a)所示。

（3）为了找出 L_k，通过将 L_{k-1} 与自身连接产生候选 k 项集的集合。在这里，为了发现频繁 2 项集的集合 L_2，L_1 与 L_1 连接（即 $L_1 \times L_1$）产生候选 2 项集的集合 C_2。

（4）扫描购物篮中事务，累计 C_2 中每个候选项集的支持计数。

（5）然后，确定频繁 2-项集的集合 L_2，它由 C_2 中满足最小支持度的候选 2 项集组成，如图 7-7(b)所示。

（6）类似地，计算候选 3 项集的集合 C_3，并通过扫描购物篮中事务确定 L_3。L_3 中的元素由 C_3 中满足最小支持度的候选 3 项集组成，如图 7-7(c)所示。

（7）如上计算候选 4 项集的集合 C_4，已没有新的频繁项集产生，即 $C_4=\varnothing$，算法终止。

因此，频繁 1-项集 L_1=｛牛奶，面包，尿布，啤酒｝、频繁 2-项集 L_2=｛｛牛奶，面包｝，｛牛奶，尿布｝，｛面包，尿布｝，｛尿布，啤酒｝｝和 3-频繁项集 L_3=｛｛牛奶，面包，尿布｝｝。

下面介绍如何根据频繁项集挖掘关联规则。一旦找到频繁项集，根据频繁项集得到关联规则就只差一步。根据式(7-23)，规则只要满足最小支持度和最小置信度就称为强规则。所以，产生关联规则需要以下三步。

（1）根据每个频繁项集，找到它所有的非空真子集。

（2）根据这些非空真子集，两两组成所有的候选关联规则。

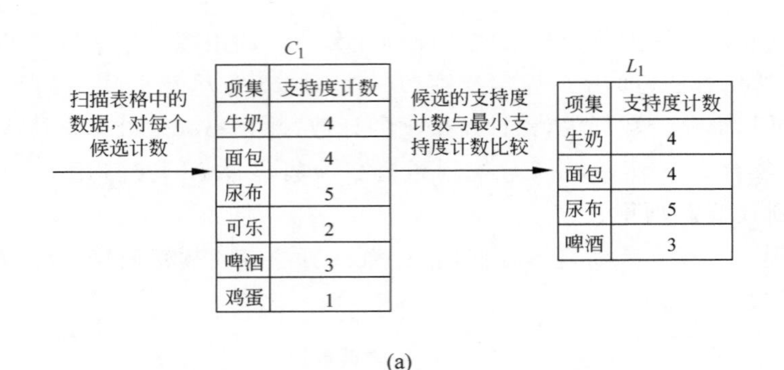

(a)

由L_1产生候选C_2

C_2

项集
{牛奶，面包}
{牛奶，尿布}
{牛奶，啤酒}
{面包，尿布}
{面包，啤酒}
{尿布，啤酒}

扫描表格中的数据，对每个候选计数

C_2

项集	支持度计数
{牛奶，面包}	3
{牛奶，尿布}	4
{牛奶，啤酒}	2
{面包，尿布}	4
{面包，啤酒}	1
{尿布，啤酒}	3

候选的支持度计数与最小支持度计数比较

L_2

项集	支持度计数
{牛奶，面包}	3
{牛奶，尿布}	4
{面包，尿布}	4
{尿布，啤酒}	3

(b)

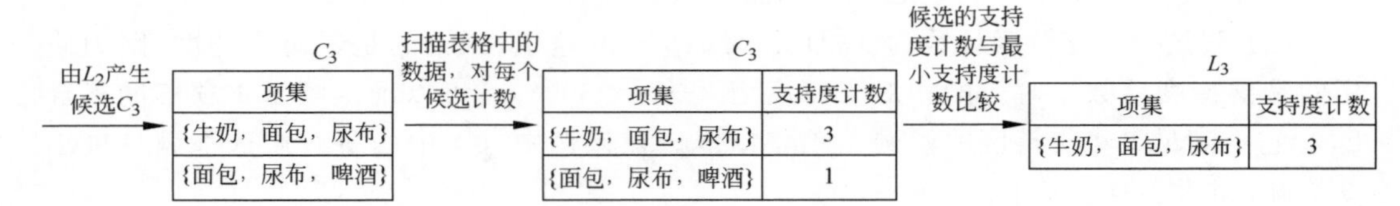

(c)

图 7-7 候选项集和频繁项集的产生(最小支持计数为 3)

(3) 计算所有候选关联规则的置信度，移除小于最小置信度的规则，得到强关联规则。

例 7.4 基于例 7.3 的频繁项集手工实现关联规则挖掘(最小支持度计数＝3，最小置信度＝1)。

【例题解析】

由于 1-频繁项集没有关联规则，所以图 7-8 中强关联规则的产生是从 2-频繁项集开始的。2-频繁项集 L_2＝{{牛奶，面包}，{牛奶，尿布}，{面包，尿布}，{尿布，啤酒}}。

当从 2-频繁项集 L_2{牛奶，面包}出发，其非空真子集有{牛奶}，{面包}，候选关联规则有牛奶⇒面包，面包⇒牛奶，它们的置信度分别是：

confidence(牛奶⇒面包)＝support({牛奶⇒面包})÷ support({牛奶})＝(3÷5) ÷(4÷5)＝0.75。由于小于最小置信度 1，故移除该条关联规则。

confidence(面包⇒牛奶)＝support({面包⇒牛奶})÷ support({面包})＝(3÷5) ÷

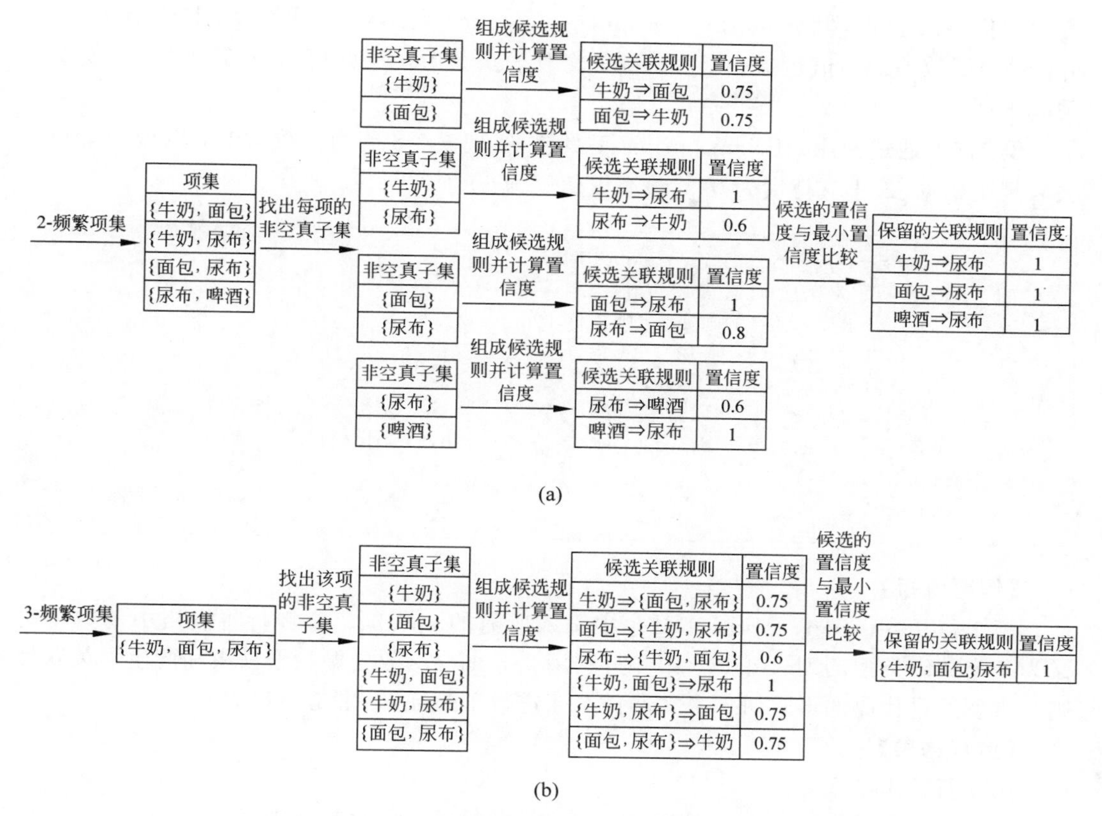

图 7-8 强关联规则的产生(最小置信度为 1)

(4÷5)=0.75，同上，移除该条关联规则。

当从 2-频繁项集 L_2{牛奶，尿布}出发，其非空真子集有{牛奶}，{尿布}，候选关联规则有牛奶⇒尿布，尿布⇒牛奶，它们的置信度分别是：

confidence(牛奶⇒尿布)=support({牛奶⇒尿布}) ÷ support({牛奶})=(4÷5) ÷ (4÷5)=1，其值等于最小置信度 1，故保留该条关联规则。

confidence(尿布⇒牛奶)=support({尿布⇒牛奶})÷support({尿布})=(3÷5) ÷ (5÷5)=0.6，其值小于最小置信度 1，故移除该条关联规则。

按照上述计算方法以此类推，从 2-频繁项集中的剩余项和 3-频繁项集中挖掘关联规则。最后，在最小支持度计数为 3，最小置信度为 1 的条件下得到的强关联规则有：牛奶⇒尿布，面包⇒尿布，啤酒⇒尿布，{牛奶，面包}⇒{尿布}。

可以使用 efficient-apriori 工具包使用 Apriori 算法。在终端(如 Windows 中的 anaconda prompt)输入“pip install efficient-apriori”进行安装。Efficient_apriori 包中有一个 apriori()函数，该函数的语法格式为：

```
apriori(data, min_support = 0.5, min_confidence = 0.5)
```

其中，data 表示数据集，是一个列表或元组；min_support 表示最小支持度，小于最小支持度的项集将被舍去,默认值为 0.5;min_confidence 表示最小可信度,默认值为 0.5。apriori()函数的返回值包括一个字典和一个列表。其中,字典中存储频繁项集,列表中是关联规则。

例 7.5 通过使用 efficient-apriori 工具包,实现表 7-8 购物篮数据中的频繁项集和强关联规则挖掘(最小支持度为 0.5,最小置信度为 1)。

```
1:  from efficient_apriori import apriori
2:  data = [('牛奶','面包','尿布'),
         ('可乐','面包', '尿布', '啤酒'),
         ('牛奶','尿布', '啤酒', '鸡蛋'),
         ('面包', '牛奶', '尿布', '啤酒'),
         ('面包', '牛奶', '尿布', '可乐')]
3:  itemsets, rules = apriori(data, min_support = 0.5, min_confidence = 1)
4:  print(itemsets)
5:  print(rules)
```

【例题解析】

第 1 行从 efficient_apriori 工具包中引入所需的 apriori。第 2 行将表格中的数据定义为一个数组类型的列表 data。第 3 行利用 apriori()函数挖掘频繁项集和产生强关联规则。本例通过代码的形式对例 7.3 和例 7.4 进行了验证,结果是一致的。

【运行结果】

第 4 行输出结果:

```
{1: {('牛奶',): 4, ('面包',): 4, ('尿布',): 5, ('啤酒',): 3},
 2: {('啤酒', '尿布'): 3, ('尿布', '牛奶'): 4, ('尿布', '面包'):
 4, ('牛奶', '面包'): 3},
 3: {('尿布', '牛奶', '面包'): 3}}
```

第 5 行输出结果:

```
[{啤酒} -> {尿布}, {牛奶} -> {尿布}, {面包} -> {尿布}, {牛奶, 面包} -> {尿布}]
```

7.4.4 关联模式的评估

由于真正的商业数据库的数据量和维数都非常大,很容易产生数以千计甚至数以百万计的模式,而其中很大一部分可能是不感兴趣的。筛选这些模式,识别最有趣的模式并非一项平凡的任务,因为"一个人的垃圾可能是另一个人的财富"。因此,建立一组广泛接受的评价关联模式质量的标准非常重要。

第一组标准可以通过统计论据建立。涉及相互独立的项或覆盖少量事务的模式被认为是不令人感兴趣的,因为它们可能反映数据中的伪关系。这些模式可以使用**客观兴趣度度量**(Objective Interestingness Measure)来排除,客观兴趣度度量使用从数据推导出的统计量来确定模式是否是有趣的。客观兴趣度度量的例子包括支持度、置信度和相关性。

第二组标准可以通过主观论据建立,即模式被主观地认为是无趣的,除非它能够揭示料想不到的信息或提供导致有益的行动的有用信息。例如，规则{黄油}→{面包}可能不是有趣的，尽管有很高的支持度和执行度，但是它表示的关系显而易见。另一方面，规则{尿布}→{啤酒}是有趣的，因为这种关系十分出乎意料，并且可能为零售商提供新的交叉销售机会。将主观知识加入到模式的评价中是一项困难的任务，因为需要来自领域专家的大量先验信息。

下面是一些将主观信息加入到模式发现任务中的方法。

- **可视化**(**Visualization**)。这种方法需要有好的环境，保持用户参与，允许领域专家解释和检验被发现的模式，与数据挖掘系统交互。
- **基于模板的方法**(**Template-based Approach**)。这种方法允许用户限制挖掘算法提取的模式类型。只把满足用户指定模板的规则提供给用户，而不是报告提取所有模式。
- **主观兴趣度度量**(**Subjective Interestingness Measure**)。主观度量可以基于领域信息来定义，如概念分层或商品利润等。然后，使用这些度量来过滤那些显而易见和没有实际价值的模式。

7.5 聚类分析

想象某公司的客户关系主管有5个经理为其工作。主管想把公司的所有客户组织成5组，以便可以为每组分配一个不同的经理。从策略上讲，想使每组内部的客户尽可能相似。此外，两个商业模式很不相同的客户不放在同一组。这种商务策略的意图是根据每组客户的共同特点，开发一些特别针对每组客户的客户联系活动。

与分类不同，每个客户的类标号是未知的，需要发现这些分组。考虑到大量客户和描述客户的众多属性，靠人研究数据，并且人工地将客户划分成有战略意义的组群的方法可能代价很大，甚至是不可行的，需要借助聚类。

聚类分析将数据划分成有意义或有用的组(簇)。簇内对象具有很高的相似性，但其他簇中的对象很不相似。如果目标是划分成有意义的组，则簇应当捕获数据的自然结构。然而，在某种意义下，聚类分析只是解决其他问题(如数据汇总)的起点。聚类作为一种数据挖掘工具已经植根于很多应用领域。本节主要介绍聚类分析的一些基本概念、最广泛使用的聚类算法之一——k 均值，以及如何进行聚类评估。

7.5.1 什么是聚类分析

聚类分析仅根据在数据中发现的描述对象及其关系的信息，将数据对象分组，每一组即一个簇。其目标是，组内的对象相互之间是相似的(相关的)，而不同组中的对象是不同的(不相关的)。组内的相似性(同质性)越大，组间差别越大，聚类就越好。

为了理解确定簇构造的困难性，考虑图7-9中的例子。该图显示了20个点和将它们划分成簇的3种不同方法。标记的颜色指示簇的隶属关系。图7-9(b)和图7-9(d)分别将数据划分成两部分和六部分。然而，将两个较大的簇都划分成三个子簇可能是人的视觉系统造成的假象。此外,说这些点形成四个簇(如图 7-9(c)所示)可能也不无道理。该图表明,相同的数据集上,不同的聚类方法可能产生不同的聚类。划分不是通过人,而是通过聚类算法进行的。聚类是有用的,因为它可能导致数据内事先未知的群组的发现。

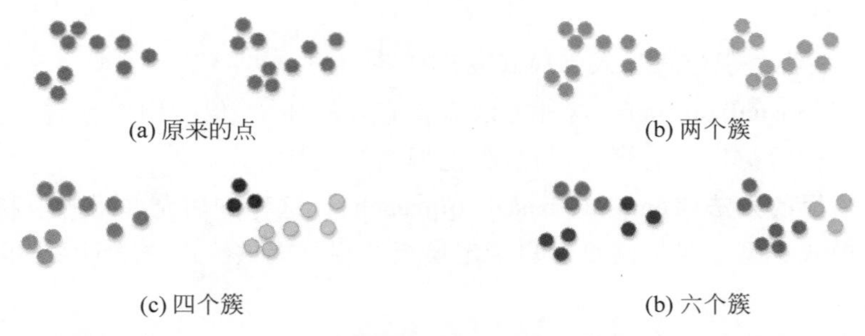

图 7-9 相同点集的不同聚类方法

聚类分析已经广泛地应用于许多领域,包括商务智能、图像模式识别、Web 搜索、生物学和安全。在商务智能应用中,聚类可以用于把大量客户分组,其中,组内的客户具有非常类似的特征。这有利于开发加强客户关系管理的商务策略。此外,考虑具有大量项目的咨询公司。为了改善项目管理,可以基于相似性把项目划分为不同类别,使得项目审计和诊断(改善项目提交和结果)更有效地实施。

在图像识别应用中,聚类可以在手写字符识别系统中用来发现簇或"子类"。假设有手写数字的数据集,其中每个数字标记为 1,2,3 等。人们写相同的数字可能存在很大差别。例如,数字"2",有些人写的时候可能在左下方带一个小圆圈,而另一些人不会如此。可以使用聚类确定"2"的子类,每个子类代表手写可能出现的"2"的变体。使用基于子类的多个模型可以提高整体识别的准确率。

在 Web 搜索中,也有很多聚类应用。例如,由于 Web 页面的数量巨大,关键词搜索常常会返回大量命中对象(即与搜索相关的网页)。可以用聚类将搜索结果分组,以简明、容易访问的方式提交这些结果。此外,已经开发出把文档聚类成主题的聚类技术,这些技术已经广泛地用在实际的信息检索中。

聚类分析也可以作为一种独立的工具,用来洞察数据的分布,观察每个簇的特征。另外,聚类分析可以作为其他算法(如特征化、属性子集选择和分类)的预处理步骤,之后这些算法将在检测到的簇和选择属性或特征上进行操作。

由于簇是数据对象的集合,簇内的对象彼此相似,而与其他簇的对象不相似,因此数据对象的簇可以看作隐含的类。在这种意义下,聚类有时又称为自动分类。再次强调,聚类可以自动地发现这些分组,这是聚类分析的突出优点。

7.5.2 基本的聚类方法

一般而言,基本聚类算法可以划分为以下几类,基本概览如表 7-9 所示。

表 7-9　聚类方法概览

方　　法	一般特点
划分方法	• 发现球形互斥的簇； • 基于距离； • 可以用均值或中心点等代表簇中心； • 对中小规模数据集有效
层次方法	• 聚类是一个层次分解(即多层)； • 不能纠正错误的合并或划分； • 可以集成其他技术，如微聚类或考虑对象“连接”
基于密度的方法	• 可以发现任意形状的簇； • 簇是对象空间中被低密度区域分隔的稠密区域； • 簇密度：每个点的“邻域”内必须具有最少个数的点； • 可能过滤离群点
基于网格的方法	• 使用一种多分辨率网格数据结构； • 快速处理(典型地，独立于数据对象数，但依赖于网格大小)

划分方法(Partitioning Method)：给定一个 n 个对象的集合，划分方法构建数据的 k 个分区，其中每个分区表示一个簇，并且 $k \leqslant n$。也就是说，它把数据划分为 k 个组，使得每个组至少包含一个对象。典型地，基本划分方法采取互斥的簇划分，即每个对象仅属于一个组。这一要求，例如在模糊划分技术中可以放宽。

大部分方法是基于距离的。给定要构建的分区数 k，首先创建一个初始划分。然后，采用一种迭代的重定位技术，通过把对象从一个组移动到另一个组来改进划分。一个好的划分的一般准则是：同一个簇中的对象尽可能相互“接近”或相关，而不同簇中的对象尽可能“远离”或不同。还有许多评判划分质量的其他准则。传统的划分方法可以扩展到空间聚类，而不是搜索整个数据空间。当存在很多属性并且数据稀疏时，这是有用的。

为了达到全局最优，基于划分的聚类需要穷举所有可能的划分，计算量极大。实际上，大多数应用都使用了流行的启发式方法，如 k 均值和 k 中心点算法，渐渐地提高聚类质量，逼近局部最优解。这些启发式聚类算法很适合发现小规模的数据库中的球状簇。

层次方法(Hierarchical Method)：层次方法创建给定数据对象集的层次分解。根据层次分解如何形成，层次方法可以分为凝聚的或分裂的方法。凝聚的方法，也称自底向上的方法，开始将每个对象作为单独的一个组，然后逐次合并相近的对象或组，直到所有的组合并为一个组(层次的最顶层)，或者满足某个终止条件。分裂的方法，也称为自顶向下的方法，开始将所有的对象置于一个簇中。在每次相继迭代中，一个簇被划分成更小的簇，直到最终每个对象在单独的一个簇中，或者满足某个终止条件。

层次聚类方法可以是基于距离的或基于密度的和连通性的。层次聚类方法的一些扩展也考虑了子空间聚类。

层次方法的缺陷在于，一旦一个步骤(合并或分裂)完成，它就不能被撤销。这个严格规定是有用的，因为不用担心不同选择的组合数目，它将产生较小的计算开销。然而，这种技术不能更正错误的决定。

基于密度的方法(Density-based Method)：大部分划分方法基于对象之间的距离进行

聚类。这种方法只能发现球状簇,而在发现任意形状的簇时遇到了困难。因此,出现了基于密度概念的聚类方法,其主要思想是:只要"邻域"中的密度(对象或数据点的数目)超过某个阈值,就继续增长给定的簇。也就是说,对给定簇中的每个数据点,在给定半径的邻域中必须至少包含最少数目的点。这样的方法可以用来过滤噪声或离群点,发现任意形状的簇。

基于密度的方法可以把一个对象集划分成多个互斥的簇或簇的分层结构。通常,基于密度的方法只考虑互斥的簇,而不考虑模糊簇。此外,可以把基于密度的方法从整个空间聚类扩展到子空间聚类。

基于网格的方法(Grid-based Method):基于网格的方法把对象空间量化为有限个单元,形成一个网格结构。所有的聚类操作都在这个网格结构(即量化的空间)上进行。这种方法的主要优点是处理速度很快,其处理时间通常独立于数据对象的个数,而仅依赖于量化空间中每一维的单元数。

7.5.3 代表性方法之一:*k* 均值

k 均值是最常用的基于划分的方法之一。*k* 均值方法使用簇的质心代表簇,将质心定义为簇内点的均值。*k* 均值方法的处理流程如下。

(1) 初始化。在 D 中随机地选择 k 个对象,每个对象代表一个簇的初始均值或中心。

(2) 指派。对剩下的每个对象,根据其与各个簇中心的距离,将它分配到最近的簇。

(3) 更新。改善簇的质心和质量。对于每个簇,使用上次迭代分配到该簇的对象,计算新的质心。

(4) 重新指派。使用更新后的均值作为新的簇中心,重新分配所有对象。

(5) 重复执行上面的(3)和(4),直到簇不发生变化,或等价地,直到质心不发生变化。

在"指派"中,需要邻近性度量来量化所考虑数据的"最近"概念。通常,对欧几里得空间中的点使用欧几里得距离(L_2),对文档用余弦相似性。然而,对于给定的数据类型,可能存在多种适合的邻近性度量。例如,曼哈顿距离(L_1)可以用于欧几里得数据,而 Jaccard 度量常常用于文档。

在第(3)步中,簇质量即聚类的目标。聚类的目标通常用一个目标函数表示,该函数依赖于点之间,或点到簇质心的邻近性;例如,最小化每个点到最近质心距离的平方。以"欧几里得空间中的数据"作为例子解释这一点。

考虑邻近性度量为欧几里得距离的数据。使用误差的平方和(Sum of the Squared Error, SSE)作为度量聚类质量的目标函数。换言之,计算每个数据点的误差,即它到最近质心的欧几里得距离,然后计算误差的平方和。给定由两次运行 k 均值产生的两个不同的簇,期望找到误差平方和最小的那个。因为这说明聚类的质心可以更好地代表簇中的点。SSE 形式地定义为:

$$\text{SSE} = \sum_{i=1}^{K} \sum_{x \in C_i} \text{dist}(c_i, x)^2 \tag{7-24}$$

其中,dist 是欧几里得空间中两个对象之间的标准欧几里得距离,x 是对象,c_i 是簇

C_i 的质心，K 表示簇的个数。可以证明，使上述簇的 SSE 最小的质心是均值。第 i 个簇的质心（均值）定义为：

$$c_i = \frac{1}{m_i} \sum_{x \in C_i} x \tag{7-25}$$

例如，3 个二维点(1,1)、(2,3)和(6,2)的质心是(3,2)。

一般地，一些邻近性函数、质心和目标函数可以用于基本 k 均值算法，并且确保收敛。表 7-10 列举了一些组合。注意，对于曼哈顿距离（L_1）和最小化距离和的目标，合适的质心是簇中各点的中位数。

表 7-10　k 均值：常见的邻近度、质心和目标函数组合

邻近度函数	质心	目标函数
曼哈顿距离	中位数	最小化对象到其簇质心的 L_1 距离和
平均欧几里得距离（L_2^2）	均值	最小化对象到其簇质心的 L_2 距离的平方和
余弦	均值	最大化对象与其簇质心的余弦相似度和
Bregma 散度	均值	最小化对象到其簇质心的 Bregman 散度和

例 7.6　考虑二维空间的对象集合，如图 7-10(a)所示。试运用 k 均值算法的处理流程描述将图 7-10(a)中这些对象划分成 3 个簇的过程。

(1) 任意选择 3 个对象作为 3 个初始的簇中心，其中，簇中心用“+”标记。根据与簇中心的距离，每个对象被分配到最近的一个簇。这种分配形成了如图 7-10(a)中虚线所描绘的轮廓。

(2) 更新簇中心。也就是说，根据簇中的当前对象，重新计算每个簇的均值。使用这些新的簇中心，把对象重新分布到离簇中心最近的簇中。这样的重新分布形成了图 7-10(b)中虚线所描绘的轮廓。

(3) 重复这一过程，形成如图 7-10(c)所示结果。这种迭代地将对象重新分配到各个簇，以改进划分的过程被称为**迭代的重定位**（Interaive Relocation）。最终，对象的重新分配不再发生，处理过程结束，聚类过程返回结果簇。

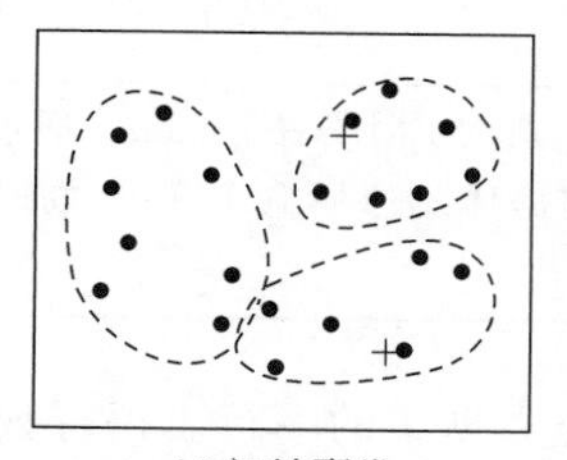
(a) 初始聚类

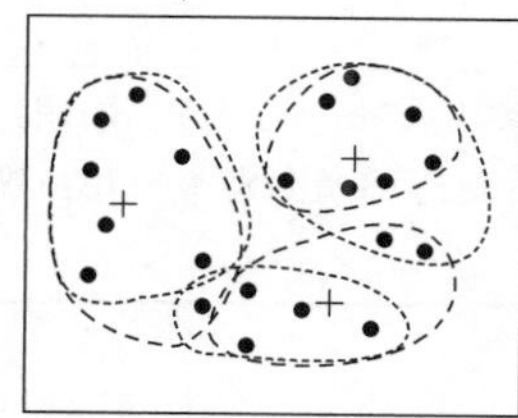
(b) 迭代

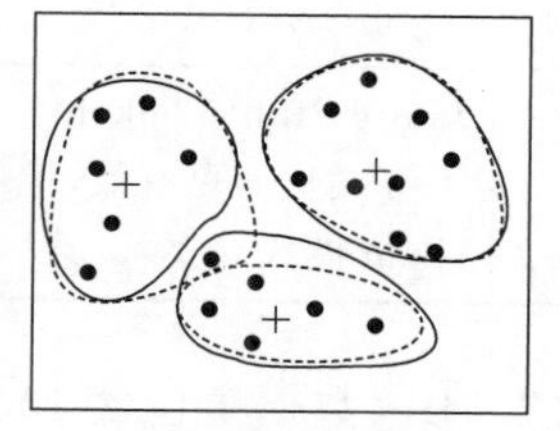
(c) 最终的聚类

图 7-10　k 均值聚类的过程图（每个簇的均值都用“+”标注）

k 均值算法不能保证收敛于全局最优解，并且它常常终止于一个局部最优解。结果可能依赖于初始簇中心的随机选择。实践中，为了得到好的结果，通常以不同的初始簇中心，多次运行 k 均值算法。

在 Python 中，k 均值聚类算法在 scikit-learn 的 sklearn. cluster 包之中，其语法格

式为：

```
sklearn.cluster.KMeans(n_cluster = 8, init = 'k - means++', n_init = 10, max_iter = 300, tol =
0.0001, precompute_distances = 'auto', verbose = 0, random_state = None, copy_x = True, n_jobs
 = 1, algorithm = 'auto')
```

参数描述如表 7-11 所示。

表 7-11　sklearn.cluster.KMeans()的参数描述

参数	描　　述
n_cluster	表示类中心的个数,默认为 8
init	参数为'k-means＋＋','random'或一个 NumPy 的矩阵,默认为'k-means＋＋''。其中,k-means＋＋':启发式选择一个初始聚类中心;'random':随机选择数据中的 k 行作为类中心,每一行代表一个数据的属性集合;传入 ndarray 需要是(n_clusters * n_features)维,并给定初始化中心
n_init	表示 k-means 算法会选择不同的质心运行的次数,最终结果是 n_init 次中最好的模型,默认为 10
max_iter	表示每一次 k-means 算法迭代的最大次数,默认为 30
tol	表示相对于惯性收敛的容错率,小于该值停止迭代,认为达到收敛,默认为 1e-4
precompute_distances	参数为'auto',True,False。预计算,会得到更高的收敛速度但会占用更多内存。其中,'auto':n_samples * n_clusters＞12 时不进行预计算;True:始终预计算;False:永远不进行预计算
verbose	允许冗余输出,默认为 0
random_state	参数为 int,RandomState instance, None。用来设置生成随机数的方式。其中,int:作为随机数生成器的种子;RandomState instance:作为随机数生成器;None:随机数生成器采用 np.random
copy_x	默认为 True,是个 boolean 变量。其中,True:对输入训练数据 x 所做的任何操作都是对 x.copy()进行的,不改变 x 的原值。False:对 x 的操作会同步到 x 上,即传引用调用
n_jobs	int 型变量,并行运行的个数。－1:使用所有 CPU;n_jobs＜－1 时,使用(n_cpus＋1＋n_jobs)个 CPU
algorithm	'auto','full', 'elkan'。默认为'auto'。full:采用经典的 EM 算法;elkan:通过使用三角不等式从而更有效,但不支持稀疏数据;auto:数据稀疏选择 full 模式,数据稠密选择 elkan 模式

例 7.7　Iris 数据集包含 150 个样本,一个样本对应数据集的一行。每行数据包含样本的四个特征(即花萼长度、花萼宽度、花瓣长度、花瓣宽度)和样本的类别信息(共有 3 类)。因此,Iris 数据集是一个 150 行 5 列的二维表。试运用 k 均值算法在鸢尾花数据集的特征上进行聚类,并对聚类结果进行简要分析。

```
1:   import matplotlib.pyplot as plt
2:   from sklearn.cluster import KMeans
```

```
 3:  from sklearn.datasets import load_iris
 4:  iris = load_iris()
 5:  X = iris.data[:]
 6:  kmeans = KMeans(n_clusters = 3)
 7:  kmeans.fit(X)
 8:  label_pred = kmeans.labels_
 9:  x0 = X[label_pred == 0]
10:  x1 = X[label_pred == 1]
11:  x2 = X[label_pred == 2]
12:  plt.scatter(x0[:, 0], x0[:, 1], c = "red", marker = 'o', label = 'label0')
13:  plt.scatter(x1[:, 0], x1[:, 1], c = "green", marker = '*', label = 'label1')
14:  plt.scatter(x2[:, 0], x2[:, 1], c = "blue", marker = '+', label = 'label2')
15:  plt.xlabel('petal length')
16:  plt.ylabel('petal width')
17:  plt.legend(loc = 2)
18:  plt.show()
```

【例题解析】

第1～4行表示引入所需的库，包括从sklearn库中引入k-means聚类算法及导入鸢尾花数据集。第5行运用iris.data()方法取数据集中样本的特征.

使用sklearn库中的k-means聚类算法时主要分为两步：创建k-means对象；调用fit(X)方法拟合聚类模型。其中，fit()函数中的参数X为样本数据。因此，第6行运用KMeans()函数构造聚类器。iris数据集中包含3类不同样本，预期希望能通过特征将样本聚为3类，因此聚类的簇数设置为3。第7行运用fit()方法拟合k均值聚类模型实现聚类。

可视化聚类结果方便分析。因为聚类后每一个簇都有一个类别标签，所以预计以花瓣长和花瓣宽分别作为二维坐标系的横轴和纵轴，拥有同一类别标签(即属于同一簇)的样本点设置相同的颜色和标记。第8～18行就是将聚类后的结果进行可视化的一个过程。

第8行运用labels_属性获取每一个样本点的聚类标签；第9～11行通过聚类标签分别找出聚类后的3簇样本；第12～14行分别以花萼长度和花萼宽度作为(x,y)坐标绘制散点图；第15～17行分别设置了二维图的x轴标签名称、y轴标签名称以及图例的位置。有关散点图的绘制将在第9章进行详细介绍。

从图7-11(a)的运行结果来看，聚类效果其实并不理想，即簇与簇之间的界限并不明晰。为了得到一个较好的聚类效果，可以尝试选择数据集中样本的不同特征集重新进行聚类。例如，不是同时使用四个特征，而是仅选择花瓣长度、花瓣宽度作为特征进行聚类。即将第5行的代码修改为“X = iris.data[:,2:]”。新的聚类效果如图7-11(b)所示。从该图中能够看出，当选取鸢尾花花瓣长度、花瓣宽度作为特征时，聚类效果更好。

【运行结果】

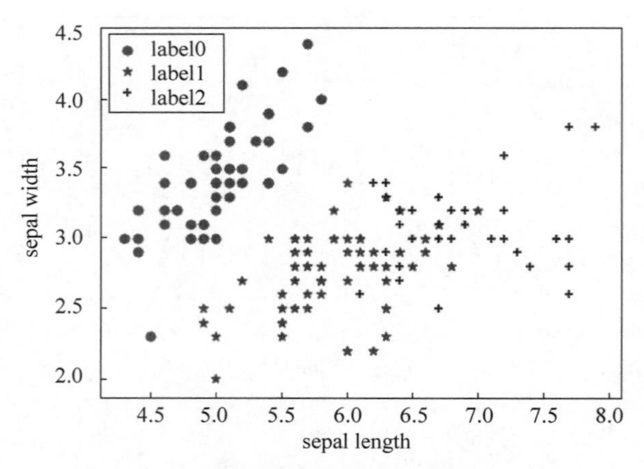

(a) 运用全部特征作为聚类数据时的聚类结果图

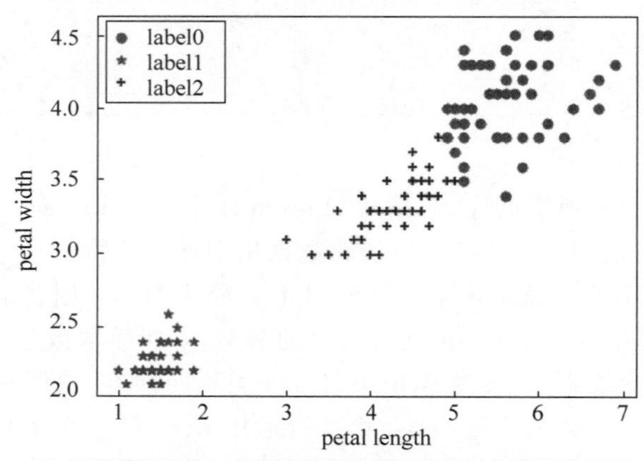

(b) 运用花瓣长度、花瓣宽度作为聚类数据时的聚类结果图

图 7-11 代码运行结果

7.5.4 聚类评估

当在数据集上使用了一种聚类方法时,如何评估聚类的结果是否好呢?一般而言,聚类评估是指估计在数据集上进行聚类的可行性和被聚类方法产生结果的质量。聚类评估主要包括如下任务。

估计聚类趋势。在这项任务中,对于给定的数据集,评估该数据集是否存在非随机结构。盲目地在数据集上使用聚类方法将返回一些簇,然而,所挖掘的簇可能是误导。数据集上的聚类分析是有意义的,仅当数据中存在非随机结构。

确定数据集中的簇数。一些诸如 k 均值这样的算法需要数据集的簇数作为参数。此外,簇数可以看作数据集的有趣并且重要的概括统计量。因此,在使用聚类算法导出详细的簇之前,估计簇数是可取的。

测定聚类质量。在数据集上使用聚类方法之后,想要评估结果簇的质量。许多度量都可以使用。有些方法测定簇对数据的拟合程度,而其他方法测定簇与基准匹配的程度,如果这种基准存在的话。还有一些测定对聚类打分，因此可以比较相同数据集上的两组聚类结果。

1. 估计聚类趋势

聚类趋势评估确定给定的数据集是否具有可以导致有意义聚类的非随机结构。考虑一个没有任何非随机结构的数据集，如数据空间中均匀分布的点。尽管聚类算法可以为该数据集返回簇，但是这些簇是随机的，没有任何意义。如图 7-12 显示了一个 2 维数据空间中均匀分布的数据集。尽管聚类算法仍然可以人工地把这些点划分成簇，但是由于数据的均匀分布，对于应用而言，这些簇没有任何意义。

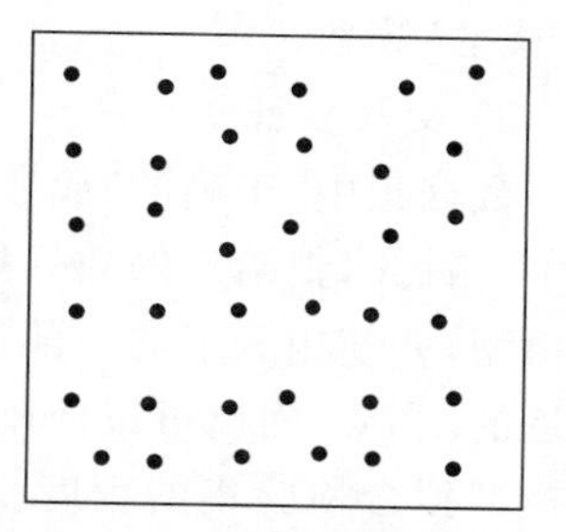

图 7-12 一个在数据空间均匀分布的数据集

如何评估数据集的聚类趋势？直观地看，可以评估数据集被均匀分布产生的概率。这可以通过空间随机性的统计检验来实现。为了解释这一思想，可以考查一种简单但有效的统计量——**霍普金斯统计量**(Hopkins Statistic)。该统计量是一种空间统计量，检验空间分布的变量的空间随机性。

2. 确定簇数

确定数据集中“正确的”簇数是重要的，不仅因为像 k 均值这样的聚类算法需要这种参数，而且因为合适的簇数可以控制适当的聚类分析粒度。这可以看作在聚类分析的可压缩性与准确性之间寻找好的平衡点。考虑两种极端情况。如果把整个数据集看作一个簇，这将最大化数据的压缩，但是这种聚类分析没有任何价值。另外，把数据集的每个对象看作一个簇将产生最细的聚类(即最准确的解，由于对象到其对应的簇中心的距离都为0)。在像 k 均值这样的算法中，这甚至实现开销最小。然而，每个簇一个对象并不提供任何数据概括。

确定簇数并非易事，因为“正确的”簇数常常是含糊不清的。通常，找出正确的簇数依赖于数据集分布的形状和尺度，也依赖于用户要求的聚类分辨率。有许多估计簇数的可能方法。这里简略介绍几种简单的，但流行和有效的方法。

1）简单的经验方法

对于 n 个点的数据集，设置簇数 p 大约为$\sqrt{\frac{n}{2}}$。在期望情况下，每个簇大约有$\sqrt{2n}$个点。

2）肘方法

基于如下观察：增加簇数有助于降低每个簇的簇内方差之和。这是因为有更多的簇可以捕获更细的数据对象簇，簇中对象之间更为相似。然而，如果形成太多的簇，则降低簇内方差和的边缘效应可能下降，因为把一个凝聚的簇分裂成两个只引起簇内方差和的稍微降低。因此，一种选择正确的簇数的启发式方法是，使用簇内方差和关于簇数的曲线的拐点。

严格地说,给定 $k>0$,可以使用一种像 k 均值这样的算法对数据集聚类,并计算簇内方差和 var(k)。然后,绘制 var 关于 k 的曲线。曲线的第一个(或最显著的)拐点暗示"正确的"簇数。

3) 交叉验证

数据集中"正确的"簇数还可以通过交叉验证确定。交叉验证也是一种常用于分类的技术。首先,把给定的数据集 D 划分成 m 个部分。然后,使用 $m-1$ 个部分建立一个聚类模型,并使用剩下的一部分检验聚类的质量。例如,对于检验集中的每个点,可以找出最近的质心。因此可以使用检验集中的所有点与它们的最近质心之间的平方和来度量聚类模型拟合检验集的程度。对于任意整数 $k>0$,依次使用每一部分作为检验集,重复以上过程 m 次,导出 k 个簇的聚类。取质量度量的平均值作为总体质量度量,然后对不同的 k 值,比较总体质量度量,并选取最佳拟合数据的簇数。

3. 测定聚类质量

测定聚类的质量根据是否有基准(是一种理想的聚类,通常由专家构建)可以分两类:如果有可用的基准,使用外在方法(Extrinsic Method),比较聚类结果和基准;如果没有基准,则使用内在方法(Intrinsic Method),通过考虑簇的分离情况评估聚类的好坏。基准可以看作一种"簇标号"形式的监督。因此,外在方法又称监督方法,而内在方法是无监督方法。

1) 外在方法

当有基准可用时,比较基准与聚类,以评估聚类。这样,外在方法的核心任务是,给定基准 C_g,对聚类 C 赋予一个评分 $Q(C, C_g)$。一种外在方法是否有效很大程度依赖于该方法使用的度量 Q。

一般而言,如果满足以下 4 项基本标准,一种聚类质量度量 Q 是有效的。

(1) 簇的同质性(Cluster Homogeneity)。聚类中的簇越纯,聚类越好。

(2) 簇的完全性(Cluster Completeness)。这与簇的同质性相辅相成。簇的完全性要求聚类把(根据基准)属于相同类别的对象分配到相同的簇。

(3) 碎布袋(Rag Bag)。在许多实际情况下,常常有一种"碎布袋"类别,包含一些不能与其他对象合并的对象。这种类别通常称为"杂项""其他"等。碎布袋准则是说,把一个异种对象放入一个纯的簇中应该比放入碎布袋中受更大的"处罚"。

(4) 小簇保持性(Small Cluster Preservation)。如果小的类别在聚类中被划分成小片,则这些小片很可能成为噪声,从而小的类别就不可能被该聚类发现。小簇保持准则是说,把小类别划分成小片比将大类别划分成小片更有害。

许多聚类质量度量都满足这 4 个标准中的某些。这里介绍一种 BCubed 精度和召回率,它满足这 4 个标准。BCubed 根据基准,对给定数据集上聚类中的每个对象估计精度和召回率。一个对象的精度指同一簇中有多少个其他对象与该对象同属一个类别。一个对象的召回率反映有多少同一类别的对象被分配在相同的簇中。

设 $D=\{o_1, \cdots, o_n\}$ 是对象的集合,C 是 D 中的一个聚类。设 $L(o_i)(1\leqslant i\leqslant n)$ 是基准确定的 o_i 的类别,$C(o_i)$ 是 C 中 o_i 的 cluster_ID。于是,对于两个对象 o_i 和 $o_j(1\leqslant i,$

$j \leqslant n, i \neq j$)，o_i 和 o_j 之间在聚类 C 中的关系的正确性由式(7-26)给出：

$$\text{Correctness}(o_i, o_j) = \begin{cases} 1, & \text{如果 } L(o_i) = L(o_j) \Leftrightarrow C(o_i) = C(o_j) \\ 0, & \text{其他} \end{cases} \tag{7-26}$$

BCubed 精度定义为：

$$\text{Precision BCubed} = \frac{1}{n} \sum_{i=1}^{n} \frac{\sum_{o_j:\, i \neq j, C(o_i) = C(o_j)} \text{Correctness}(o_i, o_j)}{\| \{o_j \mid i \neq j, C(o_i) = C(o_j)\} \|} \tag{7-27}$$

BCubed 召回率定义为

$$\text{Recall BCubed} = \frac{1}{n} \sum_{i=1}^{n} \frac{\sum_{o_j:\, i \neq j, L(o_i) = L(o_j)} \text{Correctness}(o_i, o_j)}{\| \{o_j \mid i \neq j, L(o_i) = L(o_j)\} \|} \tag{7-28}$$

2）内在方法

当没有数据集的基准可用时，必须使用内在方法来评估聚类的质量。一般而言，内在方法通过考查簇的分离情况和簇的紧凑情况来评估聚类。许多内在方法都利用数据集的对象之间的相似性度量。

轮廓系数(Silhouette Coeffcient)就是这种度量。对于 n 个对象的数据集 D，假设 D 被划分成 k 个簇 C_1，…，C_k。对于每个对象 $o \in D$，计算 o 与 o 所属的簇的其他对象之间的平均距离 $a(o)$。类似地，$b(o)$ 是 o 到不属于 o 的所有簇的最小平均距离。假设 $o \in C_i$ ($1 \leqslant i \leqslant k$)，则

$$a(o) = \frac{\sum_{o' \in C_i, o \neq o'} \text{dist}(o, o')}{|C_i| - 1} \tag{7-29}$$

而

$$b(o) = \min_{C_j:\, 1 \leqslant j \leqslant k, j \neq i} \left\{ \frac{\sum_{o' \in C_j} \text{dist}(o, o')}{|C_j|} \right\} \tag{7-30}$$

对象 o 的**轮廓系数**定义为：

$$s(o) = \frac{b(o) - a(o)}{\max\{a(o), b(o)\}} \tag{7-31}$$

轮廓系数的值为 $-1 \sim 1$。$a(o)$ 的值反映 o 所属的簇的紧凑性。该值越小，簇越紧凑。$b(o)$ 的值捕获 o 与其他簇的分离程度。$b(o)$ 的值越大，o 与其他簇越分离。因此，当 o 的轮廓系数值接近 1 时，包含 o 的簇是紧凑的，并且 o 远离其他簇，这是一种可取的情况。然而，当轮廓系数的值为负时(即 $b(o) < a(o)$)，这意味着在期望情况下，o 距离其他簇的对象比距离与自己同在簇的对象更近。在许多情况下，这是很糟糕的，应该避免。

为了度量聚类中的簇的拟合性，可以计算簇中所有对象的轮廓系数的平均值。为了度量聚类的质量，可以使用数据集中所有对象的轮廓系数的平均值。轮廓系数和其他内在度量也可以用在肘方法中，通过启发式地导出数据集的簇数取代簇内方差之和。

小结

本章主要介绍了数据挖掘的概念、问题与任务，以及从基础知识、代表性算法、评估分析等几方面重点介绍了数据挖掘常用的分析方法，即分类分析、关联分析和聚类分析。

首先，介绍了数据挖掘的基本概念，并分析了数据挖掘与数据库中知识发现之间的关系。阐述了数据挖掘面对的可伸缩性、高维性、异种数据和复杂数据、数据的所有权与分布、非传统的分析等问题。

其次，介绍了分类分析的基础知识、解决分类问题的一般方法，从原理及基于 Python 的应用两方面分析了 K 最近邻算法。通过学习该算法，能够帮助读者更好地理解其他的分类算法模型。对于评估分类器性能的度量，需要掌握二分类和多分类中准确率、敏感度(召回率)等基础方法。

然后，说明了关联分析的意义、关联分析中联系常用频繁项集、关联规则等形式表示。关联分析中经典的算法是 Apriori 算法，为了帮助读者理解该算法的核心步骤，对应例题中以图的形式给出了计算过程。还介绍了一组广泛被接受的评价关联模式质量的标准。

最后，简述了聚类分析的基本概念和应用领域，进行聚类分析时常用的四类方法，即层次方法、划分方法、基于密度的方法和基于网格的方法。在具有代表性的 k 均值聚类算法部分应该掌握其聚类的流程和实际应用。聚类评估应主要掌握评估的任务以及对应的方法。

习题

请从以下各题中选出正确答案(正确答案可能不止一个)。

1. 某超市研究销售记录后发现，买啤酒的人很大概率也会购买尿布，这种属于数据挖掘的哪类问题？(　　)

　A. 关联规则发现　　　　B. 聚类
　C. 分类　　　　　　　　D. 自然语言处理

2. 下列哪些活动属于数据挖掘任务？(　　)

　A. 根据性别划分公司的顾客
　B. 计算公司的总销售额
　C. 使用历史记录预测某公司未来的股票价格
　D. 监视病人心率的异常变化

3. 以下说法正确的是(　　)。

　A. 有大量数据的地方就需要数据挖掘
　B. 数据挖掘是多学科交叉，统计学只是其中的一部分
　C. 只有经过一定的数据管理过程才能让数据挖掘出来的信息更有价值
　D. 统计是初级阶段，挖掘是进阶

4. 下列哪个描述是正确的？(　　)

A. 分类和聚类都是有指导的学习

B. 分类和聚类都是无指导的学习

C. 分类是有指导的学习，聚类是无指导的学习

D. 分类是无指导的学习，聚类是有指导的学习

5. 以下关于有监督机器学习和无监督机器学习描述正确的是（　　）。

A. 有监督学习的过程为先通过已知的训练样本（如已知输入和对应的输出）来训练，从而得到一个最优模型，再将这个模型应用在新的数据上，映射为输出结果

B. 无监督学习没有训练的过程，而是直接拿数据进行建模分析，意味着这些都是要通过机器学习自行学习探索

C. 有监督机器学习的样本数据集中通常同时包含特征和标签信息

D. 无监督机器学习的样本数据集中通常仅包含特征信息

6. 在警察抓小偷的场景中，将小偷列为目标对象即为正例。以下两种描述分别对应分类算法的哪两个评价标准？（　　）

(a) 警察抓的人中有多少比例是小偷

(b) 所有小偷中有多少比例被警察抓

A. 精确度，召回率　　B. 召回率，精确度

C. 精确度，敏感性　　D. 召回率，敏感性

7. 设 $X=\{1,2,3\}$ 是频繁项集，则可由 X 最多产生（　　）个关联规则。

A. 4　　B. 5　　C. 6　　D. 7

8. 基于表 7-12 中购物篮数据使用 Apriori 算法寻找频繁项集和强关联规则，以下代码正确的是（　　）（最小支持度为 0.7，最小置信度为 1）。

表 7-12　购　物　篮

TID	项　集	TID	项　集
1	A、C、D	3	A、B、C、E
2	B、C、E	4	B、E

A.
```
import efficient_apriori
data = [['A', 'C', 'D'], ['B', 'C', 'E'], ['A', 'B', 'C', 'E'], ['B', 'E']]
itemsets, rules = efficient_apriori(data, min_support = 0.7)
```

B.
```
data = [['A', 'C', 'D'], ['B', 'C', 'E'], ['A', 'B', 'C', 'E'], ['B', 'E']]
itemsets, rules = apriori(data, min_support = 0.7, min_confidence = 1)
```

C.
```
import efficient_apriori
data = [['A', 'C', 'D'], ['B', 'C', 'E'], ['A', 'B', 'C', 'E'], ['B', 'E']]
itemsets, rules = efficient_apriori (data, min_support = 0.7, min_confidence = 1)
```

D.
```
from efficient_apriori import apriori
data = [['A', 'C', 'D'], ['B', 'C', 'E'], ['A', 'B', 'C', 'E'], ['B', 'E']]
itemsets, rules = apriori(data, min_support = 0.7, min_confidence = 1)
```

9. 以下说法正确的是(　　)。

A. 数据挖掘的主要任务是从数据中发现潜在的规则,从而能更好地完成描述数据、预测数据等任务

B. 数据挖掘的目标不在于数据采集策略,而在于对于已经存在的数据进行模式的挖掘

C. 数据特征提取技术并不依赖于特定的领域

D. 具有较高的支持度的项集具有较高的置信度

10. 假设有6个二维数据点([1, 2],[1, 4],[1, 0],[4, 2],[4, 4],[4, 0])。预采用k均值的方法将其聚为两类,并基于构造的聚类器预测[0, 0]、[4, 4]所属的簇。可以满足上述需求的代码是(　　)。

A.
```
import KMeans
X = np.array([[1, 2], [1, 4], [1, 0], [4, 2], [4, 4], [4, 0]])
kmeans = KMeans(n_clusters = 2, random_state = 0).fit(X)
kmeans.predict([[0, 0], [4, 4]])
```

B.
```
import KMeans
import numpy as np
X = np.array([[1, 2], [1, 4], [1, 0], [4, 2], [4, 4], [4, 0]])
kmeans = KMeans(n_clusters = 2, random_state = 0).fit(X)
kmeans.predict([[0, 0], [4, 4]])
```

C.
```
from sklearn.cluster import KMeans
import numpy as np
X = np.array([[1, 2], [1, 4], [1, 0], [4, 2], [4, 4], [4, 0]])
kmeans = KMeans(X, n_clusters = 2, random_state = 0)
kmeans.predict([[0, 0], [4, 4]])
```

D.
```
from sklearn.cluster import KMeans
import numpy as np
X = np.array([[1, 2], [1, 4], [1, 0], [4, 2], [4, 4], [4, 0]])
kmeans = KMeans(n_clusters = 2, random_state = 0).fit(X)
kmeans.predict([[0, 0], [4, 4]])
```

第 8 章

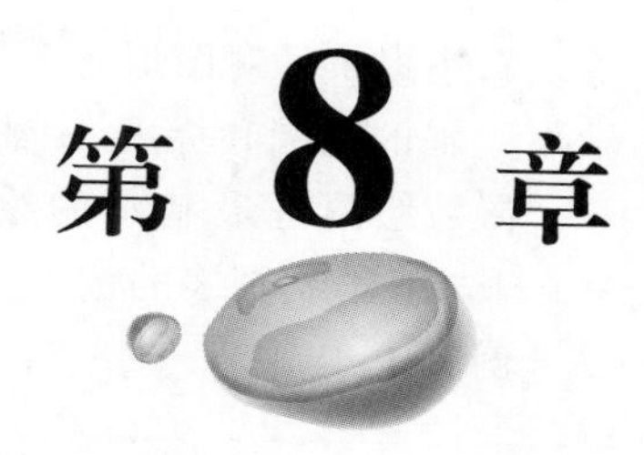

基本统计图形

【学习目标】

学完本章之后，读者将掌握以下内容。

- 使用 Matplotlib 绘制基本统计图形。
- 使用 pandas 绘制基本统计图形。
- 使用 Seaborn 绘制反映单变量、双变量和多变量数据分布的统计图。

数据可视化借用图形化的手段，形象地显示数据信息，帮助人们更方便地理解数据价值。Python 提供了如 Matplotlib、pandas、Seaborn 等绘图和可视化库实现数据的可视化。其中，Matplotlib 是 Python 最基本的绘图库，为 pandas 和 Seaborn 提供了一些基础的绘图方法；pandas 是 Python 的一个数据分析包，其相关内容在第 4 章有详细介绍，利用 pandas 也可以绘制一些基本图形，实现数据的可视化；Seaborn 是基于 Matplotlib 的可视化库，可以使数据可视化更加赏心悦目，Seaborn 还可以和 pandas 进行连接，初学者更容易上手。

8.1 Matplotlib 绘图

Matplotlib 作为 Python 最基本的绘图库，有着广泛的应用领域并具备类似 MATLAB 的绘图方式，能跟 Python 紧密结合。其他很多分析库，如 pandas、Seaborn 等都可直接调用其绘图语句。Matplotlib 是一个强大的工具箱，其完整的图表样式函数和个性化的自定义设置，可以满足绝大多数二维和部分三维绘图的需求①。

Matplotlib 可以创建常用的统计图形，包括线图、箱线图、散点图和直方图、气泡图

① 本章涉及的所有 Matplotlib 绘图代码均在 Matplotlib 2.0.2 版本下运行。

等。它还提供了对图形各个部分进行定制的功能。例如,可以设置图形的形状和大小、x 轴与 y 轴的范围和标度、x 轴与 y 轴的刻度线和标签、图例以及图形的标题等。

函数绘图是最基本的绘图需求之一。下面以函数绘图为例,快速展示一个使用 Matplotlib 绘制图表的例子。

例 8.1

```
1:  from matplotlib import pyplot as plt
2:  plt.title("a strait line")
3:  plt.xlabel("x value")
4:  plt.ylabel("y value")
5:  plt.plot([0,1],[0,1])
6:  plt.savefig("C: /case/straitline.jpg")
7:  plt.show()
```

【例题解析】

使用 Matplotlib 绘制图表,首先导入 matplotlib. pyplot。第 1 行导入 pyplot 模块,为了简化输入,使用 as 语法起别名为 plt,后面通过调用 plt 访问。第 2 行通过 title()函数设置图形标题"a strait line"。第 3 行与第 4 行分别设置 x 轴和 y 轴的标签"x value"和"y value"。第 5 行使用 plot()函数绘制一条从(0,0)到(1,1)的直线,具体 plot()函数参数说明参见 8.1.2 节。第 6 行通过 savefig()将绘制的图形命名为"straitline. jpg"并存在 C 盘。第 7 行显示图像。

【运行结果】

运行结果如图 8-1 所示。

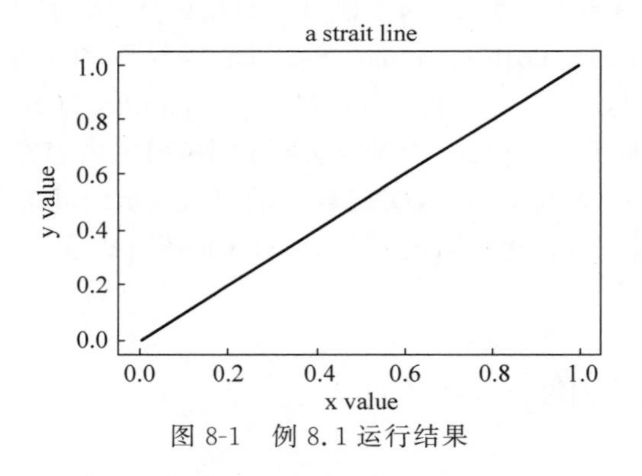

图 8-1 例 8.1 运行结果

本节主要介绍 Matplotlib 绘图中一些常见的绘图函数、基本的图形设置和常用的统计图形绘制。

8.1.1 图形基本设置

在图形绘制的过程中,可以对图形各个组成部分进行设置,以达到美观的展示效果。虽然 Matplotlib 支持中文编码,但是 Matplotlib 库的配置信息里没有中文字体的相关信息。因此,在使用 Matplotlib 绘图时,如果图表中有中文字符,需要在代码中设置"plt.

rcParams['font.sans-serif']=['SimHei']”和“plt.rcParams['axes.unicode_minus']=False”。否则,中文将无法正确显示①。本节将主要从线的相关设置、图的布局、坐标轴和文本相关内容等几方面介绍。

1. 线的相关设置

在绘制包括线条相关的图形时(如线图等),可以设定线条的相关参数,包括颜色、线型和标记风格。

线型使用 linestyle 或 ls 参数控制,其参数的取值与意义如表 8-1 所示。

表 8-1　linestyle 参数的取值与意义

线条风格 linestyle 或 ls	描　述
'-'	实线
'--'	破折线
'-.'	点画线
':'	虚线
'None', ' '	什么都不画

标记风格使用 maker 参数控制,其取值与意义如表 8-2 所示。

表 8-2　maker 参数的取值与意义

标　记	描　述	标　记	描　述
'o'	圆圈	'.'	点
'D'	菱形	's'	正方形
'h'	六边形 1	'*'	星号
'H'	六边形 2	'd'	小菱形
'_'	水平线	'v'	一角朝下的三角形
'8'	八边形	'<'	一角朝左的三角形
'p'	五边形	'>'	一角朝右的三角形
','	像素	'^'	一角朝上的三角形
'+'	加号	'\'	竖线
'None', ','	无	'x'	X

使用 color 参数控制颜色共有 8 种②方式,包括使用[0,1]之间的浮点数值表示 RGB/RGBA 颜色值、使用十六进制 RGB/RGBA 字符串表示颜色、使用颜色首字母、使用 X11/CSS4 的颜色名、使用 xkcd 颜色、使用 Tableau 的 T10 种颜色、使用 CN 表示的循环颜色、使用字符串表示的浮点数值。

其中,最常用的两种分别是使用颜色首字母和使用 xkcd 颜色。使用颜色首字母是指通过常用的颜色英文单词缩写来控制 color 参数,部分颜色的表示方法如表 8-3 所示,例如,color='b'表示设置颜色为蓝色。xkcd 颜色是通过对上万名参与者进行调查而总结出

① https://matplotlib.org/gallery/index.html 上有对图形基本设置的更全面的介绍。
② 基本颜色演示 | Matplotlib 中文上有指定 color 参数的方式更全面的介绍。

的954种最常用的颜色，其官网[1]提供了所有支持的颜色名单，在Matplotlib中，通过"xkcd：对应的颜色名称"进行使用，例如，color='xkcd：blue'表示设置颜色为蓝色；也可以通过直接使用颜色所对应的十六进制代码来精确地指定颜色，例如，color='＃0343df'也表示设置颜色为蓝色。

表8-3　颜色首字母控制color参数的部分取值与意义

颜色值	描述	颜色值	描述
b（blue）	蓝色	m（magenta）	品红
g（green）	绿色	y（yellow）	黄色
r（red）	红色	k（black）	黑色
c（cyan）	青色	w（white）	白色

例8.2　设置颜色、线型和标记风格示例

```
1:  import numpy as np
2:  import matplotlib.pyplot as plt
3:  data_ndarray = np.arange(1,3,0.3)
4:  plt.plot(data_ndarray,data_ndarray,color = 'c',marker = 'x',linestyle = '-')
5:  plt.plot(data_ndarray,data_ndarray + 1,color = 'm',marker = '*',linestyle = ':')
6:  plt.plot(data_ndarray,data_ndarray + 2,color = 'k',marker = 's',linestyle = '-.')
```

【例题解析】

第1行和第2行导入Numpy库和pyplot模块。第3行生成一个1～3步长为0.3的数组data_ndarray作为绘图数据。

第4～6行都是通过plot函数绘制线图。第4行绘制函数$y=x$的图像，即当x轴数值取为data_ndarray时，y轴数值也取为data_ndarray，并设置线的颜色为青色，标记为"X"，线型为实线；第5行绘制函数$y=x+1$的图像，即当x轴数值取为data_ndarray时，y轴数据取为data_ndarray+1的函数图像，并设置线的颜色为品红，标记为"*"，线型为虚线；第6行绘制函数$y=x+2$的图像，即当x轴数值取为data_ndarray时，y轴数据取为data_ndarray+2，并设置线的颜色为黑色，标记为正方形，线型为点画线。

【运行结果】

运行结果如图8-2所示。

2. 图的布局

与现实中作图需要画纸一样，Matplotlib绘图也需要一张画布。上述几个例子虽然没有显式的画布构建，但实际上是在默认的画布上进行的绘图。pyplot模块中，默认拥有一个figure对象，该对象可以理解为一张空白的画布，用于容纳图表的各种组件，如图例、坐标轴等。如果不希望使用默认画布，则可以调用figure()函数构建一张新的空白画布。figure()函数语法格式为：

---

① https://xkcd.com/color/rgb/

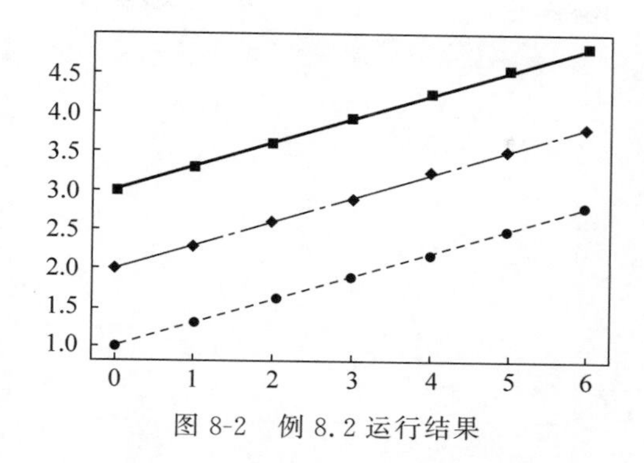

图 8-2　例 8.2 运行结果

```
figure(num = None, figsize = None, dpi = None, facecolor = None, edgecolor = None, frameon = True,
FigureClass = < class''matplotlib.figure.Figure''>, clear = False, ** kwarg)
```

其参数描述如表 8-4 所示。

表 8-4　figure()函数参数描述

参数	描　述
num	图形的编号或名称，数字代表编号、字符串表示名称。如果没有提供该参数，则会创建一个新的图形，并且这个图形的编号会增加；如果提供该参数，但有此 id 的图形已经存在，则会将其激活并返回对其的引用，若此图形不存在，则创建并返回它
figsize	设置画布的尺寸，宽度、高度，以英寸为单位
dpi	设置图形的分辨率
facecolor	设置画板的背景颜色
edgecolor	设置显示边框颜色
frameon	表示是否显示边框，默认为 True
FigureClass	派生自 matplotlib.figure.Figure 的类，可以选择使用自定义的图形对象
clear	若设为 True 且该图形已经存在，则它会被清除

例 8.3

```
1:  from matplotlib import pyplot as plt
2:  plt.figure(facecolor = 'gray')
3:  plt.title("a strait line")
4:  plt.xlabel("x value")
5:  plt.ylabel("y value")
6:  plt.plot([0,1],[0,1])
7:  plt.show()
```

【例题解析】

上述代码绘制的图形与例 8.1 一致，唯一的不同在于：没有使用默认画布，而是在第 2 行处调用了 figure()函数，构建一张新的空白画布，并设置画板的背景颜色为灰色。

【运行结果】

运行结果如图 8-3 所示。

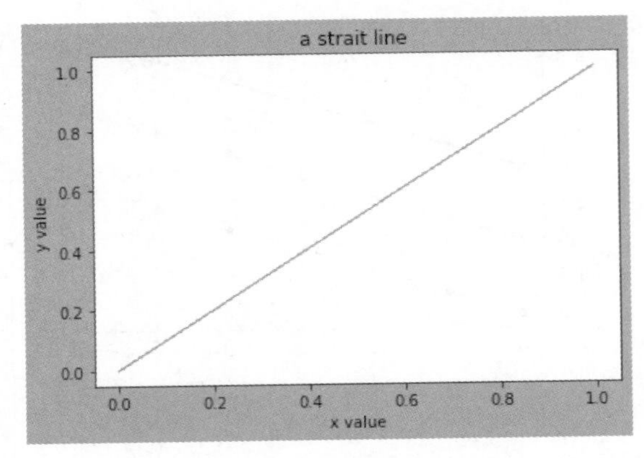

图 8-3　例 8.3 运行结果

使用 Matplotlib 绘图时,可以根据不同的需求选择不同的图布局方式。图的布局是指将若干图形通过不同的图层组合、叠加等方式,形成一个整体的效果图,这样可以实现多个图形的合并,达到方便快捷的目的。在 Matplotlib 中,图的布局一般有简单图、叠加图和多子图布局等方式。

叠加图的布局方式是指将不同语句绘制的图形叠加在一个画布中,共用同一坐标系。叠加图的绘制方式主要有两种:①使用多条语句指令绘制,如例 8.2 所示;②使用一条语句指令绘制,如例 8.4 所示。

例 8.4　以 plot()函数为例,绘制叠加图。

```
1:   import numpy as np
2:   import matplotlib.pyplot as plt
3:   data_ndarray_1 = np.arange(0., 5., 0.2)
4:   plt.figure(facecolor = 'gray')
5:   plt.plot(data_ndarray_1, data_ndarray_1, 'r-- ', data_ndarray_1, data_ndarray_1 **
2, 'bs', data_ndarray_1, data_ndarray_1 ** 3, 'g^')
6:   plt.show()
```

【例题解析】

上述代码绘制了三条不同格式的线图。

第 3 行生成一个 0～5 步长为 0.2 的数组 data_ndarray_1 作为绘图数据。第 4 行调用 figure()函数创建新的空白画布,并添加其背景颜色为灰色。

第 5 行利用一个 plot()函数绘制三条线图,第一条线由前三个参数控制,绘制的是当 x 轴数值取为 data_ndarray_1 时,y 轴数值也取为 data_ndarray_1 的线图,并设置其由红色破折线组成;第二条线由第 4～6 个参数控制,绘制的是当 x 轴数值取为 data_ndarray_1 时,y 轴数值取为 data_ndarray_1×data_ndarray_1 的线图,并设置其由蓝色正方形组成;第三条线由最后三个参数控制,绘制的是当 x 轴数值取为 data_ndarray_1 时,y 轴数值取为 data_ndarray_1×data_ndarray_1×data_ndarray_1 的线图,并设置其由绿色三角形组成。

第 6 行显示图形。

【运行结果】

运行结果如图 8-4 所示。

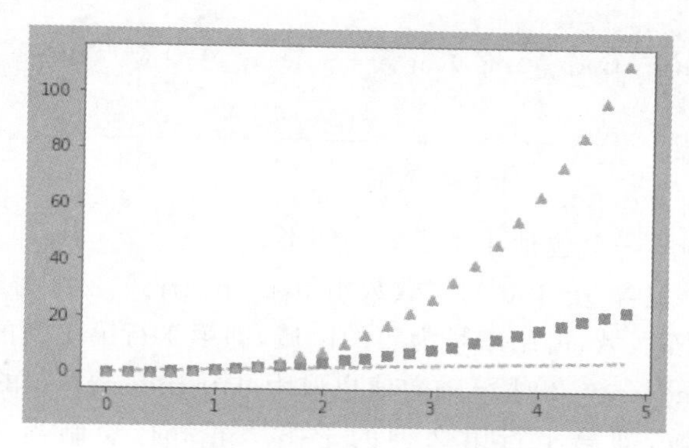

图 8-4　例 8.4 运行结果

多子图的布局方式是指把不同的图形按照指定的行列数拼成一个图形，也可以称为拼图。多子图布局时，将一个 Figure 对象划分多个绘图区域，每个绘图区域是一个 Axes 对象，每个 Axes 对象都拥有自己的坐标系统，将每个 Axes 对象称为子图。在画布上创建子图，可以通过 subplot()函数实现。

subplot()函数将整个绘图区域等分为"nrows(行)×ncols(列)"的矩阵区域，按照从左到右、从上到下的顺序对每个区域进行编号。其中，左上角的子区域编号为 1，依次递增。subplot()函数的语法格式为：

```
subplot(nrows, ncols, index, ** kwargs)
```

其参数描述如表 8-5 所示。

表 8-5　subplot()函数参数说明

参数	描　述	参数	描　述
nrows	表示子区网格的行数	index	表示子区域的索引
ncols	表示子区网格的列数		

例如，plt. subplot(2,2,1)表示将整个绘图区域划分为 2×2 的 4 个矩阵区域，并对左上角编号为 1 的子区域进行设置。如果这三个参数的值都小于 10，则可以把它们简写为"一个"实数。例如，plt. subplot(2,2,1)可以简写为 plt. subplot(221)。

例 8.5　绘制 2×2 布局的子图图形。

```
1:  import numpy as np
2:  import matplotlib.pyplot as plt
3:  data_ndarray_2 = np.arange(0,100)
4:  plt.subplot(221)
5:  plt.plot(data_ndarray_2, data_ndarray_2)
6:  plt.subplot(222)
7:  plt.plot(data_ndarray_2, - data_ndarray_2)
```

```
 8:  plt.subplot(223)
 9:  plt.plot(data_ndarray_2, data_ndarray_2 ** 2)
10:  plt.subplot(224)
11:  plt.plot(data_ndarray_2,np.log(data_ndarray_2))
12:  plt.show()
```

【例题解析】

上述代码共绘制了一个包括 4 张子图的图形。

第 3 行生成一个包含 0～100 的整数数组 data_ndarray_2 作为绘图数据。第 4 行将画布分成 2×2 的矩阵区域，占用编号为 1 的区域，即第 1 行第 1 列的子图，第 5 行绘制当 x 轴数值取为 data_ndarray_2 时，y 轴数值也取为 data_ndarray_2 的线图。同理，第 6 行占用编号为 2 的区域，即第 1 行第 2 列的子图。第 7 行绘制当 x 轴数值取为 data_ndarray_2 时，y 轴数值取为－data_ndarray_2 的线图。

第 8 行占用编号为 3 的区域，即第 2 行第 1 列的子图，第 9 行绘制当 x 轴数值取为 data_ndarray_2 时，y 轴数值取为 data_ndarray_2×data_ndarray_2 的线图；第 10 行占用编号为 4 的区域，即第 2 行第 2 列的子图，第 11 行绘制当 x 轴数值取为 data_ndarray_2 时，y 轴数值取为 log(data_ndarray_2)的线图。第 12 行显示图形。

【运行结果】

运行结果如图 8-5 所示。

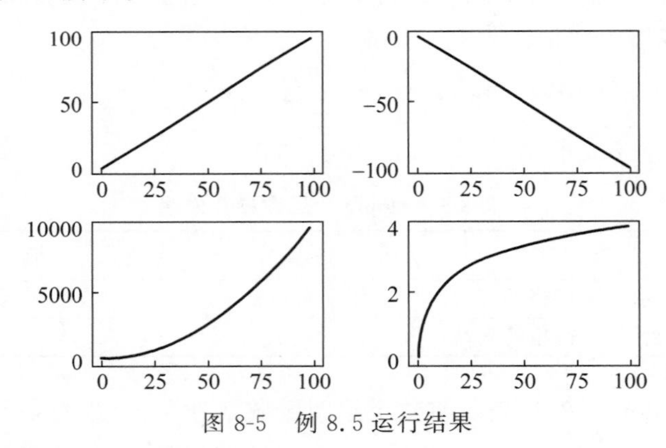

图 8-5 例 8.5 运行结果

3. 坐标轴

坐标轴的设置主要是确定坐标轴的范围和设置坐标轴的刻度。

1) 坐标轴的范围确定

Matplotlib 默认根据数据系列自动缩放坐标轴范围，通过 xlim()和 ylim()函数可以实现手动设置坐标轴范围。以折线 $y=x^2$ 为例，如图 8-5 所示，Matplotlib 默认的横纵坐标轴范围中最小值都为 0，而使用 xlim()和 ylim()函数设置坐标轴范围后，读者可以根据自身需求绘制相应坐标范围内的图形，如图 8-6 所示。

设置 x 轴的坐标轴范围通过 xlim()函数实现，其语法格式为：

```
plt.xlim(xmin,xmax)
```

其中，xmin 表示 x 轴上的最小值，xmax 表示 x 轴上的最大值。函数的作用是更改 x 轴的坐标范围为[xmin，xmax]。同理，y 轴的坐标范围可以通过函数 plt. ylim(ymin，ymax)确定。

例 8.6

```
1:  import numpy as np
2:  import matplotlib.pyplot as plt
3:  data_ndarray = np.arange( - 10,11,1)
4:  sq_ndarray = data_ndarray * data_ndarray
5:  plt.xlim([ - 5,5])
6:  plt.ylim([0,5])
7:  plt.plot (data_ndarray, sq_ndarray)
```

【例题解析】

上述代码绘制了一条 $y=x^2$ 的折线。

第 3 行生成一个－10～11 步长为 1 的数组 data_ndarray。第 4 行定义 sq_ndarray＝data_ndarray * data_ndarray。第 5 行通过 xlim()函数设置 x 轴上最小值为－5，最大值为 5。第 6 行通过 ylim()函数设置 y 轴上最小值为 0，最大值为 5。第 7 行利用 plot()函数，绘制当 x 轴数值取为 data_ndarray 时，y 轴数值取为 sq_ndarray 的图形，即 $y=x^2$ 的折线。

【运行结果】

运行结果如图 8-6 所示。

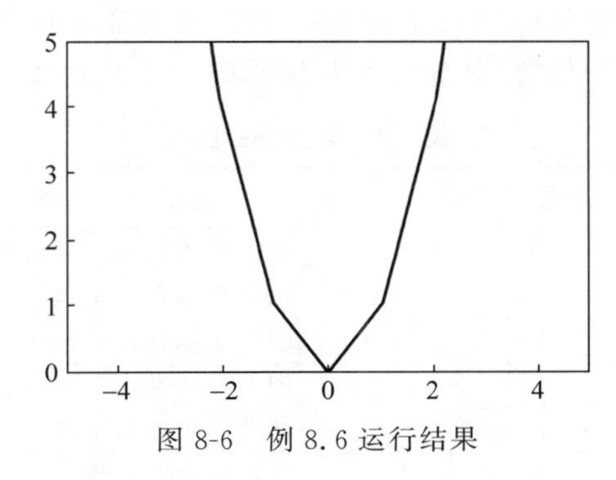

图 8-6　例 8.6 运行结果

2）坐标轴的刻度设置

使用 Matplotlib 绘制图形时，默认情况下的横坐标和纵坐标显示值有时达不到需求，需要借助 xticks()函数和 yticks()函数分别对横纵坐标的显示值进行设置，以增强图形在展示时的可读性。使用 xticks()函数或 yticks()函数来自定义显示值的语法格式为：

```
plt.xticks(ticks,labels)
plt.yticks(ticks,labels)
```

其中，xticks()和 yticks()函数均有两组列表作为参数，第一个列表参数 ticks 指定刻度值，第二个列表参数 labels 指定该刻度处对应的标签。

4. 添加图例

图例用于标注图形中各个组成部分所代表的具体含义，图例对图表起到注释作用。通过 plot()函数的 label 参数配合 legend()函数可以为图表添加图例。plot()函数的 label 参数设置图表的图例名，legend()将图例显示出来，其语法格式为：

```
legend(loc = 'best', ncol = 1, fontsize = None, prop = None, facecolor = 'white', edgecolor = 'black', title = None, title_fontsize = None, shadow = False)
```

参数描述如表 8-6 所示。

表 8-6 legend()函数参数描述

参数	描述
loc	图例的位置，默认自动选择最合适的位置
ncol	图例显示列数，默认是 1 列
fontsize	图例字号大小
prop	关于文本的相关设置
facecolor	图例框的背景颜色，默认为白色
edgecolor	图例框的边框颜色，默认为黑色
title	图例标题
title_fontsize	图例标题的大小
shadow	是否给图例框添加阴影，默认为 False

在 legend()函数中，默认图例名会根据图表自动选择合适的位置，也可以通过设置 loc 参数的值来调整图例的位置，其参数值及说明如表 8-7 所示。

表 8-7 参数 loc 描述

字符串	位置代码	描述
best	0	根据图表区域自动选择最合适的展示位置
upper right	1	图例显示在右上角
upper left	2	图例显示在左上角
lower left	3	图例显示在左下角
lower right	4	图例显示在右下角
right	5	图例显示在右侧
center left	6	图例显示在左侧中心位置
center right	7	图例显示在右侧中心位置
lower center	8	图例显示在底部中心位置
upper center	9	图例显示在顶部中心位置
center	10	图例显示在正中心位置

在设置图例位置时，可以给参数 loc 传入字符串或位置代码。换句话说，代码 plt. legend(loc＝' right ')与代码 plt. legend(loc＝5)所表达的意思是一致的，均表示是在右

侧显示图例。

例 8.7 展示坐标轴的刻度设置、添加图例及更改图例位置。

```
1:  import numpy as np
2:  import matplotlib.pyplot as plt
3:  data_ndarray_3 = np.linspace( - np.pi,np.pi,256,endpoint = True)
4:  C = np.cos(data_ndarray_3)
5:  S = np.sin(data_ndarray_3)
6:  plt.plot(data_ndarray_3,C,'-- ')
7:  plt.plot(data_ndarray_3,S)
8:  plt.xticks([ - np.pi, - np.pi/2, 0, np.pi/2, np.pi],['$ - \pi $ ','$ - \pi/2 $ ',
'$ 0 $ ','$ +\pi/2 $ ','$ +\pi $ '])
9:  plt.yticks([ - 1,0, + 1],['$ - 1 $ ',' $ 0 $ ', '$ + 1 $ '])
10: plt.show()
```

【例题解析】

上述代码绘制了两条三角函数的曲线。

第 3 行利用 linspace()函数创建了一个从 $-\pi$ 至 π，包括 256 个值的等差数列一维数组 data_ndarray_3。第 4 行定义 $C=\cos(x)$，其中，x 取数组 data_ndarray_3 中的值。同理，第 5 行定义 $S=\sin(x)$，其中，x 也取数组 data_ndarray_3 中的值。

第 6 行绘制当 x 轴数值取为 data_ndarray_3 时，y 轴数值取为 C 的曲线，并设置线型为破折线。第 7 行绘制当 x 轴数值取为 data_ndarray_3 时，y 轴数值取为 S 的曲线。第 8 行和第 9 行进行 x 轴和 y 轴的刻度显示设置。第 8 行 xticks()函数中第一个列表指定 x 轴刻度值为 $-\pi$、$-\pi/2$、0、$+\pi/2$，$+\pi$；第二个列表设置对应刻度处的标签，在 Matplotlib 中，字符串首尾需要加上'$ … $ '，此外，还需要进行格式化转义准确显示 π，即需要加上'\'。同理，第 9 行的第一个列表设置 y 轴刻度值为 -1、0、$+1$，第二个参数设置对应刻度处标签为 -1、0、$+1$。第 10 行显示图形，如图 8-7 所示。

添加图例：通过简单修正上述代码，即可添加并显示图例。将第 6 行修改为“plt. plot(data_ndarray_3,C,'--',label='cos')”，第 7 行修改为“plt. plot(data_ndarray_3,S, label='sin')”，第 10 行修改为“plt. legend()”，plot()函数的 label 参数与 legend()函数的配合，显示带图例的图形，该例中默认图例位置为左上角，如图 8-8 所示。

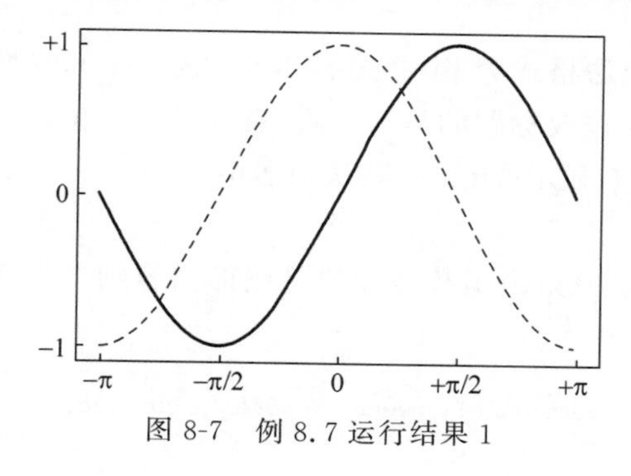

图 8-7 例 8.7 运行结果 1

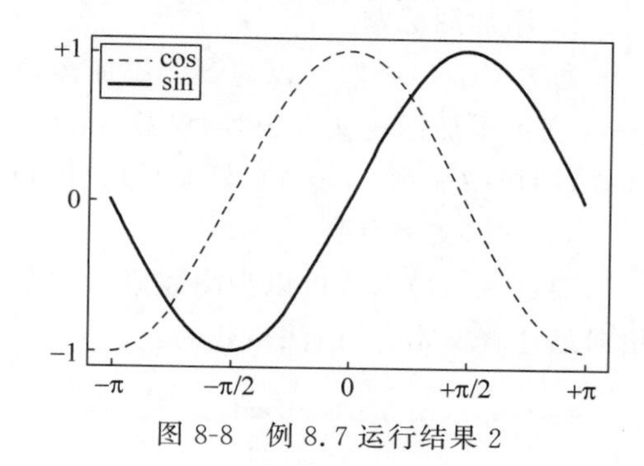

图 8-8 例 8.7 运行结果 2

接下来，以图例显示在底部中心位置为例，展示自定义图例位置。在 legend()函数中设置 loc 参数的值为' lower center '时，即将第 10 行修改为"plt. legend(loc=' lower center ')"，图例显示在底部中心，如图 8-9 所示。

【运行结果】

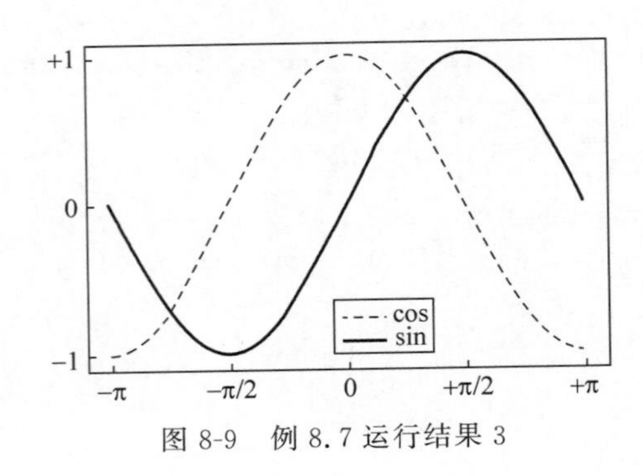

图 8-9　例 8.7 运行结果 3

5. 标签、标题、文字说明和注释

1）添加标签

通过 xlable()函数和 ylable()函数为图表添加 x 轴和 y 轴的标签。为 x 轴添加标签的语法格式为：

```
xlable(s,loc = 'center')
```

参数 s 是 string 类型，表示添加标签文本的内容。参数 loc 用来修改标签的显示位置，默认为居中显示，且显示位置有 3 种选择，如表 8-8 所示。类似地，为 y 轴添加标签的语法格式为 ylable(s,loc='center')，参数含义与 xlable 相同，不赘述。

表 8-8　参数 loc 描述

参　数	描　述	参　数	描　述
center	居中显示	right	靠右显示
left	靠左显示		

2）添加图标题

通过 title()函数可以为图形添加标题，其语法格式为 title(label,loc='center')，参数 label 表示添加标题文本内容，参数 loc 可以用来修改标题的显示位置，有 3 种显示位置供选择，即居中显示(center)、靠左显示(left)和靠右显示(right)，默认为居中。

3）添加文字说明

通过 text()函数可以为图表添加文字说明。text()函数添加的是图形内容细节的无指向型注释文本，其语法格式为：

```
text(x,y,string,horizontalalignment = 'center',verticalalignment = 'center',fontsize)
```

参数描述如表 8-9 所示。

表 8-9 text()函数参数描述

参数	描述
x	文字说明所在位置的横坐标
y	文字说明所在位置的纵坐标
string	所添加文字说明的具体内容
horizontalalignment	表示 string 在水平方向位置，有 center、left、right 三个值可选，默认为 center
verticalalignment	表示 string 在垂直方向位置，有 center、top、bottom 三个值可选，默认为 center
fontsize	设置 string 字体的大小

4）添加文本注释

通过 annotate()函数为图形添加文本注释。annotate()函数添加的是图形内容细节的指向型注释文本，其语法格式为：

```
annotate(string, xy, xytext, arrowprops = None)
```

参数描述如表 8-10 所示。

表 8-10 annotate()函数参数描述

参数	描述
string	添加注释文本的内容
xy	被注释内容的位置坐标
xytext	注释文本的位置坐标
arrowprops	设置箭头的相关参数，颜色、箭头类型

其中，参数 arrowprops 属于字典型数据，如果该属性非空，则会在注释文本与被注释点之间画一个箭头，其具体设置如表 8-11 所示。

表 8-11 参数 arrowprops 描述

参数	描述	参数	描述
width	箭头的宽度	headlength	箭头头部的长度
headwidth	箭头头部的宽度	shrink	箭头两端收缩的百分比

例 8.8 添加标签、标题、文本说明和注释示例。

```
1:  import numpy as np
2:  import matplotlib.pyplot as plt
3:  mu, sigma = 100, 15
4:  x = mu + sigma * np.random.randn(10000)
5:  plt.hist(x, 50, normed = 1,facecolor = 'g')
6:  plt.xlabel('Smarts')
7:  plt.ylabel('Probability')
8:  plt.title('Histogram of IQ')
9:  plt.text(60, .025, r'$\mu = 100, \sigma = 15$')
```

```
10:  plt.annotate('localmax',xy=(100,.0283),xytext=(108, .025),arrowprops=dict
(facecolor='black', shrink=0.05))
11:  plt.show()
```

【例题解析】

上述代码模拟绘制了一条均值为100,标准差为15的IQ值正态概率分布曲线。

第3行定义正态分布的均值100和标准差15。第4行通过randn()函数生成一个均值为100,标准差为15的10 000个随机数,这些随机数组成了一个一维数组x。第5行绘制数据x的直方图,柱子数量设为50,柱子背景颜色填充为绿色,hist()函数的具体参数定义将在9.1.2节介绍。

第6行设置x轴标签为"Smarts"。第7行设置y轴标签为"Probability"。第8行设置图形标题"Histogram of IQ"。第9行表示在(60,0.025)的位置为图表添加文字说明"$\mu=100,\sigma=15$"。第10行添加文本注释,注释内容为'localmax',设置被注释内容的位置坐标为(100,0.0283),即箭头所指位置的坐标为(100,0.0283);设置注释文本所在的位置坐标为(108,0.025),箭头填充色为黑色,箭头两端收缩的百分比为0.5。第11行显示图像。

【运行结果】

运行结果如图8-10所示。

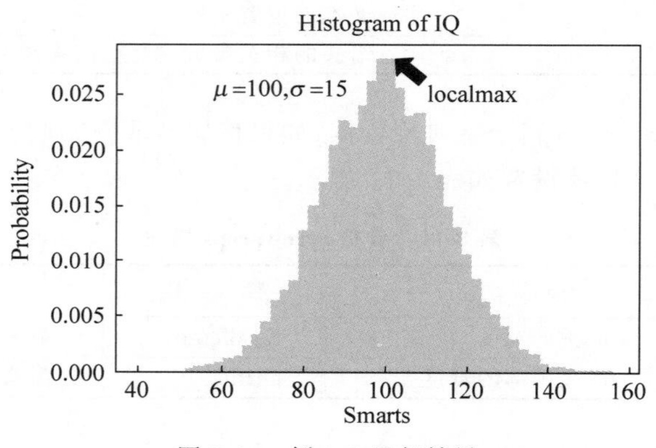

图8-10 例8.8运行结果

8.1.2 基本统计图形

Matplotlib中包含很多快速生成各种图表的函数,使用这些函数可以创建常用的统计图形。不同的统计图形适用于不同类型的数据,如图8-11所示。按照变量表现形式的不同,统计数据类型可以分为非数值型数据和数值型数据。非数值型数据用文本表示,如类别数据性别(男、女),顺序数据奖学金(特定奖、一等奖、二等奖、三等奖)。非数值型数据一般用条形图、饼图等可视化。数值型数据用来说明事物的数字特征。如果是原始数据,则用茎叶图和箱线图可视化;如果是时序数据,可以采用线图展示数据随时间的变化趋势;如果是多元数据,可采用散点图、气泡图和雷达图可视化不同维度变化和趋势。

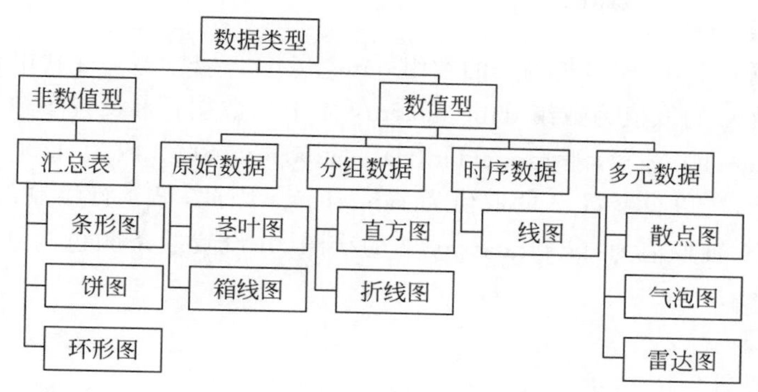

图 8-11　常用统计图形

1. 线图

线图是由折线或曲线构成的图形。线图一般由两个变量绘制，一个作为自变量，另一个作为因变量。分析随着自变量的变化，因变量的变化趋势。线图可同时考查多个变量的变动状况，找出变量间的关系。

plot()函数绘制线图，其基本语法格式为：

```
plot(x, y, color = None, linestyle = None, linewidth = None, marker = None, markeredgecolor = None, markeredgwidth = None, markerfacecolor = None, markersize = None, label = None)
```

其中常见的参数描述如表 8-12 所示。参数中除了参数 y 为必选项，其他参数均为可选项。参数 x 的默认值为 range(len(y))，即返回从 0 开始计数的整数列表，列表中元素的个数为 len(y)个。利用 plot()函数，可以在一个画布上绘制一条或多条折线。

表 8-12　plot()函数常见参数描述

参　数	描　述
x	x 轴数据，可以是列表或数组
y	y 轴数据，可以是列表或数组
color	设置折线的线条颜色
linewidth	设置折线的线条宽度
linestyle	设置折线的线型
marker	设置折线的标记风格
label	标记折线图内容的标签文本，配合 legend()函数使用

例 8.9　线图绘制示例，其中参数 x 采用默认值。

```
1:  import numpy as np
2:  import matplotlib.pyplot as plt
3:  data_ndarray_4 = np.arange(0,5,1)
4:  plt.plot(data_ndarray_4,color = 'r',marker = '*',linestyle = '-')
```

【例题解析】

第3行生成一个0～5步长为1的数组data_ndarray_4。第4行利用plot()函数绘制线图,其中,参数y的取值为数组data_ndarray_4中的数据;未设置参数x的值,因此x取为默认值range(len(y)),即range(len(data_ndarray_4))。因为data_ndarray_4中元素的个数为5个,所以自变量x的取值为range(5)。因此,第4行绘制的是当x轴取值为range(5)时,y轴取值为data_ndarray_4的线图,并设置线条颜色为红色,标记风格为"*",线型为实线。

【运行结果】

运行结果如图8-12所示。

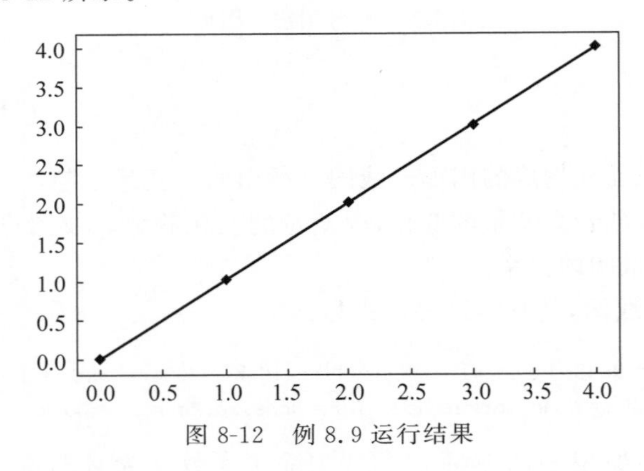

图8-12　例8.9运行结果

2. 直方图

直方图是描述数值型数据最简单也是最重要的统计图形之一。根据变量的取值显示观测变量的频数分布,横轴代表数据分组,纵轴表示频数或百分比(频率)。横轴和纵轴的角色可以互换。

在Matplotlib中可以使用hist()函数绘制直方图,其语法格式为:

```
hist(x, bins = 10, range = (x.min(), x.max()), normed = False, cumulative = False, bottom = 0,
histtype = 'bar', color = None, label = None, stacked = False)
```

其中主要参数描述如表8-13所示。

表8-13　hist()函数常见参数描述

参数	描　述
x	表示每个柱子分布的数据,对应x轴
bins	表示柱子的个数,默认为10
range	表示bins的上下范围(最大值和最小值),默认为(x.min(),x.max());若bins取为序列,则range无效
normed	直方图是否归一化。默认为False。如果设为True,将调整纵坐标的值,使得直方图中每个长方形块的面积之和为1

续表

参数	描 述
cumulative	默认为 False,如果为 True,则计算累计频数
bottom	表示每个柱子底部相对于 $y=0$ 的位置
histtype	画图的形状,有 4 种选择: 'bar':传统的条形直方图,默认值。 'barstacked':堆叠的条形直方图。 'step':未填充的条形直方图。 'stepfilled':填充的条形直方图
color	直方图颜色
label	直方图标签
stacked	是否接收多个输入源,默认为 False。如果为 True,则输出的图为多个数据集堆叠累计的结果

例 8.10 2020 年某店商品甲的月销售额如表 8-14 所示,绘制该店商品甲的月销售额分布直方图。

表 8-14 2020 年某店商品甲的月销售额(单位:万元)

月份	1 月	2 月	3 月	4 月	5 月	6 月
销售额	10	20	20	20	10	10
月份	7 月	8 月	9 月	10 月	11 月	12 月
销售额	30	20	20	10	20	30

```
1:  import matplotlib.pyplot as plt
2:  import matplotlib as mpl
3:  mpl.rcParams['font.sans-serif'] = ['SimHei']
4:  mpl.rcParams['axes.unicode_minus'] = False
5:  Sales = [10,20,20,20,10,10,30,20,20,10,20,30]
6:  bins = range(5,40,10)
7:  plt.hist(Sales,bins = bins)
8:  plt.title('商品甲的月销售额分布')
9:  plt.xlabel('销售额/万元')
10: plt.ylim([0,7])
11: plt.show()
```

【例题解析】

第 5 行定义了列表 Sales,用以存放表 8-14 中商品甲每个月的销售额。第 6 行利用 range()函数生成一个从 5 到 40,步长为 10 的整数列表,即图中的横轴将分为 3 组,即 5~15、15~25、25~35。第 7 行为 Sales 数据绘制直方图。第 8 行设置直方图标题为“商品甲的月销售额分布”。第 9 行设置 x 轴标签为“销售额/万元”,第 10 行设置 y 轴范围为[0,7],第 11 行显示图形。

从图 8-13 看出,商品甲绝大多数月份的销售额为 5~25 万元,更多是集中在 15~25 万元,也有少数月份的销售额会达到 25 万元以上,分析其原因可能是“6·18”和“双十一”

等促销活动带来的短期内较高的销售额。

【运行结果】

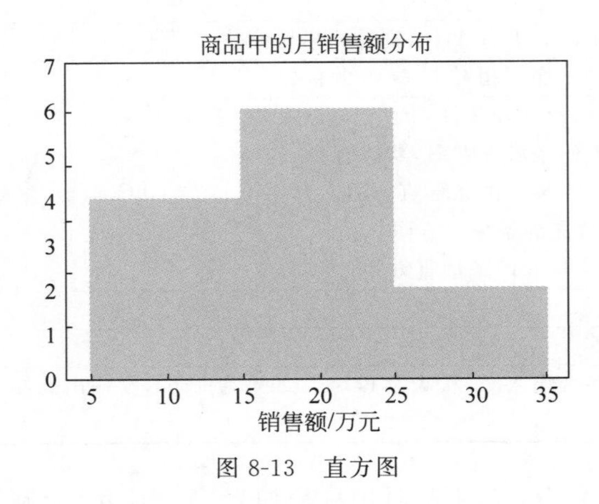

图 8-13　直方图

3. 条形图和柱形图

条形图与柱形图类似，均用于对不同类别进行比较。绘制柱形图使用 bar()函数；绘制条形图使用 barh()函数。将柱形图的 x 轴和 y 轴调换后，柱形图即变成了条形图。

bar()函数和 barh()函数的基本语法为：

```
bar(x,height,width = 0.8,bottom = 0,align = 'center',color = None,edgecolor = None)
barh(y, width, height = 0.8,left = 0,align = 'center',color = None,edgecolor = None)
```

参数描述如表 8-15 和表 8-16 所示。

表 8-15　bar()函数常见参数描述

参　数	描　述
x	柱形图在 x 轴上对应的坐标位置
height	柱形图中每根柱子的高度，即纵坐标
width	每根柱子的宽度，默认值为 0.8
bottom	每根柱子的起始位置，也是 y 轴的起始坐标，默认值为 0
align	柱子与 x 轴刻度线的对齐方式，有 center、edge 两个参数可选，center 表示柱子位于 x 值的中心位置，edge 表示柱子位于 x 值的边缘位置。默认值为'center'
color	柱子的颜色
edgecolor	柱子边缘的颜色

表 8-16　barh()函数常见参数描述

参　数	描　述
y	条形图在 y 轴上对应的坐标位置
width	条形图中每个条形的长度，即横坐标
height	每个条形的宽度，默认值为 0.8
left	每个条形的起始位置，也是 x 轴的起始坐标，默认值为 0

续表

参　数	描　述
align	条形与 y 轴刻度线的对齐方式，有 center、edge 两个参数可选，center 表示条形位于 y 值的中心位置，edge 表示条形位于 y 值的边缘位置。默认值为'center'
color	条形的颜色
edgecolor	条形边缘的颜色

例 8.11　2020 年某店上半年各月销售额如表 8-17 所示，根据表 8-17 绘制该店的月销售额对比柱形图和条形图。

表 8-17　某店上半年各月销售额分布

月　份	1 月	2 月	3 月	4 月	5 月	6 月
销售额/万元	1250	980	650	600	750	1500

（1）绘制柱形图。

```
1:  import matplotlib.pyplot as plt
2:  import matplotlib as mpl
3:  mpl.rcParams['font.sans-serif'] = ['SimHei']
4:  mpl.rcParams['axes.unicode_minus'] = False
5:  months = [1,2,3,4,5,6]
6:  sales = [1250,980,650,600,750,1500]
7:  plt.bar(months,sales,color = 'b')
8:  plt.title('某店上半年各月销售额对比')
9:  plt.xlabel('月份')
10: plt.ylabel('销售额汇总/万元')
11: plt.ylim([0,1600])
12: plt.show()
```

（2）绘制条形图。

```
1:  import matplotlib.pyplot as plt
2:  import matplotlib as mpl
3:  mpl.rcParams['font.sans-serif'] = ['SimHei']
4:  mpl.rcParams['axes.unicode_minus'] = False
5:  months = [1,2,3,4,5,6]
6:  sales = [1250,980,650,600,750,1500]
7:  plt.barh(months,sales,color = 'b')
8:  plt.title('某店上半年各月销售额对比')
9:  plt.xlabel('销售额汇总/万元')
10: plt.ylabel('月份')
11: plt.xlim([0,1600])
12: plt.show()
```

【例题解析】

(1) 第 5 行定义一个包含元素 1～6 的列表 months，用来表示上半年的各个月份。第 6 行定义的是与列表 months 中每个元素(即月份)对应的销售额度列表 sales。第 7 行绘制柱形图，设置横坐标为 months，纵坐标为 sales，柱子颜色为蓝色。第 8 行设置柱形图标题为“某店上半年各月销售额对比”，第 9 行和第 10 行代表分别设置 x 轴标签为“月份”，y 轴标签为“销售额(汇总)”，第 11 行设置 y 轴坐标范围为 0～1600，第 12 行显示图形。

(2) 前 6 行与绘制柱形图一致，第 7 行绘制条形图，设置纵坐标为 months，横坐标为 sales，柱子颜色为蓝色。第 8 行设置柱形图标题为“某店上半年各月销售额对比”，第 9 行和第 10 行代表分别设置 x 轴标签为“销售额(汇总)”，y 轴标签为“月份”，第 11 行设置 x 轴坐标范围为 0～1600，第 12 行显示图形。

无论是柱形图还是条形图，从图 8-14 和图 8-15 看出，该店上半年中，1 月份的销售额较高，但 2、3、4 月份却呈下降趋势，直到 5 月份销售额才开始回涨，6 月份达到上半年销售额的最高值。

【运行结果】

运行结果如图 8-14 和图 8-15 所示。

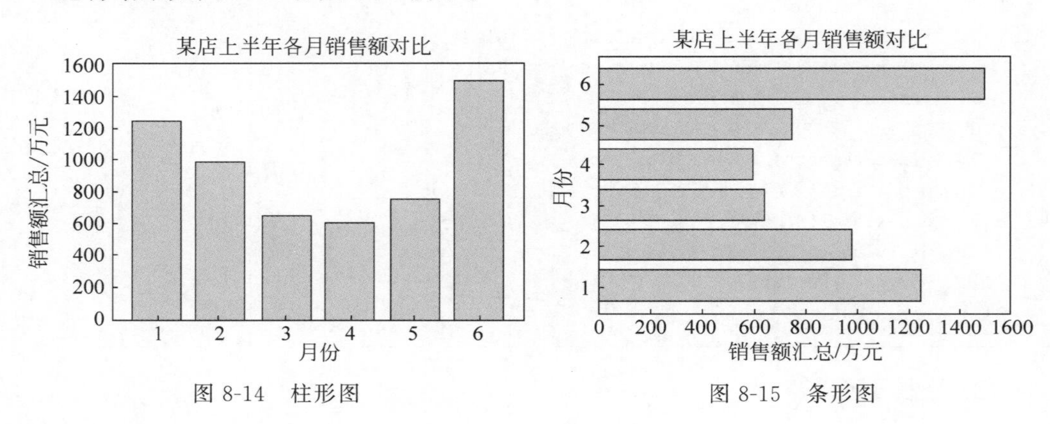

图 8-14 柱形图

图 8-15 条形图

4. 饼图

饼图是一种用来描述定性数据频数或百分比的图形，通常以圆饼或椭圆饼的形式出现。饼图的整个圆代表一个总体的全部数据，圆中的一个扇形表示总体的一个类别，其面积大小由相应部分占总体的比例来决定，且各部分比例的加总为 100%。

在 Matplotlib 中可以使用 pie()函数绘制饼图，其语法格式为：

```
pie(x, explode = None, labels = None, colors = None, autopct = None, pctdistance = 0.6, shadow = False, startangle = 0, radius = 1, counterclok = True, center = (0,0), textprops = None)
```

参数描述如表 8-18 所示。

表 8-18　pie()函数常见参数描述

参　数	描　述
x	待绘图的数据
explode	饼图中每一块离心的距离
labels	饼图中每一块的标签
colors	饼图中每一块的颜色
autopct	控制饼图内数值的百分比格式
pctdistance	数据标签距中心的距离，默认值为 0.6
shadow	是否为饼图添加阴影，默认为 False
startangle	饼图的初始角度，默认值为 0
radius	饼图的半径，默认值为 1
counterclok	是否让饼图按逆时针顺序呈现，默认为 True
center	饼图中心位置，默认为原点(0,0)
textprops	饼图中文本相关属性

例 8.12　根据表 8-17 中的销售额可知，该店上半年总销售额为 5730 万元，各月的销售额占比分别为 0.218、0.171、0.114、0.105、0.131、0.261，绘制该店上半年各月销售额占比饼图。

```
1:  import matplotlib as mpl
2:  import matplotlib.pyplot as plt
3:  mpl.rcParams['font.sans-serif'] = ['SimHei']
4:  mpl.rcParams['axes.unicode_minus'] = False
5:  months = '1 月','2 月','3 月','4 月','5 月','6 月'
6:  colors = ['#c79fef','#ff796c','#ffb07c','#aaff32','#a2cffe','#ff474c', '#ffffe4']
7:  soldNums = [0.218,0.171,0.114,0.105,0.131,0.261]
8:  plt.pie(soldNums,labels = months,autopct = '%3.1f%%',colors = colors)
9:  plt.title('某店上半年各月销售额占比饼图')
10: plt.show()
```

【例题解析】

第 5 行定义一个元组 months 存储上半年各个月份。第 6 行设置列表 colors 定义了 6 种颜色值，颜色的设置采用 xkcd 设置颜色值的方式，第 7 行设置列表 soldNums 为上半年各月份销售总额的占比。

第 8 行绘制饼图，设置绘图数据为 soldNums，每一块的标签为上半年的各个月份，设置颜色为 colors 列表中的颜色，设置饼图内数值占比的显示格式为'%3.1f%%'，其中，小数点前面的数字代表保留的有效数字，小数点后面的数字代表保留到小数点后几位。'3.1f'表示保留 3 位有效数字，保留到了小数点后一位。第 9 行设置图形标题为“某店上半年各月销售额占比饼图”，第 10 行显示图形。

从图 8-16 运行结果的饼图中可以看出，该店上半年的 1 月和 6 月销售额占比较大，分别占到 21.8%和 26.1%，这两个月的销售额之和几乎占到该店上半年总销售额的一半。2、3、4、5 月份销售额较少，尤其是 4 月份的销售额，仅占到该店上半年销售额的 10.5%。

【运行结果】

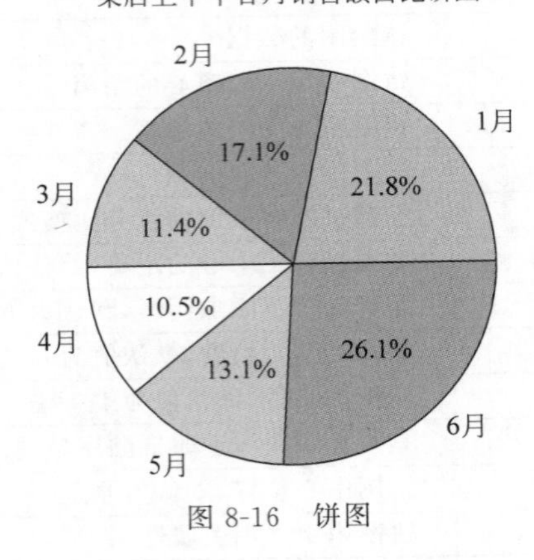

图 8-16　饼图

5. 散点图

散点图主要用于考察多个变量之间的关系,广泛应用于统计数据整理和建模。具体来讲,分别用 x 轴和 y 轴上的值代表其所反映的变量,然后把每个数据点按照 x 轴和 y 轴的二维坐标绘制在二维坐标系中。

在 Matplotlib 中可以使用 scatter()函数绘制散点图,其语法格式为:

```
scatter(x, y, s = 20, c = None, marker = 'o', alpha = None, linewidths = None, edgecolors = None)
```

参数描述如表 8-19 所示。

表 8-19　scatter()函数常见参数描述

参　数	描　述
(x,y)	表示点位置
s	表示每个点的面积,即散点的大小,默认值为 20
c	表示散点的颜色
marker	表示每个点的形状,默认为圆形
alpha	表示散点的透明度
linewidths	表示每个散点的线宽
edgecolors	表示每个散点外轮廓的颜色

例 8.13　鸢尾花数据集是 1936 年由 Fisher 收集整理的,共包含 150 条数据,每个数据包括 4 个属性,分别是花萼长度(sepal_length),花萼宽度(sepal_width),花瓣长度(petal_width),花瓣宽度(petal_width),具体数据集见附录。绘制花瓣宽度与长度之间的散点图。

```
1:  import matplotlib as mpl
2:  import numpy as np
3:  import matplotlib.pyplot as plt
4:  import pandas as pd
```

```
 5:  mpl.rcParams['font.sans-serif'] = ['SimHei']
 6:  mpl.rcParams['axes.unicode_minus'] = False
 7:  iris = pd.read_csv(r'C:/case/iris.csv')
 8:  plt.scatter(x = iris.petal_width, y = iris.petal_length)
 9:  plt.xlabel('花瓣宽度/cm')
10:  plt.ylabel('花瓣长度/cm')
11:  plt.title('鸢尾花的花瓣宽度与长度关系')
12:  plt.show()
```

【例题解析】

第 7 行读入鸢尾花数据集的 CSV 文件，第 8 行以花瓣宽度(petal_width)列为 x 值，以花瓣长度(petal_length)列为 y 值，绘制散点图，第 9 行设置 x 轴标签为“花瓣宽度”，第 10 行设置 y 轴标签为“花瓣长度”，第 11 行设置图形标题为“鸢尾花的花瓣宽度与长度关系”，第 12 行显示图形。

从图 8-17 的运行结果中可以看出，鸢尾花的花瓣宽度与长度之间存在着一定的线性关系，即鸢尾花的花瓣宽度越宽，那么其花瓣长度也就会越长。

【运行结果】

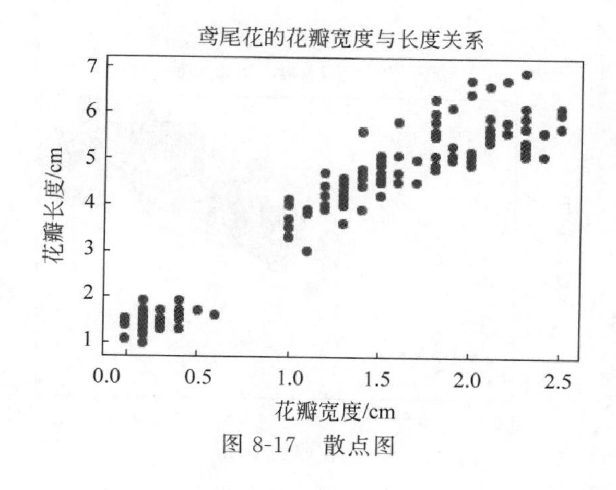

图 8-17 散点图

6. 气泡图

气泡图可视为散点图的延伸，使用气泡来表示散点图中的数据点，这些气泡还可以反映除了横纵坐标轴之外的其他变量的数值大小，其数值越大，气泡就越大，反则反之。气泡图常用于三个变量之间的统计关系分析。

与绘制散点图一样，在 Matplotlib 中绘制气泡图也使用 scatter()函数，只需要设置参数 s 用来表示第三个维度的信息即可。

例 8.14 仍以鸢尾花数据集为例，绘制花瓣宽度、长度、面积之间的气泡图。

```
1:  import matplotlib as mpl
2:  import numpy as np
3:  import matplotlib.pyplot as plt
```

```
 4:  import pandas as pd
 5:  mpl.rcParams['font.sans-serif'] = ['SimHei']
 6:  mpl.rcParams['axes.unicode_minus'] = False
 7:  iris = pd.read_csv(r'C:/case/iris.csv')
 8:  plt.scatter(x = iris.petal_width, y = iris.petal_length, s = 50 * iris.petal_length *
iris.petal_width, c = np.random.randn(150))
 9:  plt.xlabel('花瓣宽度/cm')
10:  plt.ylabel('花瓣长度/cm')
11:  plt.title('鸢尾花的花瓣宽度、长度、面积关系')
12:  plt.show()
```

【例题解析】

上述代码绘制的气泡图是在例8.13的散点图基础上，增加了鸢尾花瓣面积的变量，即在第8行绘制散点图时，增加参数s。为了气泡图的显示效果，将参数s设置为50倍的花瓣长度×花瓣宽度。

从图8-18的运行结果中可以看出，鸢尾花的花瓣宽度与花瓣面积、花瓣长度与花瓣面积之间都存在一定的正比例关系，即花瓣长度和宽度越大，花瓣的面积也就越大。

【运行结果】

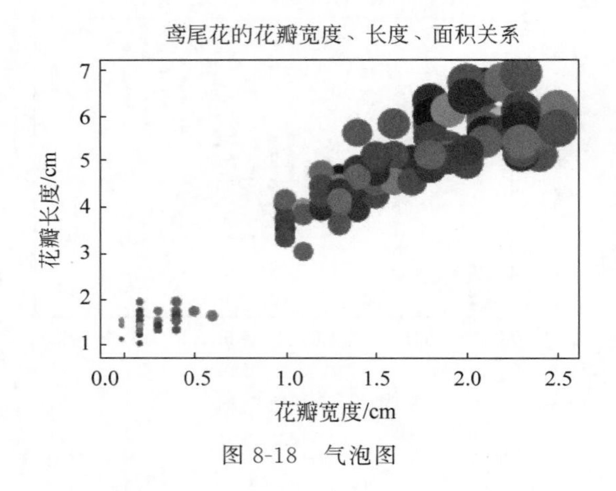

图8-18 气泡图

7. 箱线图

箱线图，又称盒须图，是用一个类似盒子的图形来描述数据分布状况的图形。箱线图可显示出数据的异常值、最大值、最小值、中位数和上下四分位数。在箱线图中，箱子中间的一条线代表了数据的中位数，箱子的上底代表数据的上四分位数，箱子的下底代表数据的下四分位数，箱体上面的一条线代表数据的最大值，箱体下面的一条线代表数据的最小值。最大值和最小值之间的范围称为正常范围，超出正常范围的值属于异常值。

在Matplotlib中可以使用boxplot()函数绘制箱线图，其语法格式为：

```
boxplot(x, north = False, sym = '+', vert = True, whis = 1.5, positions = range(1, n + 1), width =
0.5, patch_artist = False, meanline = False, boxprop = None, labels = None)
```

参数描述如表 8-20 所示。

表 8-20 boxplot()函数常见参数描述

参 数	描 述
x	表示待绘图的数据
north	是否以凹凸的形式展现箱线图，默认为非凹凸
sym	表示异常点的形状，默认为“+”
vert	表示箱线图方向，True 表示纵向，False 表示横向，默认为纵向
whis	表示上下须与上下四分位数的距离，默认为 1.5 倍的四分位差
positions	表示箱线图的位置，默认为 range(1,n+1)
width	表示箱形图的宽度，默认为 0.5
patch_artist	是否填充箱体颜色，默认为 False
meanline	是否用线的形式表示均值，默认用点来表示
boxprop	设置箱体的属性，如边框颜色、填充色
labels	箱线图的标签

例 8.15 根据表 8-17 中的信息，绘制该店上半年各月销售额稳定性的箱线图。

```
1:  import matplotlib.pyplot as plt
2:  import matplotlib as mpl
3:  mpl.rcParams['font.sans-serif'] = ['SimHei']
4:  mpl.rcParams['axes.unicode_minus'] = False
5:  sales = (1250,980,650,600,750,1500)
6:  plt.boxplot(sales, vert = True)
7:  plt.ylabel('销售额/万元')
8:  plt.title('某店上半年各月销售额稳定性')
```

【例题解析】

第 5 行定义元组 sales，表示该店上半年各月的销售额。第 6 行绘制箱线图，设置绘图数据为 sales，绘图方向为纵向。第 7 行设置 y 轴标签为“销售额”，第 8 行设置图形标题为“某店上半年各月销售额稳定性”。

从图 8-19 的运行结果中可以看出，该店上半年各月销售额的最大值在 1400 万元以上，最小值在 600 万元左右，上四分位数在将近 1200 万元左右的位置，下四分位数在 650 万元左右，中位数在 800 万元左右，无异常值。

【运行结果】

箱线图具有识别数据异常值、判断数据偏态和尾重、比较几批数据形状的作用。

异常值是指样本中的一些数值明显偏离其余数值的样本点，所以也被称为离群点。异常值对数据分析带来的不良影响是巨大的，箱线图可将这一部分数据额外展现出来，突出异常值的特异性。在识别数据异常值时，箱线图的标准以四分位数和四分位距为基础，四分位数具有一定的耐抗性，所以箱线图识别异常值的结果比较客观。

偏态表示偏离程度，通过箱线图的形状可以看出数据分布特征，若中位数在箱子的正中间，则数据呈正态分布，若靠近箱子的上底，则数据呈左偏分布，若靠近箱子的下底，则

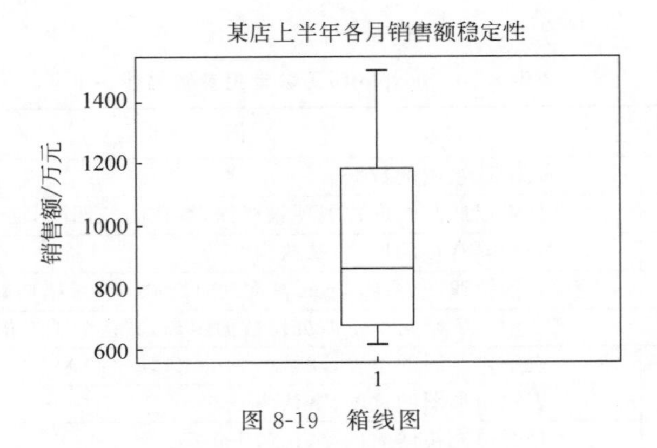

图 8-19 箱线图

数据呈右偏分布。对于标准正态分布的样本,只有极少值为异常值,而异常值越多说明尾部越重,自由度也就越小(即自由变动的量的个数)。

利用箱形图还可以比较几批数据的情况,由于同一数轴上,几批数据的箱线图并行排列,可以考查不同变量或不同属性之间的离散程度和数值的平均水平,中位数、尾长、异常值、分布区间等形状信息都可一目了然。

8. 雷达图

雷达图,又可称为戴布拉图、蜘蛛网图,即将各项分析所得的数字或比率,就其比较重要的项目集中画在一个圆形的图表上,用以表现各项比率的情况。使用者能一目了然地了解各项指标的变动情形及其好坏趋向。

在 Matplotlib 模块中没有绘制雷达图的封装函数,但依然可以使用 Matplotlib 绘制雷达图,只需要把二维坐标变换成极坐标,然后在极坐标的基础上绘制折线图即可。

绘制极坐标的语法格式为:

```
polar(theta,r,color,marker,linewidth, ** kwargs)
```

参数描述如表 8-21 所示。

表 8-21 polar()函数常见参数描述

参 数	描 述
theta	表示每个点所在射线与极径的夹角,极角
r	表示每个点到原点的距离,极径
color	表示线条的颜色
marker	表示每个点的标记风格
linewidth	表示线条的宽度

例 8.16 已知某企业有两名员工 A 和 B,高层领导对他们的工作状态各个方面进行了打分,得分结果如表 8-22 所示。根据表中的数据对比两员工的工作状态,绘制雷达图。

表 8-22 员工 A、B 工作状态评分表

员工	个人能力	IQ	服务意识	团队精神	解决问题能力	持续学习
A	83	61	95	67	76	88
B	90	80	65	72	80	70

```
1:  import matplotlib.pyplot as plt
2:  import matplotlib as mpl
3:  import numpy as np
4:  mpl.rcParams['font.sans-serif'] = ['SimHei']
5:  mpl.rcParams['axes.unicode_minus'] = False
6:  label = np.array(["个人能力","IQ","服务意识","团队精神","解决问题能力","持续学
习"])
7:  stats = [83, 61, 95, 67, 76, 88]
8:  stats_1 = [90, 80, 65, 72, 80, 70]
9:  angles = np.linspace(0,2 * np.pi,6,endpoint = False)
10: label = np.concatenate((label,[label[0]]))
11: stats = np.concatenate((stats,[stats[0]]))
12: stats_1 = np.concatenate((stats_1,[stats_1[0]]))
13: angles = np.concatenate((angles,[angles[0]]))
14: fig = plt.figure()
15: ax = fig.add_subplot(111,polar = True)
16: ax.plot(angles, stats)
17: ax.plot(angles, stats_1)
18: ax.set_thetagrids(angles * 180/np.pi,labels = label)
19: plt.title('员工状态对比雷达图')
20: plt.show()
```

【例题解析】

第 6 行定义数组 label 表示评价员工的各个方面，第 7 行和第 8 行分别生成数组 stats 和 stats_1 表示两名员工的得分。因为共有 6 方面的评分，所以第 9 行在 $0\sim2\pi$ 之间生成包含 6 个元素的等差数列，并设置 2π 不包含在等差数列中。NumPy 下的 concatenate((a1,a2,…), axis=0)函数可以实现多个数组的拼接。因此，第 10～13 行是保证数组 label、数组 stats、数组 stats_1 和数组 angles 的闭合。第 14 行生成一张空白画布，第 15 行设置绘制一个极坐标系。第 16 行在极坐标上绘制线图，仍然使用 plot(x,y)函数。值得注意的是，在直角坐标系中，x 和 y 扮演的是自变量与因变量的角色，而在极坐标系中这两个角色分别是极角(theta)与极径(r)，即第 16 行表示绘制当参数 theta 取为数列 angles 的值时，参数 r 取为数组 stats 中值的线图。同理，第 17 行表示绘制当参数 theta 取为数列 angles 的值时，参数 r 取为数组 stats_1 中值的线图。第 18 行添加雷达图中每一项的标签，设置其显示为数组 label 中的元素。第 19 行设置图形标题为“员工状态对比雷达图”。第 20 行显示图形。

从图 8-20 的运行结果中可以清晰看出两名员工的状态的对比。从图中可以看出，员工 A 的服务意识和持续学习能力较强，IQ 能力较弱；而员工 B 的各项能力相对比较均衡，个人能力较为突出。

【运行结果】

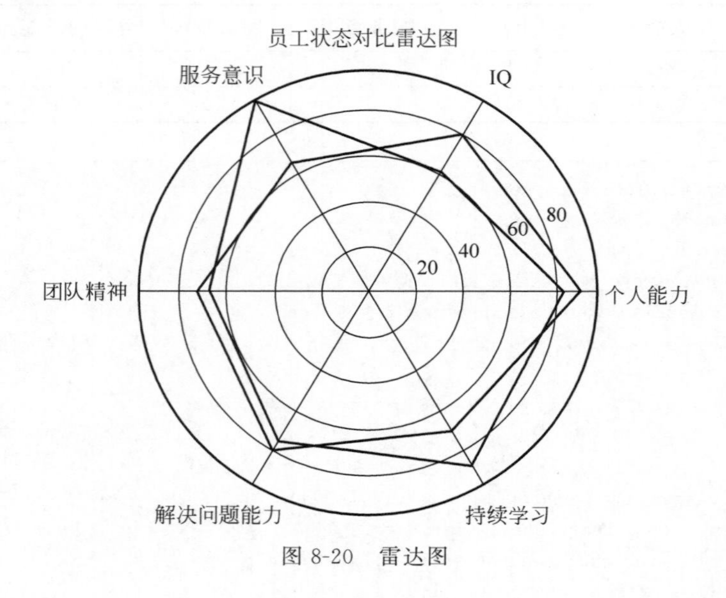

图 8-20　雷达图

8.2　pandas 绘图

Matplotlib 实际上是一种底层的绘图工具,其核心库可供其他包调用。其他绘图工具如 pandas、Seaborn 等包也可实现对数据绘图,并且也会用到数据、图例、标题、刻度、标签等各种绘图组件。但是,pandas 绘图中仅集成了常用的图形类型,更多复杂的绘图需求往往还需要 Matplotlib 或其他可视化库。

pandas 库提供了 Series、DataFrame 等类型的对象,且集成了 Matplotlib 中的基础组件,使绘图更加简单。pandas 的两类基本数据结构 Series 和 DataFrame 都提供了统一的接口 plot()函数。因此,如果绘图数据存在于 Series 或 DataFram 对象中,就可以使用 pandas 的 plot()函数直接绘制,pandas 绘图的 plot()函数使用的库是 Matplotlib 的 pyplot。

使用 pandas 的 plot()函数既可以绘制单个图,也可以绘制叠加图。即 pandas 绘图不仅支持一组数据图形的绘制,也支持多组数据图形的绘制。一般情况下,Series 数据结构用来绘制单个图,而 DataFrame 数据结构用来绘制叠加图。

pandas 绘制图形主要有两种形式:第一,pandas 对象.plot(kind='图形类型',*arg);第二,pandas 对象.plot.图形类型(**kwargs,*args)。pandas 绘图支持的所有图形类型如表 8-23 所示。根据绘制图形类型的不同,plot()函数中的参数设置不同,其具体的参数设置与 Matplotlib 对应图类型的绘制语句设置相同。因此,本书只对默认的线图进行介绍,参数说明如表 8-24 所示,其余类型不再赘述。

表 8-23 pandas 中 kind 常用参数说明

参 数	图形类型	参 数	图形类型
line	折线图	kde	核密度估计曲线图
bar	竖直条形图	density	同 kde
barh	水平条形图	area	面积图
hist	直方图	pie	饼图
box	箱形图	scatter	散点图

表 8-24 pandas 绘制线图的常见参数描述

参 数	描 述
x	指定 x 轴标签或位置
y	指定 y 轴标签或位置
kind	指定绘制的图形类型，默认为绘制线图
ax	Matplotlib 的轴对象
subplots	是否为每一列单独绘制一幅图，默认把所有列绘制在一个图形中
layout	用一个元组(rows,columns)来设计子图的布局
figsize	用一个元组(width,height)来设置图像的尺寸(英寸)
use_index	是否使用索引作为 x 轴的刻度，默认不使用
title	设置图形的标题
grid	是否设置图形网格线
legend	放置图例
style	使用列表或字典分别为每一列设置 Matplotlib 绘制线条的风格
logx	将 x 轴对数化，默认不对数化
logy	将 y 轴对数化，默认不对数化
loglog	将 x 轴和 y 轴同时对数化，默认不对数化
xticks	设置 x 轴的刻度
yticks	设置 y 轴的刻度
xlim	设置 x 的上下界
ylim	设置 y 的上下界
rot	使用一个整数来设置刻度的旋转方向
fontsize	使用一个整数来设置 x 轴和 y 轴刻度的字号
sort_columns	对图形列的名称进行排序放置，默认为 False

(1) pandas 对象. plot(x=None, y=None, kind='line', ax=None, subplots=False, layout=None, figsize=None, use_index=True, title=None, grid=None, legend=False, style=None, logx=False, logy=False, loglog=False, xticks=None, yticks=None, xlim=None, ylim=None, rot=None, fontsinze=None, sort_columns=False, * * arg)

(2) pandas 对象. plot. line(x=None, y=None, ax=None, subplots=False, layout=None, figsize=None, use_index=True, title=None, grid=None, legend=False, style=None, logx=False, logy=False, loglog=False, xticks=None, yticks=None, xlim=None, ylim=None, rot=None, fontsinze=None, sort_columns=False, * * arg)

例 8.17 某店出售 A、B、C 三种商品，每种商品在 2020 年上半年各月的销售额如表 8-25 所示。根据表中数据，绘制商品 A 的销售额柱形图以及这三种商品的销售额变化线图。

表 8-25 三种商品上半年各月销售额分布

月　　份	1月	2月	3月	4月	5月	6月
A销售额/万元	10	20	10	10	10	30
B销售额/万元	10	20	20	20	10	20
C销售额/万元	310	170	110	250	270	300

(1) 以绘制商品A的销售额柱形图为例,展示绘制Series数据结构的柱形图。

```
 1:  import pandas as pd
 2:  import numpy as np
 3:  import matplotlib as mpl
 4:  import matplotlib.pyplot as plt
 5:  mpl.rcParams['font.sans-serif'] = ['SimHei']
 6:  mpl.rcParams['axes.unicode_minus'] = False
 7:  data = pd.Series([10,20,10,10,10,30],index = np.arange(1,7,1))
 8:  bar = data.plot(kind = 'bar',title = '商品A上半年各月销售额')
 9:  bar.set_xlabel('月份')
10:  bar.set_ylabel('销售额/万元')
11:  bar.plot( )
```

【例题解析】

第7行给出商品A上半年的销售额数据data,并以列表形式存储在Series数据结构中。第8行直接绘制柱形图,并设置标题为"商品A上半年各月销售额"。值得注意的是,第8行中绘制柱状图的等价表达方式为 bar=data.plot.bar(title='商品A上半年各月销售额')。第9行和第10行分别设置x轴和y轴标签为"月份"和"销售额"。第11行显示图形。

从图8-21的运行结果中可以看出,商品A的销售额在6月份最高,达到30万元;3、4、5月份最低,仅有10万元。因此,可以据此控制每年3～5月份的商品进货量,以减少流动成本。

【运行结果】

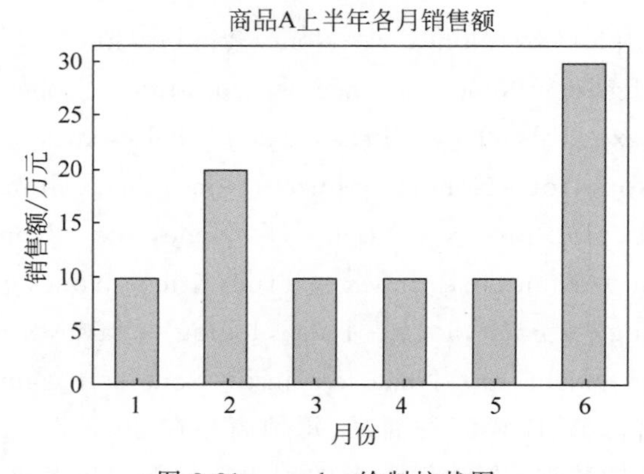

图 8-21 pandas绘制柱状图

(2) 以绘制三种商品的销售额变化线图为例,展示绘制 DataFrame 数据结构的线图。

```
 1:  import pandas as pd
 2:  import numpy as np
 3:  import matplotlib as mpl
 4:  import matplotlib.pyplot as plt
 5:  mpl.rcParams['font.sans-serif'] = ['SimHei']
 6:  mpl.rcParams['axes.unicode_minus'] = False
 7:  data = pd.DataFrame({'A':[10,20,10,10,10,30],'B':[10,20,20,20,10,20],'C':[310,170,
110,250,270,300]},index = np.arange(1,7,1))
 8:  line = data['A'].plot(linestyle = '-',title = '三种商品上半年各月销售额变化线图',
label = 'A')
 9:  line = data['B'].plot(linestyle = '-.',label = 'B')
10:  line = data['C'].plot(linestyle = ':',label = 'C')
11:  line.set_xlabel('月份')
12:  line.set_ylabel('销售额/万元')
13:  plt.legend( )
```

【例题解析】

第 7 行给出三种商品上半年的销售额数据,并以字典形式创建 DateFrame 数据结构。第 8～10 行分别对第 7 行中的 A、B、C 三种商品数据绘制线图,并设置标题为“三种商品上半年各月销售额变化线图”,其中,商品 A 用实线表示,商品 B 用点画线表示,商品 C 用虚线表示。值得注意的是,使用 plot 方法绘图时,如果不指定图形类型,则默认绘制线图,因此第 8～10 行直接表示绘制线图。第 11～12 行分别设置 x 轴和 y 轴标签为“月份”和“销售额”。第 13 行显示图形,值得注意的是,DateFrame 数据结构绘图时,结果中会以列名为标签自动添加图例,因此第 13 行使用的是 legend( )函数,以显示带图例的图形。

从图 8-22 的运行结果中可以看出,商品 C 的销售额在上半年远高于商品 A 和 B,但 A、B 两种商品在上半年的销售额比较稳定,基本维持在 10 万元～30 万元,而商品 C 的销售额在上半年的变化较大,尤其是 3 月份的销售额是上半年销售额的最低点。

【运行结果】

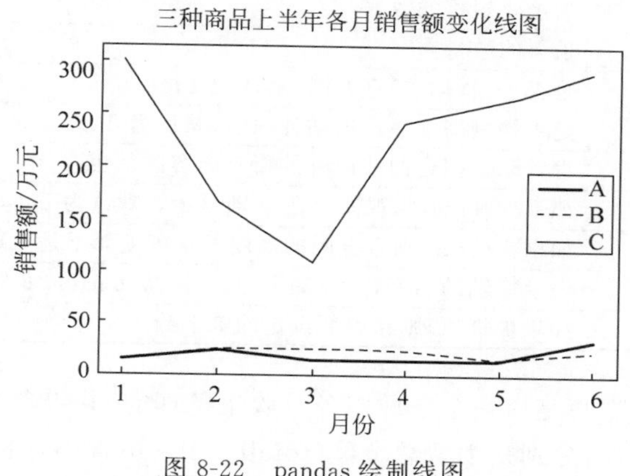

图 8-22　pandas 绘制线图

8.3 Seaborn 绘图

Seaborn 是一种基于 Matplotlib 的图形可视化 Python 库，它是 Matplotlib 的补充，而不是替代物。Seaborn 基于 Matplotlib 核心库进行了更高级的 API 封装，使作图更加容易。它提供了一种高度交互式界面，便于用户做出各种有吸引力的统计图表。Seaborn 的吸引力主要体现在配色更加舒服，以及图形元素的样式更加细腻。

当处理一组数据时，通常需要了解变量是如何分布的。对单变量的数据来说，一般采用直方图或核密度曲线；对于双变量来说，可采用多面板图形展现，如散点图、二维直方图、核密度估计图形等。针对以上情况，Seaborn 库提供了一些函数，本节将从单变量数据分布、双变量数据和多变量数据分布三方面介绍如何利用 Seaborn 绘图。

8.3.1 单变量数据分布

单变量数据分布主要是对单个变量的分布特征和规律进行刻画和描述，用最简单的概括形式反映样本所容纳的基本信息，描述该数据的频数(频率)分布、集中趋势和离散程度。可以采用最简单的直方图描述单变量的分布情况。

Seaborn 中提供了 distplot()函数。distplot()函数默认绘制的是一个带有核密度估计曲线的直方图。distplot()函数语法格式为：

```
seaborn.distplot(a, bins = None, hist = True, kde = True, color = None, vertical = False, norm_
hist = False, axlabel = None, label = None, ax = None)
```

常用参数描述如表 8-26 所示。其中，直方图用以表示样本数据的分布，使我们对样本数据的分布有一个基础的了解；核密度估计曲线是在直方图的基础上，将组距不断缩小，在极限的情况下形成一条曲线，用以基于有限的样本推断总体数据的分布。通过核密度估计图可以比较直观地看出数据样本本身的分布特征。

表 8-26 distplot 常用函数参数描述

参数	描述
a	表示要观察的数据
bins	条形的数量
hist	是否绘制(标注)直方图，默认为 True
kde	是否绘制高斯核密度估计曲线，默认为 True
color	设置除了拟合曲线以外的所有内容的颜色
vertical	如果为 True，则观测值在 y 轴显示。默认为 False
norm_hist	如果为 True，则直方图的高度显示密度而不是计数。默认为 False
axlabel	表示横轴的名字，若被提供，则尝试从 a.name 获取
ax	如果被提供，则在参数设定的轴上绘图

例 8.18 tips 数据集是由一个餐厅服务员收集整理的，共包含 244 条记录的数据集。每条数据包括 7 个属性，分别是消费总金额(totall_bill)(不含小费)、小费金额(tip)、顾客

性别(sex)、消费的星期(day)、消费的时间段(time)、用餐人数(size)和顾客是否吸烟(smoker),具体数据集见附录。描述数据集中顾客消费总金额的单变量数据分布情况。

```
1:  import matplotlib as mpl
2:  import matplotlib.pyplot as plt
3:  import pandas as pd
4:  import seaborn as sns
5:  sns.set()
6:  mpl.rcParams['font.sans-serif'] = ['SimHei']
7:  mpl.rcParams['axes.unicode_minus'] = False
8:  tips = pd.read_csv(r'C:/case/tips.csv')
9:  ax = sns.distplot(tips['total_bill'])
10: plt.title('顾客消费总金额分布')
11: plt.xlabel('total_bill/元')
12: plt.show()
```

【例题解析】

上述代码绘制的是核密度估计曲线图和直方图,反映 tips 数据集中顾客总消费金额分布情况。

第 4 行导入 Seaborn 的绘图接口,第 5 行使用 Seaborn 调用 set()函数获取默认绘图。第 8 行读 tips 数据集的 CSV 文件。第 9 行利用 distplot()函数,以 total_bill 列为变量,绘制一个带有核密度估计曲线的直方图。第 10 行设置直方图标题为"顾客消费总金额分布"。第 11 行设置 x 轴标签为"total_bill",第 12 行显示图形。

从图 8-23 的运行结果中可以看出,顾客的消费总金额最高达到 50～60 元,最少为 0～5 元,大部分顾客的消费总金额在 15 元左右。根据以上样本数据的结果发现,大多数顾客来该餐厅消费愿意支付的金额在 15 元左右,因此餐厅的菜品定位和服务都应该以这一价格为标准不断改进,以满足这一顾客群体的需求,展现出餐厅的特色。

【运行结果】

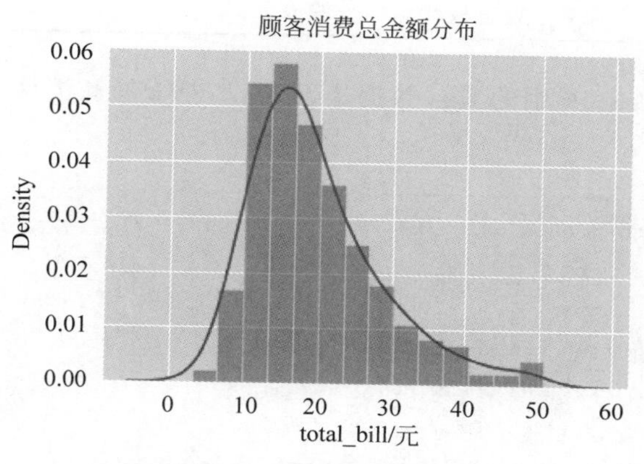

图 8-23　distplot 方法绘图

8.3.2 双变量数据分布

双变量数据分布可以描述出两个不同的变量之间是否存在关系，以实现预测或相互解释的目的。在二维坐标系中创建散点图，如果数据大致符合直线或曲线，那么这两个变量之间可能存在关系或相关性。

在 Seaborn 中，绘制双变量数据分布图，最简单的方法是使用 jointplot()函数。该函数可以创建一个多面板图形，如散点图、二维直方图、核密度估计等，以显示两个变量之间的双变量关系以及每个变量在单独坐标轴上的单变量分布。

jointplot()函数的语法格式为：

```
seaborn.jointplot(x,y,data = None,kind = 'scatter',stat_func = <function,pearsonr>,color =
None, size = 6,ratio = 5,space = 0.2,xlim = None,ylim = None,marginal_kws = None)
```

参数描述如表 8-27 所示。

表 8-27 joinplot()函数参数描述

参　数	描　述
x,y	设置 x 轴和 y 轴，显示 columns 名称
data	设置数据
kind	设置绘制图形的类型，默认为散点图
stat_func	用于计算有关关系的统计量并标注图
color	设置图形颜色
size	图表的大小(自动调整为正方形)，默认值为 6
ratio	设置中心图与侧边图的比例，值越大，中心图的占比越大
space	设置中心图与侧边图的间隔大小，默认值为 0.2
xlim	设置 x 轴范围
ylim	设置 y 轴范围
marginal_kws	设置柱状图柱子的数量

例 8.19 依据例 8.18 中的 tips 数据集，研究小费金额和消费总金额之间是否存在相关性。

```
1:  import seaborn as sns
2:  import pandas as pd
3:  from pylab import mpl
4:  mpl.rcParams['font.sans - serif'] = ['SimHei']
5:  mpl.rcParams['axes.unicode_minus'] = False
6:  tips = pd.read_csv(r'C:/case/tips.csv')
7:  sns.jointplot(x = 'total_bill/元', y = 'tip', data = tips)
```

【例题解析】

第 6 行读入 tips 数据集的 CSV 文件。第 7 行利用 jointplot()函数绘制小费金额和消费总金额的散点图和直方图双变量数据分布图，其中，设置 x 轴为'total_bill'，设置 y 轴为'tip'。值得注意的是，如果不定义图形类型，则默认为绘制散点图和直方图，即第 7 行语句与 sns.jointplot('total_bill','tip',data=tips,kind='scatter')等价。

图 8-24 是例 8.19 的运行结果，从散点图观察，小费金额与消费总金额呈现一定的正相关关系，即消费金额越多的顾客，可能给出更高的小费。此外，从图的上侧和右侧的单变量数据分布图中可以看出小费金额和消费总金额的分布集中趋势和特征，小费金额大多集中在 3 元附近，而消费总金额大多集中在 15 元附近，但也有个别异常情况的存在。

【运行结果】

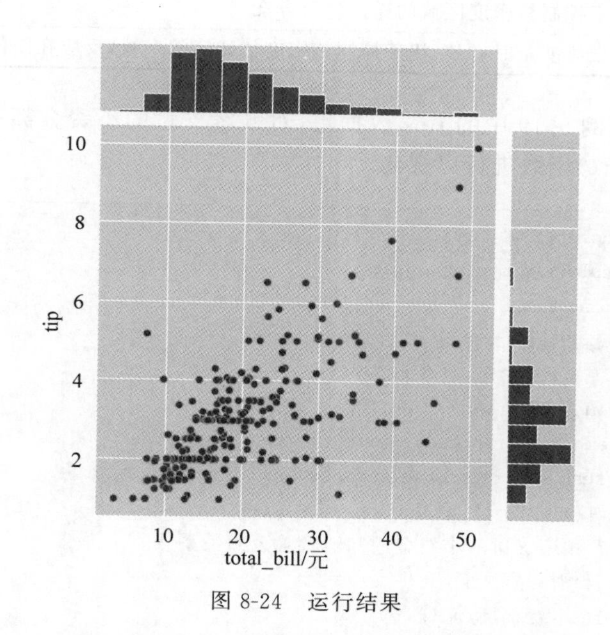

图 8-24　运行结果

除了 jointplot()函数之外，还可以使用 kdeplot()函数对单变量和双变量进行核密度估计并可视化，其语法格式为：

```
seaborn.kdeplot(data, data2, shade = True, vertical = True, kernel = 'gau', legend = False,
cumulative = False, shade_lowest = True, cbar = False, color = None, cmap = None, n_levels = None)
```

主要参数描述如表 8-28 所示。

表 8-28　kdeplot()函数参数描述

参　数	描　述
data	一维数组，单变量时作为唯一的变量
data2	格式同 data，单变量时不输入，双变量作为第 2 个输入变量
shade	用于控制是否对核密度估计曲线下的面积进行色彩填充

续表

参　数	描　述
vertical	在单变量输入时有效,用于控制是否颠倒 x 轴和 y 轴位置
kernel	用于控制核密度估计曲线的方法,默认为'gau',即高斯核
legend	用于控制是否在图像上添加图例,默认为 False
cumulative	用于控制是否绘制核密度估计的累积分布,默认为 False
shade_lowest	用于控制是否为核密度估计中最低的范围着色,主要用于同一个坐标轴比较多个不同分布总体
cbar	用于控制是否在绘制二维核密度估计图时在图像右侧边添加比色卡
color	用于控制核密度曲线色彩
cmap	用于控制核密度区域的递进色彩方案
n_levels	在二维变量时有效,用于控制核密度估计区间个数,反应在图像上的闭环层数

例 8.20　依据例 8.19 中的 tips 数据集,对顾客支付的小费金额和消费总金额之间的关系利用 kdeplot()函数进行可视化。

```
1:  import matplotlib as mpl
2:  import matplotlib.pyplot as plt
3:  import pandas as pd
4:  import seaborn as sns
5:  sns.set()
6:  mpl.rcParams['font.sans-serif'] = ['SimHei']
7:  mpl.rcParams['axes.unicode_minus'] = False
8:  tips = pd.read_csv(r'C:/case/tips.csv')
9:  sns.kdeplot(x = 'total_bill', y = 'tip', data = tips)
10: plt.title('顾客支付的小费金额和消费总金额关系')
11: plt.xlabel('消费总金额/元')
12: plt.ylabel('小费金额/元')
13: plt.show()
```

【例题解析】

上述代码绘制的是顾客支付的小费金额和消费总金额之间关系的双变量核密度估计图。

第 8 行读入 tips 数据集的 CSV 文件。第 9 行利用 kdeplot()函数绘制双变量核密度估计图,设置消费总金额(total_bill)为第一个输入变量,小费金额(tip)为第二个输入变量。第 10 行设置图像标题为“顾客支付的小费金额和消费总金额关系”,第 11 行和第 12 行分别设置 x 轴和 y 轴标签为“消费总金额”“小费金额”,第 13 行显示图形。图 8-25 反映了两变量的集中趋势和正相关关系

【运行结果】

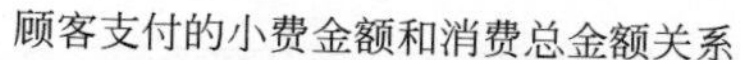
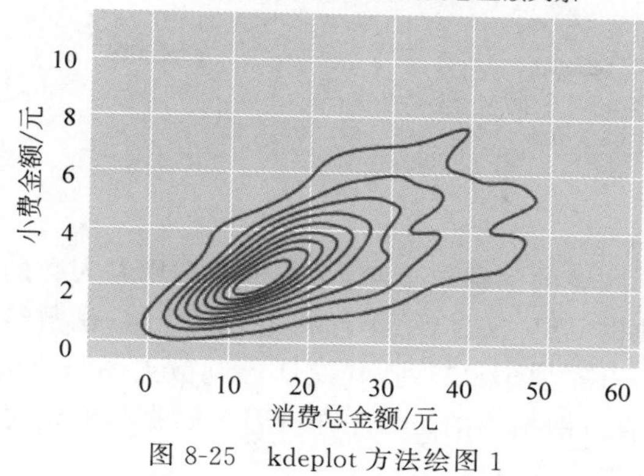

图 8-25 kdeplot 方法绘图 1

8.3.3 多变量数据分布

多变量数据分布是对三个或者更多变量的数据分布情况的描述。当需要同时考查多个变量间的相关关系时，若一一绘制它们两两之间的简单散点图，十分麻烦，可以利用矩阵散点图同时绘制各自变量间的散点图。矩阵散点图建立在直方图和散点图两个基本图形上，其中，对角线上的直方图显示的是单个变量的分布，而上下三角形上的散点图显示了两个变量之间的关系。

在 Seaborn 中，可以使用 pairplot() 函数绘制成对的关系图，如例 8.21 所示，其语法格式为：

```
seaborn.pairplot(data, hue = None, palette = None, vars = None, x_vars = None, y_vars = None,
kind= 'scatter',diag_kind= 'hist',markers = None,size = 6,aspect = 1,dropna = True,plot_kws = None,
diag_kws = None,grid_kws = None)
```

主要参数描述如表 8-29 所示。

表 8-29 pairplot() 函数参数描述

参　数	描　述
data	设置数据
hue	表示使用指定变量为分类变量画图
palette	设置调色板颜色
vars	确定要显示的对应变量的统计图。若不设置，则显示全部变量
x_vars	确定要显示 x 轴的对应变量的统计图。若不设置，则显示全部变量
y_vars	确定要显示 y 轴的对应变量的统计图。若不设置，则显示全部变量
kind	设置绘制图形的类型，默认为绘制散点图
diag_kind	设置对角线子图的类型，默认为绘制直方图
markers	设置绘制图形的形状
size	图的尺寸大小(正方形)，默认为 6
aspect	指定每个图的边长(英寸)
dropna	表示是否剔除缺失值，默认为 True
{plot,diag,grid}_kws	指定其他参数，参数类型为 dicts

例 8.21 依据例 8.19 中的 tips 数据集，描述顾客的消费总金额、小费金额和用餐人数三者的关系。

```
1:  import seaborn as sns
2:  import pandas as pd
3:  tips = pd.read_csv(r'C:/case/tips.csv')
4:  sns.pairplot(tips,vars = ['total_bill/元', 'tip', 'size'])
```

【例题解析】

上述代码绘制包括顾客的消费总金额、小费金额和用餐人数的三个变量数据分布图。第 3 行读入 tips 数据集的 CSV 文件，第 4 行利用 pairplot()函数绘制多变量数据分布图，选取指定的'total_bill'、'tip'、'size'三列，其默认绘制散点图与直方图的多变量数据分布图。其中，对角线上的直方图描述的是各个单变量的数据分布情况，上下三角形的散点图分别表示各个变量两两之间的对应关系。

根据图 8-26 的运行结果，矩阵散点图的对角线上是直方图。从直方图中看出，顾客消费总金额大多集中在 15 元附近，小费金额大多集中在 2～3 元，用餐人数基本在 2～4 人且 2 人居多。因此餐厅除了根据顾客消费金额确定菜品定位之外，还应考虑餐厅空间布局，尽量多设两人桌，以满足顾客需求。

从上下三角形的散点图中可以发现，小费金额与消费总金额之间存在一定的正相关关系，即消费金额越多的顾客，越有可能给出更高的小费；此外，用餐人数与消费总金额之间也存在一定的正相关关系，即用餐人数越多，其消费的金额也就越多；最后，用餐人数与小费金额之间也能看出一定的关系，该餐厅中用餐人数在 2～4 人时，顾客容易给出更多的小费，尤其是在 4 人用餐时，给出小费的频次和金额都比较高。

【运行结果】

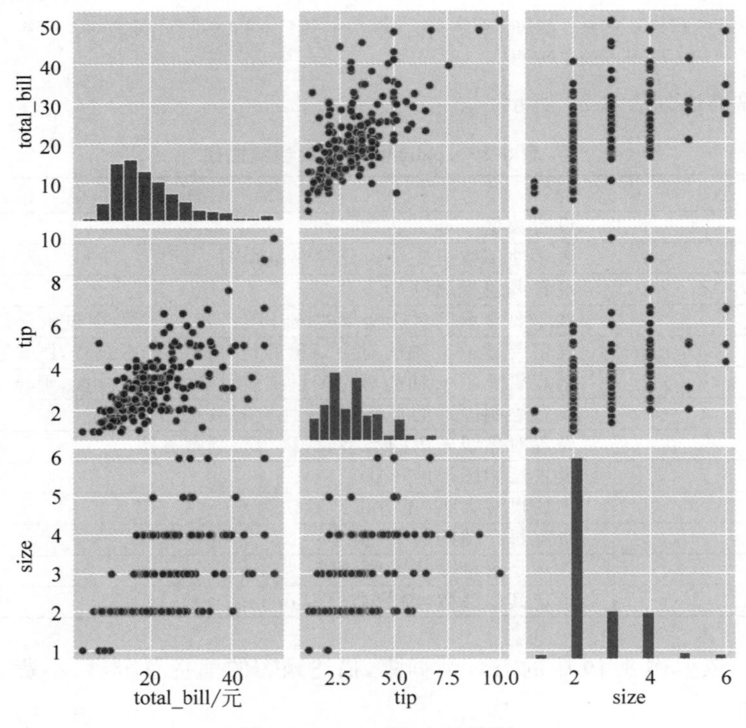

图 8-26　pairplot 方法绘图

除了使用 Seaborn 的 pairplot()函数绘制多变量数据分布图外，也可以使用简单的三维图描述三变量之间的关系，仍以例 8.19 中的问题为例，绘制三维立体图形来描述顾客的消费总金额、小费金额和用餐人数三变量之间的相互关系。

例 8.22

```
1:  import matplotlib.pyplot as plt
2:  import pandas as pd
3:  from pylab import mpl
4:  mpl.rcParams['font.sans-serif'] = ['SimHei']
5:  mpl.rcParams['axes.unicode_minus'] = False
6:  tips = pd.read_csv(r'C:/case/tips.csv')
7:  fig = plt.figure()
8:  ax = fig.add_subplot(111, projection = '3d')
9:  ax.scatter(tips['total_bill'],tips['tip'], tips['size'], c = 'b', s = 60)
10: ax.set_xlabel("消费总金额/元")
11: ax.set_ylabel("小费金额/元")
12: ax.set_zlabel("用餐人数/人")
13: plt.show()
```

【例题解析】

上述代码绘制的是顾客消费总金额、小费金额和用餐人数的数据分布三维图。第 6 行读入 tips 数据集的 CSV 文件，第 7 行建立空白画布，第 8 行通过 projection 参数将画布设置为三维，第 9 行绘制三维散点图，并设置三维变量分别为“total_bill”“tip”“size”，第 10～12 行分别设置三维坐标系的标签，第 13 行显示图形。

图 8-27 的运行结果是一个三维的散点图，主要展示三个变量之间的关系。从图中可以明显地看出这些散点在三维空间上所呈现出的分布特征。该餐厅样本数据所生成的三维散点图中，散点分布虽然存在一些异常情况，但基本呈线状，因此可以认为各个变量相互之间都存在一定的正相关关系。此外，从散点颜色的深浅可以看出散点分布的集中趋势，图中消费总金额 15 美元左右、小费金额 3 美元左右及用餐人数 2～4 人交叉处的散点颜色较深，说明该餐厅的顾客大多属于这一群体，因此餐厅在进行管理时，应以满足这类顾客的需求为目标。

【运行结果】

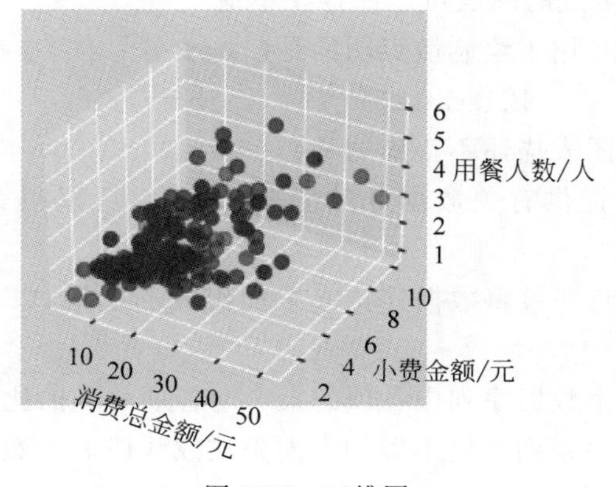

图 8-27　三维图

小结

本章主要介绍了基于 Python 的三种绘图方法，分别是 Matplotlib、pandas 和 Seaborn。

针对 Matplotlib 绘图介绍的基本统计图形有 9 种，分别是线图、直方图、条形图、龙卷风图、饼图、散点图、气泡图、箱线图和雷达图。其中，绘制线图使用 plot()函数，绘制直方图使用 hist()函数，绘制条形图使用 bar()或 barh()函数，绘制饼图使用 pie()函数，绘制散点图和气泡图都使用 scatter()函数，绘制箱线图使用 boxplot()函数，绘制雷达图使用极坐标函数 polar()。

对于 pandas 绘图，主要介绍了通过 plot()函数绘制不同类型的图形的两种形式 pandas 对象. plot(kind='图形类型')和 pandas 对象. plot 图形类型，以及 pandas 中两种基本数据结构(Series 和 DataFrame)各自的绘图特点。

使用 seaborn()函数绘图时，依据所描述数据类型的不同，其应用的函数也不同。当描述单变量数据的分布时，一般使用 distplot()函数；当描述双变量数据分布时，一般使用 jointplot()函数；当描述多变量数据分布时，一般使用 pairplot()函数。此外，使用 Seaborn 还可以绘制热力图，以及数值大小的差异状况。

习题

请从以下各题中选出正确答案(正确答案可能不止一个)。

1. 在使用 Matplotlib 绘制图表时，需要导入以下哪个模块？(　　)

   A. displot　　B. pyplot　　C. jointplot　　D. pairplot

2. 下列说法中错误的是(　　)。

   A. Figure 对象可以划分为多个绘图区域，每个绘图区域都是一个 Axes 对象
   B. 绘制图表时，可以使用 subplot 函数创建多个子图
   C. Matplotlib 默认支持中文显示
   D. Matplotlib 生成的图表可以保存在本地

3. 在 Matplotlib 中，用于绘制散点图的是(　　)。

   A. hist()　　B. scatter()　　C. bar()　　D. pie()

4. 下列选项中，对图表描述不正确的是(　　)。

   A. 箱形图可以提供有关数据分散情况的信息，可以很直观地查看数的四分位分布
   B. 折线图是用直线段将数据连接起来而组成的图形，以折线的方式显示数据的变化
   C. 饼图显示一个数据序列中各项的大小与各项总和的比例
   D. 条形图是由一系列高度不等的纵向条纹或线段表示数据分布情况

为了研究我国城镇居民家庭人均消费支出情况，调研得出了 2016—2020 年某市居民

人均各类消费支出的信息，如表 8-30 所示。请根据表中的信息，回答 5～8 题。

表 8-30 2016—2020 年某市居民人均各类消费支出

年 份	2016	2017	2018	2019	2020
人均住房支出/元·人$^{-1}$	950	1042	1333	1646	1748
人均交通支出/元·人$^{-1}$	540	794	933	836	606
其他支出/元·人$^{-1}$	523	540	594	704	937

5. 以下哪个选项能实现绘制各类消费支出随时间变化的叠加线图，并准确显示图例？（ ）

A.
```
data = pd.DataFrame({'人均住房支出': [950,1042,1333,1646,1748],'人均交通支出':
[540,794,933,836,606],'其他支出': [523,540,594,704,937]}, index = np.arange(1,6,
1))
line = data['人均住房支出'].plot(linestyle = '-',title = '各类支出随时间变化线图',
label = '人均住房支出')
line = data['人均交通支出'].plot(linestyle = '-.',label = '人均交通支出')
line = data['其他支出'].plot(linestyle = ': ',label = '其他支出')
line.set_xlabel('月份')
line.set_ylabel('销售额')
plt.legend( )
```

B.
```
import pandas as pd
import numpy as np
import matplotlib as mpl
import matplotlib.pyplot as plt
mpl.rcParams['font.sans-serif'] = ['SimHei']
mpl.rcParams['axes.unicode_minus'] = False
data = pd.DataFrame({'人均住房支出': [950,1042,1333,1646,1748],'人均交通支出':
[540,794,933,836,606],'其他支出': [523,540,594,704,937]}, index = np.arange(1,6,
1))
line = data['人均住房支出'].plot(linestyle = '-',title = '各类支出随时间变化线图',
label = '人均住房支出')
line = data['人均交通支出'].plot(linestyle = '-.',label = '人均交通支出')
line = data['其他支出'].plot(linestyle = ': ',label = '其他支出')
line.set_xlabel('月份')
line.set_ylabel('销售额')
plt.show( )
```

C.
```
import pandas as pd
import numpy as np
import matplotlib as mpl
import matplotlib.pyplot as plt
mpl.rcParams['font.sans-serif'] = ['SimHei']
mpl.rcParams['axes.unicode_minus'] = False
data = pd.DataFrame({'人均住房支出': [950,1042,1333,1646,1748],'人均交通支出':
[540,794,933,836,606],'其他支出': [523,540,594,704,937]}, index = np.arange(1,6,
1))
line = data['人均住房支出'].plot(linestyle = '-',title = '各类支出随时间变化线图',
```

```
label = '人均住房支出')
line = data['人均交通支出'].plot(linestyle = '-.',label = '人均交通支出')
line = data['其他支出'].plot(linestyle = ':',label = '其他支出')
line.set_xlabel('月份')
line.set_ylabel('销售额')
plt.legend( )
```

D.
```
import pandas as pd
import numpy as np
import matplotlib as mpl
importmatplotlib.pyplot as plt
mpl.rcParams['font.sans-serif'] = ['SimHei']
mpl.rcParams['axes.unicode_minus'] = False
data = pd.DataFrame('人均住房支出': [950,1042,1333,1646,1748],'人均交通支出':
[540,794,933,836,606],'其他支出': [523,540,594,704,937],index = np.arange(1,6,
1))
line = data['人均住房支出'].plot(linestyle = '-',title = '各类支出随时间变化线图',
label = '人均住房支出')
line = data['人均交通支出'].plot(linestyle = '-.',label = '人均交通支出')
line = data['其他支出'].plot(linestyle = ':',label = '其他支出')
line.set_xlabel('月份')
line.set_ylabel('销售额')
plt.legend( )
```

6. 想要变化5题中图例的显示位置到右侧中心位置,需要以下哪条语句?(　　)

A. plt.legend(loc = 'center right')
B. plt.legend(loc = 'right center ')
C. plt.legend(loc = center right)
D. plt.show(loc = 'center right')

7. 以下哪个语句可以实现绘制如图8-28所示的各年人均住房支出对比的柱形图?(　　)

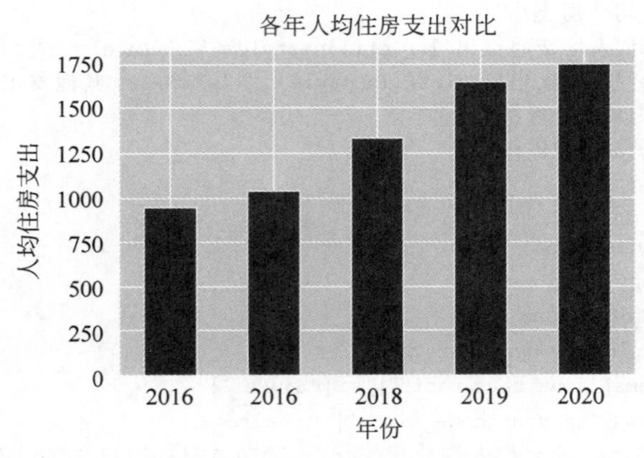

图8-28　各年人均住房支出对比

A. import pandas as pd

```
import numpy as np
import matplotlib as mpl
mpl.rcParams['font.sans-serif'] = ['SimHei']
mpl.rcParams['axes.unicode_minus'] = False
data = pd.Series([950,1042,1333,1646,1748],index = [2016,2016,2018,2019,2020])
bar = data.plot(kind = 'bar',title = '各年人均住房支出对比')
bar.set_xlabel('年份')
bar.set_ylabel('人均住房支出')
bar.plot( )
```

B.
```
import pandas as pd
import numpy as np
import matplotlib as mpl
mpl.rcParams['font.sans-serif'] = ['SimHei']
mpl.rcParams['axes.unicode_minus'] = False
data = pd.Series([950,1042,1333,1646,1748],index = [2016,2016,2018,2019,2020])
bar = data.plot.bar(title = '各年人均住房支出对比')
bar.set_xlabel('年份')
bar.set_ylabel('人均住房支出')
bar.plot( )
```

C.
```
import pandas as pd
import numpy as np
import matplotlib as mpl
mpl.rcParams['font.sans-serif'] = ['SimHei']
mpl.rcParams['axes.unicode_minus'] = False
data = pd.Series([950,1042,1333,1646,1748],index = [2016,2016,2018,2019,2020])
bar = data.plot(title = '各年人均住房支出对比')
bar.set_xlabel('年份')
bar.set_ylabel('人均住房支出')
bar.plot( )
```

D.
```
import pandas as pd
import numpy as np
import matplotlib as mpl
mpl.rcParams['font.sans-serif'] = ['SimHei']
mpl.rcParams['axes.unicode_minus'] = False
data = pd.Series([950,1042,1333,1646,1748],index = [2016,2016,2018,2019,2020])
bar = data.plot.bar(kind = 'bar',title = '各年人均住房支出对比')
bar.set_xlabel('年份')
bar.set_ylabel('人均住房支出')
bar.plot( )
```

8. 为了描述人均住房支出、人均交通支出及其他支出三者之间的相关关系，可以采用以下哪个语句绘制如图 8-29 所示的图形？（ ）

A.
```
import seaborn as sns
importpandas as pd
import numpy as np
from pylab import mpl
mpl.rcParams['font.sans-serif'] = ['SimHei']
```

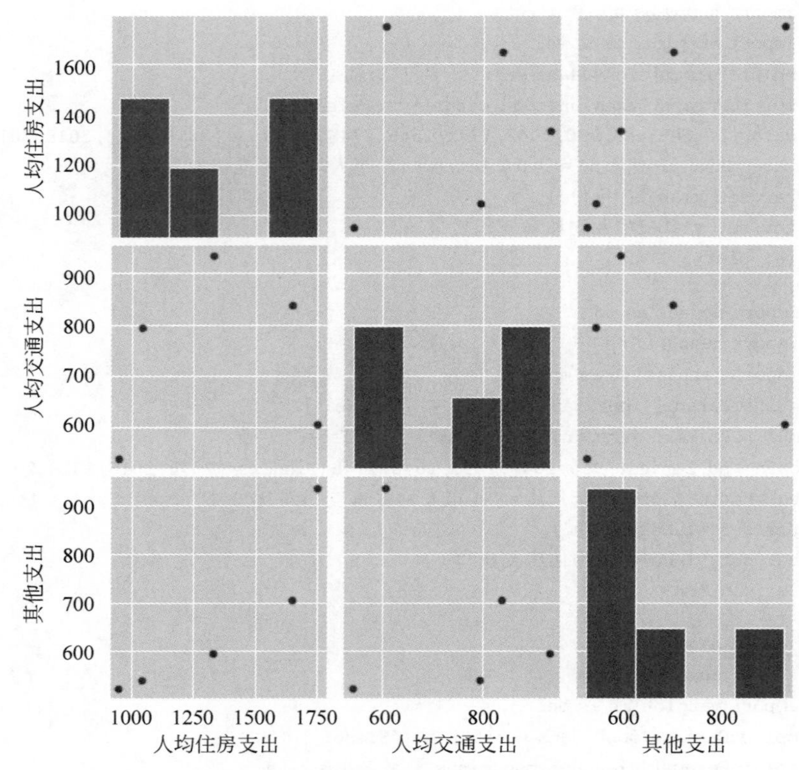

图 8-29 人均住房支出、人均交通支出及其他支出三者关系

```
mpl.rcParams['axes.unicode_minus'] = False
data = pd.DataFrame({'人均住房支出': [950,1042,1333,1646,1748],'人均交通支出':
[540,794,933,836,606],'其他支出': [523,540,594,704,937]}, index = np.arange(1,6,
1))
sns.distplot(data)
```

B.
```
import seaborn as sns
importpandas as pd
import numpy as np
from pylab import mpl
mpl.rcParams['font.sans-serif'] = ['SimHei']
mpl.rcParams['axes.unicode_minus'] = False
data = pd.DataFrame({'人均住房支出': [950,1042,1333,1646,1748],'人均交通支出':
[540,794,933,836,606],'其他支出': [523,540,594,704,937]}, index = np.arange(1,6,
1))
sns.pairplot(data)
```

C.
```
import seaborn as sns
importpandas as pd
import numpy as np
from pylab import mpl
mpl.rcParams['font.sans-serif'] = ['SimHei']
mpl.rcParams['axes.unicode_minus'] = False
```

```
data = pd.DataFrame({'人均住房支出': [950,1042,1333,1646,1748],'人均交通支出':
[540,794,933,836,606],'其他支出': [523,540,594,704,937]}, index = np.arange(1,6,
1))
sns.jointplot(data)
```

D.
```
import seaborn as sns
importpandas as pd
import numpy as np
from pylab import mpl
mpl.rcParams['font.sans-serif'] = ['SimHei']
mpl.rcParams['axes.unicode_minus'] = False
data = pd.DataFrame({'人均住房支出': [950,1042,1333,1646,1748],'人均交通支出':
[540,794,933,836,606],'其他支出': [523,540,594,704,937]}, index = np.arange(1,6,
1))
sns.plot(data)
```

9. 下列关于 pandas 绘图说法不正确的是(　　)。

A. pandas 仅支持一些常见类型图形的绘制，更多复杂的图形需要使用其他可视化工具

B. 使用 pandas 对象.plot.bar(* * kwargs, * args)语句可以绘制条形图

C. 使用 pandas 对象.plot(kind='图形类型', * args)语句，默认绘制条形图

D. 使用 pandas 的 plot()函数既可以绘制单个图，也可以绘制叠加图

10. 下列选项中，不属于 Seaborn 库特点的是(　　)。

A. Seaborn 是基于 Matplotlib 的可视化库

B. 基于网格绘制出更加复杂的图像集合

C. 多个内置主题及颜色主题

D. 可以处理大量数据流

第 9 章

文本、网络和地理空间可视化

【学习目标】

学完本章之后，读者将掌握以下内容。

- 通过词云实现文本可视化。
- 使用 NetworkX 绘制网络图。
- 利用地理可视化工具对带有地域特征的数据可视化。

除了使用 Matplotlib、pandas 和 Seaborn 等库绘制基本的统计图形外，针对不同的数据类型，可以采用不同的数据可视化方法。分析文本数据时，可以使用 WordCloud 制作词云进行文本可视化；进行复杂网络数据分析或仿真建模时，可以采用 NetworkX 绘制网络图；分析具有地域特征的数据时，可以采用 GeoPandas 等绘图工具进行地图相关可视化。

9.1 文本可视化

文字是传递信息最常用的载体。在当前这个信息爆炸的时代，人们接收信息的速度已经小于信息产生的速度，尤其是文本信息。随着大数据资源不断被挖掘，以及机器学习方法在实践中的持续应用，对传统结构化数据的分析处理已经不能满足人们对社会、经济、商业领域的研究需求。非结构化数据，例如文本、语音、图像等也是一块极具开发价值的数据金矿，亟待人们的分析与挖掘。在所有对非结构化数据的处理方法中，文本分析技术受到了广泛关注。

一图胜千言。考虑到图形在信息表达上的优势和效率，文本可视化技术采用可视表达技术刻画文本和文档，直观地呈现文档中的有效信息。用户通过感知和辨析可视图元提取信息。因而，如何辅助用户准确无误地从文本中提取并简洁直观地展示信息，是文本可视化的核心问题之一。

文本可视化通过提取关键字,将文本中复杂的或者难以通过文字表达的内容和规律以视觉符号的形式直观地表达出来,同时向人们提供与视觉信息快速交互的功能,使人们快速获取大数据中所蕴含的关键信息。"词云"是诸多网站展示关键词的常用技术,其对文本中出现的频率较高的"关键词",通过文字、色彩、图形的搭配予以视觉上的突出,传达有价值的信息。过滤掉大量的文本,使浏览网页者只要一眼扫过就可以领略文本的主旨。

本节主要介绍绘制词云需要的分词和词云等技术。

9.1.1 分词

分词是指将连续的字序列按照一定的规范重新组合成词序列的过程。中文分词指的是将一个汉字序列切分成一个单独的词。在英文的行文中,单词之间是以空格作为自然分隔符的,而中文只是字、句和段能通过明显的分隔符来简单划分,唯独词没有一个形式上的分隔符。虽然英文也同样存在短语的划分问题,不过在"词"这一层面上,中文要比英文复杂和困难得多。因此,本节先介绍中文分词。

中文分词通常使用训练好的分词模型进行。例如,jieba是中文分词常用的分词库之一,使用"pip install jieba"语句安装。jieba分词的特点是：支持三种分词模式,支持繁体字分词,支持自定义词典。

1. 分词模式

jieba分词库支持精确模式、全模式和搜索引擎模式三种分词模式。精确模式试图将句子精确地切开,适合文本分析；全模式把句子中所有可以成词的词语都扫描出来,速度非常快,但是不能解决歧义问题；搜索引擎模式在精确模式的基础上,对长词再次切分,提高召回率,适合用于搜索引擎分词。

精确模式和全模式的分词可以使用jieba.cut()或jieba.lcut()进行,其语法格式分别为：

```
jieba.cut(sentence,cut_all = False,HMM = True)
jieba.lcut(sentence,cut_all = False,HMM = True)
```

参数描述如表9-1所示。

表9-1 jieba.cut()和jieba.lcut()参数描述

参数	描 述
sentence	需要分词的字符串(Unicode或UTF-8字符串、GBK字符串)
cut_all	用来控制是否使用全模式,默认值为False,即默认使用精确模式,若为True则为使用全模式
HMM	用来控制是否使用HMM模型,默认值为True

搜索引擎模式使用jieba.cut_for_search()或jieba.lcut_for_search()进行,其语法格式分别为：

```
jieba.cut_for_search (sentence, HMM = True)
jieba.lcut_for_search (sentence, HMM = True)
```

参数含义与表 9-1 中一致,不赘述。

需要说明的是,jieba.cut()以及 jieba.cut_for_search()返回的结果都是可以迭代的生成器(generator),可以使用 for 循环获取分词后得到的每一个词语(unicode);而 jieba.lcut()和 jieba.lcut_for_search()则直接返回对应得到的列表(list)结果。

例 9.1 对国庆期间某位游客的景区评语进行分词。

```
 1:  import jieba
 2:  text = "国庆期间去广州看了小蛮腰,希望有机会登上塔顶."
 3:  seg = jieba.cut(text,cut_all = False)
 4:  print('精确模式:' + '/'.join(seg))
 5:  seg = jieba.lcut(text,cut_all = False)
 6:  print(seg)
 7:  seg = jieba.cut(text,cut_all = True)
 8:  print('全模式:' + '/'.join(seg))
 9:  seg = jieba.lcut(text,cut_all = True)
10:  print(seg)
11:  seg = jieba.cut_for_search(text)
12:  print('搜索引擎模式:' + '/'.join(seg))
13:  seg = jieba.lcut_for_search(text)
14:  print(seg)
```

【例题解析】

上述代码分别演示三种分词模式。

第 1 行导入中文分词库 jieba,第 2 行将待分词语句“国庆期间去广州看了小蛮腰,希望有机会登上塔顶。”赋值变量 text。

第 3 行使用 jieba.cut()函数对该语句进行分词,并设置参数 cut_all 的值为 False,即使用精确模式分词;第 4 行输出分词结果,并设置分词结果使用“/”符号隔开。第 5 行使用 jieba.lcut()函数直接返回分词结果的列表,第 6 行输出返回列表的结果。

第 7 行使用 jieba.cut()函数,并设置参数 cut_all 的值为 True,即使用全模式分词。第 8 行输出分词结果。第 9 行使用 jieba.lcut()函数直接返回分词结果的列表,第 10 行输出返回列表的结果。

第 11 行使用 jieba.cut_for_search()函数实现搜索引擎模式分词,第 12 行输出分词结果,第 13 行使用 jieba.lcut_for_search()函数直接返回分词结果的列表,第 14 行输出返回列表的结果。

【运行结果】

第 4 行:

精确模式:国庆/期间/去/广州/看/了/小蛮/腰/,/希望/有/机会/登上/塔顶/。

第 6 行:

['国庆', '期间', '去', '广州', '看', '了', '小蛮', '腰', ',', '希望', '有', '机会',

'登上'，'塔顶'，'。']

第 8 行：

全模式：国庆/期间/去/广州/看/了/小/蛮/腰/，/希望/有机/机会/登上/塔顶/。

第 10 行：

['国庆'，'期间'，'去'，'广州'，'看'，'了'，'小'，'蛮'，'腰'，'，'，'希望'，'有机'，'机会'，'登上'，'塔顶'，'。']

第 12 行：

搜索引擎模式：国庆/期间/去/广州/看/了/小蛮/腰/，/希望/有/机会/登上/塔顶/。

第 14 行：

['国庆'，'期间'，'去'，'广州'，'看'，'了'，'小蛮'，'腰'，'，'，'希望'，'有'，'机会'，'登上'，'塔顶'，'。']

2. 自定义词典

有些时候许多专有名词，例如一些人名、地名等都是不可以进行分词的。此时，开发者可以自定义词典，以便包含 jieba 词库里没有的词。虽然 jieba 有新词识别能力，但是自行添加新词可以保证更高的正确率。

命令格式如下：

```
jieba.load_userdict(file_name)
```

其中，file_name 为文件类对象或自定义词典的路径。自定义词典的格式与 jieba 分词库中的词典文件(dict.txt)格式一致：一个词一行，每一行分为词语、词频(可省略)、词性(可省略)三部分，用空格隔开，顺序不可颠倒。词频(Term Frequency，TF)指的是某一个给定的词语在该文本中出现的次数。词性指的是自定义词语的词性类型，jieba 分词中出现的部分词性类型如表 9-2 所示。

表 9-2　jieba 分词中出现的词性类型

参　数	词　性	参　数	词　性
a	形容词	m	数词
b	区别词	n	名词
c	连词	r	代词
d	副词	u	助词
i	成语	v	动词

值得注意的是，file_name 若为路径或二进制方式打开的文件，则文件必须为 UTF-8 编码。此外，词频的数字和空格都要是半角的。

例 9.2　仍以例 9.1 中给定的句子为例，从其运行结果可以看出，无论是精确模式、全模式还是搜索引擎模式，都将"小蛮腰"这个词进行了分词处理。然而，实际上这是一个景点的名字，本不应分词。通过创建一个自定义词典实现不对该词进行分词。

```
1:  import jieba
2:  text = "国庆期间去广州看了小蛮腰,希望有机会登上塔顶."
3:  jieba.load_userdict("C:/case/dict.txt")
4:  word_list = jieba.cut(text,cut_all = False)
5:  print('/'.join(word_list))
```

【例题解析】

为了创建一个自定义词典,首先需要按照自定义词典的格式创建一个 txt 文件。在 Windows 中打开文件,如图 9-1 所示。编写的 Python 代码如上所示。

第 1 行导入中文分词库 jieba。第 2 行定义待分词文本"国庆期间去广州看了小蛮腰,希望有机会登上塔顶。"。第 3 行通过 jieba.load_userdict()函数加载位于 C 盘 case 文件夹下名为 dict 的 txt 文件,作为自定义词典。第 4 行使用 jieba.cut()函数对该语句进行精确模式分词。第 5 行输出分词结果,并设置分词结果使用"/"符号隔开。

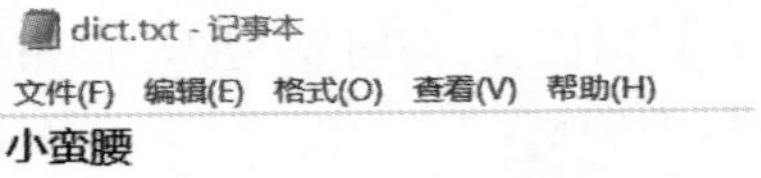

dict.txt - 记事本

文件(F) 编辑(E) 格式(O) 查看(V) 帮助(H)

小蛮腰

图 9-1 自定义词典

根据如下的分词结果与例 9.2 中的分词结果进行对比,发现该例中将"小蛮腰"一词进行了合并,实现了自定义词典的功能。

【运行结果】

国庆/期间/去/广州/看/了/小蛮腰/,/希望/有/机会/登上/塔顶/。

9.1.2 词云

词云是指将感兴趣的词语放在一幅图像中,可以控制词语的位置、大小、字体等。通常使用字体大小来反映词语出现的频率。出现的频率越高,在词云中词的字体越大。词云图过滤掉了大量的文本信息,使读者能一眼领略文本的主旨。

绘制词云图主要使用的库除上文介绍的 jieba,还有 WordCloud 库。利用 jieba 库中的分词与词频统计结果绘制词云图的方式,称为根据词频生成词云。利用 WordCloud 库并采用库中自带的切分词处理能力进行分词并绘制成词云图的方式,称为根据文本生成词云。

1. 根据词频生成词云

根据词频生成词云主要使用的函数有"fit_words(frequencies)"和"generate_from_frequencies(frequencies[,…])",其绘制词云图的过程一般包括以下 5 个步骤。

(1) 使用"pip install wordcloud"安装词云生成器 WordCloud。

(2) 读入文本信息,可以是文字、字符串或文件内容。

(3) 使用 jieba 分词进行分词。

(4) 进行词频统计。

(5) 使用词云生成器绘制词云图。

安装词云生成器、读入文本信息和进行分词三个步骤在上文中都有讲述,因此本节主要介绍如何统计词频和生成词云图。

在一份给定的文件里，词频（Term Frequency，TF）可以通过从 collections 包中导入 Counter 对象，实现每个元素的计数。在分词后，可以使用 most_common()方法获取分词结果中出现频率排在前面的词列表。

例 9.3

```
1: from collections import Counter
2: content = open(r'C:/case/content.txt',encoding = 'utf - 8').read()
3: print(Counter(content).most_common(5))
```

【例题解析】

第 1 行从 collections 包中导入 Counter，第 2 行打开 C 盘 case 文件夹下名为“content.txt”的文件，并读取文件内容到 content 中，第 3 行获取 content 中频率排在前 5 的词列表。

【运行结果】

[('，', 272), ('。', 174), ('国', 79), ('展', 78), ('发', 74)]

从运行结果中发现，标点符号和单个字居然出现的频次最高，这种无实际意义的字或字符并不是我们想要的。因此，根据例 9.4 中的代码进一步地对单个字进行过滤。

例 9.4

```
1:  import jieba
2:  from collections import Counter
3:  content = open(r'C:/case/content.txt',encoding = 'utf - 8').read()
4:  con_words = [x for x in jieba.cut(content) if len(x)> = 2]
5:  print(Counter(con_words).most_common(5))
```

【例题解析】

除第 4 行外的其他行的含义与例 9.3 相同，不赘述。第 4 行使用 jieba.cut()函数对“content.txt”文件内容进行分词，并使用 for 循环返回分词结果中长度大于 2 的词语到 con_words 中。第 5 行获取 con_words 中频率排在前 5 的词列表。

【运行结果】

[('发展', 60), ('建设', 37), ('推进', 23), ('经济', 21), ('全面', 18)]

从运行结果看，“发展”“建设”“推进”“经济”“全面”是文件中频率排在前 5 的词，且每个词的词频都有统计结果。

可以使用词云生成器 WordCloud[①] 生成词云图。使用 WordCloud 生成的词云图，可以使用默认图形（矩形），也可以自定义图片制作，出图时会根据字段出现的频率来自动设定其大小和颜色。

WordCloud()的基本语法格式为：

---

① WordCloud for Python documentation — wordcloud 1.8.1 documentation（amueller.github.io）上有对 WordCloud 更全面的介绍。

```
wordcloud.WordCloud(font_path = None, mask = None, max_words = 200, min_font_size = 4,
stopwords = None,background_color = 'black',max_font_size = None,font_step = 1,mode = 'RGB',
relative_scaling = 1.5,regexp = None,collocations = True,colormap = None)
```

常用参数描述如表 9-3 所示。绘制词云的技术还有很多,有关于词云图的其他具体技术请参阅其他资料,本书不予赘述。

表 9-3 WordCloud 常用参数描述

参　数	描　述
font_path	字体路径,需要展现什么字体就把该字体路径+后缀名写上,如 font_path='黑体.ttf'
mask	指定背景,默认为矩形输出
max_words	要显示的词的最大个数,默认为 200 个
min_font_size	显示最小的字体大小,默认为 4px
stopwords	设置不显示的词,如果为空,则默认使用内置的 STOPWORDS
font_step	字体步长,默认为 1,如果步长大于 1,会加快运算,但是可能导致结果出现较大误差
background_color	指定背景颜色,默认背景颜色为黑色
max_font_size	显示的最大字体大小
mode	指定背景模式,当设置为"RGBA"或者不设定背景颜色的时候,默认输出透明背景图
relative_scaling	设置字体相对大小,若设置为 0 只考虑字符的排序,词频和字体大小的关联性,默认为 1.5
regexp	正则表达式,用来设定输入文本的切割方式
colormap	给每个单词随机分配颜色
collocations	是否包括两个词的搭配,默认为 True

例 9.5 根据词频生成词云。

```
1:  import jieba
2:  from wordcloud import WordCloud
3:  from collections import Counter
4:  import matplotlib.pyplot as plt
5:  words = open(r'C:/case/content.txt',encoding = 'utf-8').read()
6:  con_words = [x for x in jieba.cut(words) if len(x)>= 2]
7:  frequencies = Counter(con_words).most_common()
8:  frequencies = dict(frequencies)
9:  wordcloud = WordCloud(width = 1000,height = 860,font_path = 'simhei.ttf')
10: wordcloud.fit_words(frequencies)
11: plt.imshow(wordcloud)
12: plt.axis("off")
13: plt.show()
14: wordcloud.to_file('C:/case/mywordcloud.jpg')
```

【例题解析】

上述代码是根据 2020 年政府工作报告中的部分内容，绘制词频生成的词云图。

第 1 行导入 jieba 分词库，第 2 行导入制作词云的库 WordCloud，第 3 行从 collections 包中导入 Counter()函数，第 4 行引入 pyplot 模块。

第 5 行打开 C 盘 case 文件夹下名为“content. txt”的文件，并读取文件内容到 words 中。

第 6 行使用 jieba. cut()函数对“content. txt”文件内容进行分词，并使用 for 循环返回分词结果中长度大于或等于 2 的词语到 con_words 中。

第 7 行获取 con_words 中按照频率排序的词列表，并存放在 frequencies 中，第 8 行将 frequencies 转换为一个字典。

第 9 行使用词云生成器 WordCloud，设置图形的宽度为 1000px，高度为 860px，字体类型为 simhei。第 10 行根据词频绘制 frequencies 的词云图。

第 11 行将生成的词云图显示在二维坐标系中。第 12 行设置不显示坐标轴，第 13 行显示图形。

第 14 行将图形命名为 mywordcloud 并以 JPG 文件格式存放在 C 盘 case 文件夹下。

【运行结果】

运行结果如图 9-2 所示。

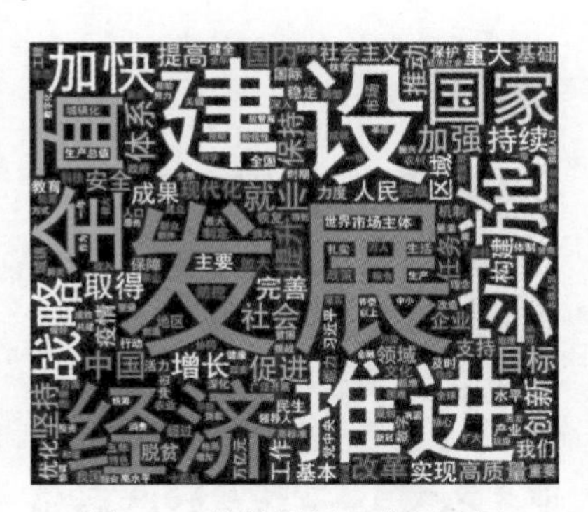

图 9-2　根据词频生成词云图

2. 根据文本生成词云

根据文本生成词云主要使用的函数有“generate(text)”和“generate_from_text(text)”，与根据词频生成词云类似，其绘制词云图的过程一般包括以下 4 个步骤。

(1) 使用“pip install wordcloud”安装词云生成器 WordCloud。

(2) 读入文本信息，可以是文字、字符串或文件内容。

(3) 使用 WordCloud 库中自带的切分词处理能力进行分词。

(4) 使用词云生成器绘制词云图。

例 9.6　根据 2020 年政府工作报告中的部分内容，利用 WordCloud 自带分词绘制词云图。

```
1: from wordcloud import WordCloud
2: import matplotlib.pyplot as plt
3: words = open(r'C:/case/content.txt',encoding = 'utf - 8').read()
4: wordcloud = WordCloud(width = 1000,height = 860,font_path = 'simhei.ttf')
5: wordcloud.generate(words)
6: plt.imshow(wordcloud)
7: plt.axis("off")
8: plt.show()
9: wordcloud.to_file('C:/case/mywordcloud_1.jpg')
```

【例题解析】

第 1 行导入制作词云的库 WordCloud,第 2 行引入 pyplot 模块。

第 3 行打开 C 盘 case 文件夹下的名为"content.txt"的文件,并读取文件内容到 words 中。

第 4 行使用词云生成器 WordCloud,设置图形的宽度为 1000px,高度为 860px,字体类型为 simhei。第 5 行根据文本绘制 words 的词云图。

第 6 行将生成的词云图显示在二维坐标系中,第 7 行设置不显示坐标轴,第 8 行显示图形,第 9 行将图形命名为 mywordcloud_1 并以 JPG 文件格式存放在 C 盘 case 文件夹下。

【运行结果】

运行结果如图 9-3 所示。

图 9-3 根据文本生成词云图

9.2 网络图可视化

9.2.1 网络与图

现代人类社会和虚拟社会的方方面面都存在网络型数据:人与人之间的电话通信、邮件往来构成通信网络;推特、新浪、微博等社交网站中的好友关系构成了社交网络;多个学者或机构合作发表论文的关系构成了学术合作网络;人体内的基因与基因共同作用形成人的不同外观、性格,这种基因协作关系构成了生物基因网络;出租车的出发地与目的地构成了城市交通网络；证券市场中的股票买入卖出关系构成了金融交易网络等。对网络数据的可视化和分析可揭示数据背后所隐藏的模式，帮助把握整体状况，协助管理与决策。

上述网络数据通常用图(Graph)表示。图 G 由一个有穷顶点集合 V 和一个边集合 E 组成。图结构中，通常将结点称为顶点，边是顶点的有序偶对，若两个顶点之间存在一条边，就表示这两个顶点具有相邻关系。其中，每条边 $e_{xy}=(x,y)$ 连接图 G 的两个顶点 x，y。例如，$V=\{1,2,3,4\}$，$E=\{(1,2),(1,3),(2,3),(3,4),(4,1)\}$。图是一种非线性结构。

如果每条边都定义了权重，则称为加权图。如果图的每条边都有方向，则称为有向图，否则是无向图，如图 9-4 所示。若有向图中有 n 个顶点，则最多有 $n(n-1)$条弧，具有 $n(n-1)$条弧的有向图称为有向完全图。同样可以定义无向完全图。与顶点 v 相关的边的条数称作顶点 v 的度。如果平面上的图不包含交叉的边，则称图具有平面性。如果两个顶点之间存在一条连通的路径，则两者是连通的。若第一个顶点和最后一个顶点相同，则这条路径是一条回路。若路径中顶点没有重复出现，则称这条路径为简单路径。如果图中任意两个顶点之间都连通，则称该图为连通图；否则，将其中的极大连通子图称为连通分量。在有向图中，如果对于每个顶点双向都存在路径，则称该图为强连通图；否则，将其中的极大连通子图称为强连通分量。

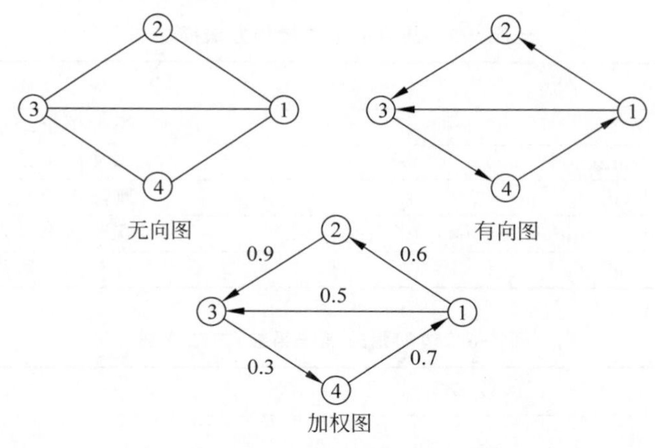

图 9-4　无向图、有向图与加权图

网络图的布局最常用的方法有结点-连接法和相邻矩阵两类，两者没有绝对的优劣。其中，结点-连接法用结点表示对象，用线(边)表示关系，结点-连接布局(Node-link)是最自然的可视化布局表达。它容易被用户理解、接受，帮助人们快速建立事物与事物之间的联系，显式地表达事物之间的关系，例如地铁线路图，因此一般是网络数据可视化的首要选择。

9.2.2　NetworkX 绘图

NetworkX 作为 Python 的一个开源包，能够便于用户对复杂网络进行创建、操作和分析。本节主要介绍利用 NetworkX 库绘制网络的方法。可通过命令行“pip install networkx”进行安装。NetworkX 内置了许多标准的图论算法,绘图的结点可以为任意数据,可以通过 NetworkX 加载和存储网络,生成多种类型的网络,分析网络结构,构建网络模型,设计新的网络算法等①。

它主要支持创建四种图,分别为无多重边无向图、无多重边有向图、有多重边无向图和有多重边有向图。无论绘制哪种类型的网络图,都需要先创建一个没有边和结点的图形,创建不同类型图形的函数如表 9-4 所示。

表 9-4 NetworkX 绘图函数说明

网络图类型	函　数
无多重边无向图	G=nx. Graph()
无多重边有向图	G=nx. DiGraph()
有多重边无向图	G=nx. MultiGraph()
有多重边有向图	G=nx. MultiDiGraph()

图形创建完成后,需要为其添加结点和边,有必要时还可以删除指定的结点和边以及计算结点和边的数量。关于结点的相关操作函数说明如表 9-5 所示,关于边的相关操作函数说明如表 9-6 所示。

表 9-5 结点的相关操作方法描述

方　法	描　述
G. add_node(n)	添加单个结点
G. add_nodes_from(node_list)	添加多个结点
G. remove_node(n)	删除单个结点
G. remove_nodes_from(nodes_list)	删除多个结点
G. number_of_nodes()	计算结点数量

表 9-6 边的相关操作函数/方法描述

函数/方法	描　述
G. add_edge(n1,n2)	添加单条边
G. add_edges_from([(n1,n2),(n1,n3),(n2,n3)])	添加多条边
G. remove_edge(n1,n2)	删除单条边
G. remove_edge_from([(n1,n2),(n1,n3)])	删除多条边
G. add_weighted_edges_from([(n1,n2, weight),(n1,n3,weight)])	为边赋予权重
nx. draw_networkx_edge_labels(G,pos=nx. random_layout(G))	显示边的权重
G. number_of_edges()	计算边的数量

为了使绘制的网络图更加美观,可以调节 nx. draw()函数里的参数来指定结点和边的一些性质(如结点的大小、形状和边的颜色等),其语法格式为:

① NetworkX — NetworkX documentation 上有对 NetworkX 更全面的介绍。

```
nx.draw(G,pos = nx.random_layout(G),node_size = 300,node_color = 'b',node_shape = 'o', edge_color = 'k', with_labels = False, font_size = 18, font_color = 'k')
```

参数说明如表 9-7 所示。

表 9-7　nx.draw()参数描述

参　数	描　述
G	待绘制的网络图 *G*
pos	网络图的布局方式，默认结点随机分布，其他布局方式如表 9-8 所示
node_size	指定结点的尺寸大小，默认为 300
node_color	指定结点的颜色
node_shape	指定结点的形状，默认为圆形
edge_color	指定边的颜色，默认为黑色
with_labels	结点是否带标签，默认为 False
font_size	结点标签字体大小
font_color	结点标签字体颜色，默认为黑色

NetworkX 在绘制网络图时还提供了布局的功能，可以指定结点排列的形式，其常用的布局形式如表 9-8 所示。

表 9-8　NetworkX 运用布局

函　数	描　述
circular_layout	结点在一个圆环上均匀分布
random_layout	结点随机分布
shell_layout	结点在同心圆上分布
spring_layout	用 Fruchterman-Reingold 算法排列结点（样子类似多中心放射状）
spectral_layout	根据图的拉普拉斯特征向量排列结点

例 9.7　无论是客运还是物流运输，都希望能够通过寻找道路网络中的最短路径，节省行程时间。利用 NetworkX 在已知道路信息的前提下，绘制出道路网络图并寻找出指定两点间的最短路径。

```
1:   import matplotlib.pyplot as plt
2:   import networkx as nx
3:   G = nx.Graph()
4:   G.add_weighted_edges_from([(1,2,2),(1,3,8),(1,4,1),
                               (2,3,6),(2,5,1),
                               (3,4,7),(3,5,5),(3,6,1),(3,7,2),
                               (4,7,9),
                               (5,6,3),(5,8,2),(5,9,9),
                               (6,7,4),(6,9,6),
                               (7,9,3),(7,10,1),
                               (8,9,7),(8,11,9),
                               (9,10,1),(9,11,2),
```

```
              (10,11,4)])
 5:  minWPath_v1_v11 = nx.dijkstra_path(G, source=1, target=11)
 6:  print("顶点 v1 到 顶点 v11 的最短加权路径: ", minWPath_v1_v11)
 7:  lMinWPath_v1_v11 = nx.dijkstra_path_length(G, source=1, target=11)
 8:  print("顶点 v1 到 顶点 v11 的最短加权路径长度: ", lMinWPath_v1_v11)
 9:  pos = nx.circular_layout(G)
10:  nx.draw(G, pos, with_labels=True, alpha=0.5)
11:  labels = nx.get_edge_attributes(G,'weight')
12:  nx.draw_networkx_edge_labels(G, pos, edge_labels = labels)
13:  plt.show()
```

【例题解析】

上述代码利用 NetworkX 绘制了 1~11 的 11 个结点之间的道路网络图，并找出结点 1 到结点 11 之间的最短路径。

第 3 行建立一个新的无多重边无向图。第 4 行添加 22 条带有权重的边，路网中的结点用网络图的顶点表示，两个结点之间有直接相连的路则画一条边，并将道路的长度作为边的权重。

第 5 行利用 nx.dijkstra_path()函数找出两个指定结点之间的最短加权路径，该例中，计算结点 1 和结点 11 两顶点之间的最短加权路径，并在第 6 行设置显示“顶点 v1 到顶点 v11 的最短加权路径”。

第 7 行利用 nx.dijkstra_path_length()函数计算出两指定结点之间的最短加权路径的长度，该例中，计算结点 1 和结点 11 两顶点之间的最短加权路径的长度，并在第 8 行设置显示“顶点 v1 到顶点 v11 的最短加权路径长度”。

第 9 行设置结点在一个圆环上均匀分布。第 10 行绘制网络图，并设置结点带有标签。第 11 行设置网络图边上的标签为权重，第 12 行绘制边上带有权重的网络图，第 13 行显示图形，得到如图 9-5 所示的道路网络图。

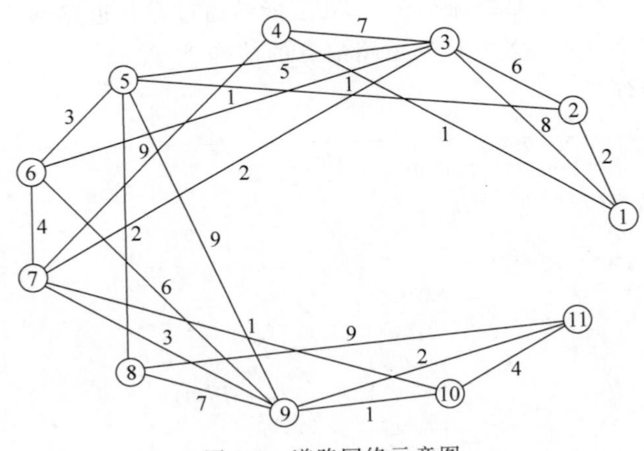

图 9-5　道路网络示意图

从图中可以清晰地看出各个结点之间的道路网络分布，并且也能够展现各个结点之间的路径长度。通过观察道路网络图，可以直接找出局部的结点之间的最佳行驶路线，也可以利用 NetworkX 中提供的函数计算出两顶点之间的最短加权路径以及路径长度，便于依据路径长度进行路径规划。

【运行结果】

顶点 v1 到 顶点 v11 的最短加权路径：[1,2,5,6,3,7,10,9,11]
顶点 v1 到 顶点 v11 的最短加权路径长度：13

9.3　地理空间可视化

要绘制地图，必须先想办法获得地图的数据。绘制地图常用的数据信息有以下 3 种。

1. 地图包内置地图素材

Python 中的 GeoPandas 包和 Basemap 包内置的数据集 datasets 中包含世界地图的绘制数据信息，同时可以绘制不同投影下的世界地图。根据不同的国家名称，可以从世界地图信息中提取相应的国家地理信息数据，绘制地图。

2. SHP 格式的地图数据素材

ESRI Shapefile(SHP)简称 Shapefile，是美国环境系统研究所公司开发的一种空间数据开放格式，该文件格式已经成为地理信息软件界的一个开放标准；一般国家地理信息统计局和世界地理信息统计单位可以提供下载 SHP 格式的地图数据素材，使用绘制软件打开这些标准数据格式的 SHP 文件，就可以绘制相应的地图。SHP 文件包括地图的边界线段的经纬坐标数据、行政单位的名称和面积等诸多信息。

组成一个 Shapefile，有三个文件是必不可少的，分别是“.shp”“.shx”与“.dbf”文件。表示同一数据的一组文件其文件名前缀应该相同。例如，存储一个关于国家地理的几何与属性数据，必须有 Virtual_Map1.shp，Virtual_Map1.shx 与 Virtual_Map1.dbf 三个文件。其中，“真正”的 Shapefile 的扩展名为 shp，然而仅有这个文件数据是不完整的，必须要把其他两个文件附带上才能构成一组完整的地理数据。Python 可以用 GeoPandas 包读取 SHP 格式的地图数据素材。

3. JSON 格式的地图数据素材

JSON 格式的地图数据素材是一种新的但是越来越普遍的地理信息数据文件，它主要的优势在于地理信息存储在一个独一无二的文件中。但是这种格式的文件相对于文本格式的文件，体积较大。只需要下载得到 JSON 格式的地图数据素材，就可以绘制相应的地图。Python 可以使用 GeoPandas 包或 json 包读取 JSON 格式的地图数据素材。

要处理好地图的数据，首先需要掌握常用地理可视化工具的基本使用方法，在此基础上，根据不同数据的实际需求，选择恰当的地图实现可视化。本节将对 GeoPandas 和 Basemap 两种常见的地理可视工具的安装及用法进行说明，并通过实例介绍分级统计地图、点描法地图以及带气泡地图的应用场景及绘制方法。

9.3.1 GeoPandas 和 Basemap

1. GeoPandas

GeoPandas 是建立在 GEOS、GDAL、PROJ 等开源地理空间计算相关框架之上,类似 pandas 语法风格的空间数据分析库。其目标是尽可能地简化 Python 中的地理空间数据处理,使处理地理空间数据变得更加高效简洁。GeoPandas 可以让使用者自由地操纵矢量数据,并且提供了操作地理空间数据的高级接口以实现地图可视化。

GeoPandas 的安装和使用需要若干依赖包。官方文档中推荐的安装方式为"conda install --channel conda-forge geopandas",其中,conda-forge 是一个社区项目,在 conda 的基础上提供了更广泛更丰富的软件资源包。通过它可以自动下载安装好所有 GeoPandas 的必要依赖包,无须安装。GeoPandas 作为 pandas 向地理分析计算方面的延拓,基础的数据结构延续了 Series 和 DataFrame 的特点,创造出 GeoSeries 与 GeoDataFrame 两种基础数据结构。

GeoSeries 与 Series 相似,用来表示一维向量,主要有如下几种类型。

(1) Point 用于表示单个点,使用"shapely. geometry. Point(x, y)"创建单个点对象。

(2) MultiPoint 用于表示多个点的集合,使用"shapely. geometry. MultiPoint([(x1, y1), (x2, y2), …])"创建多点集合。

(3) LineString 用于表示由多个点按顺序连接而成的线,使用"shapely. geometry. LineString([(x1, y1), (x2, y2), …])"。

(4) MultiLineString 用于表示多条线段的集合,使用"shapely. geometry. MultiLineString([LineString1, LineString2])"。

GeoDataFrame 是在 pandas. DataFrame 的基础上,加入空间分析相关内容改造而成。其最大的特点在于:在原有数据表格基础上增加了一列 GeoSeries,使其具有矢量性。作为 pandas. DataFrame 的延伸,GeoDataFrame 同样支持 pandas. DataFrame 中的 . loc 以及. iloc 在行、列尺度上对数据进行索引和筛选。

例 9.8 GeoPandas 自带世界地图数据,其数据格式如图 9-6 所示,包含 pop_est(人口)、continent(洲)、name(地区)、geometry(几何列)等属性。以 GeoPandas 自带的世界地图数据为例,绘制世界地图。

```
1:  from matplotlib import pyplot as plt
2:  import geopandas as gpd
3:  world = gpd.read_file(gpd.datasets.get_path('naturalearth_lowres'))
4:  world.plot()
5:  plt.show()
```

【例题解析】

第 1 行和第 2 行分别引入 Matplotlib 库和 GeoPandas 库,第 3 行从 GeoPandas 自带数据集中获取世界地图的 shapefile 文件,GeoPandas 使用 read_file()函数读取数据,该函

	pop_est	continent	name	iso_a3	gdp_md_est	geometry
0	920938	Oceania	Fiji	FJI	8374.0	(POLYGON ((180 -16.06713266364245, 180 -16.555...
1	53950935	Africa	Tanzania	TZA	150600.0	POLYGON ((33.90371119710453 -0.950000000000000...
2	603253	Africa	W. Sahara	ESH	906.5	POLYGON ((-8.665589565454809 27.65642588959236...
3	35623680	North America	Canada	CAN	1674000.0	(POLYGON ((-122.84 49.00000000000011, -122.974...
4	326625791	North America	United States of America	USA	18560000.0	(POLYGON ((-122.84 49.00000000000011, -120 49....

图 9-6 GeoPandas 世界地图数据

数几乎可以读取任何基于矢量的空间数据格式。第 4 行使用 geoplot 包中的 plot()函数绘制地图，第 5 行显示图形。

【运行结果】

运行结果见随书资源。

2. Basemap

除 GeoPandas 外，Basemap 也是一个较为常用的可视化库，它是 Python 可视化库 Matplotlib 下的一个工具包，主要功能是绘制二维地图，对空间数据的可视化非常重要①。可以在 Anaconda 中通过命令 canda install basemap 安装。

Basemap 本身不会进行任何绘图，但提供了将坐标转换为 25 个不同地图投影之一的功能。结合 Matplotlib，可以用于绘制变换坐标中的轮廓、图像、向量、线或点。Basemap 数据集来源丰富，包括 GSSH 海岸线数据集，以及来自 GMT 的河流、洲和国家边界的数据集。这些数据集可用于在地图上以几种不同的分辨率绘制海岸线，河流和政治边界。Basemap 底层使用了 Geometry Engine-Open Source(GEOS)库，用来将海岸线和边界特征剪切到所需的地图投影区域，在使用时可以指定不同的投影坐标系，还可以进行经纬度坐标与投影坐标换算，有多种处理 Shapefile 文件的函数，还能绘制多种类型的地图。

下面仍以绘制世界地图为例，简述 Basemap 的基本用法。

例 9.9 Basemap 绘制世界地图。

```
1:  from mpl_toolkits.basemap import Basemap
2:  import matplotlib.pyplot as plt
3:  map_1 = Basemap()
4:  map_1.drawcoastlines()
5:  plt.show()
6:  plt.savefig('C:/case/test.jpg')
```

① Welcome to the Matplotlib Basemap Toolkit documentation—Basemap Matplotlib Toolkit 1.2.1 documentation 上有对 Basemap 更全面的介绍。

【例题解析】

上述代码是利用 Basemap 绘制二维世界地图的基本方法。第 1 行引入 Basemap 库，第 2 行引入 pyplot 模块，第 3 行由 Basemap 创建地图，默认使用普通圆柱投影模式显示地图。第 4 行使用 drawcoastlines()函数画出海岸线，海岸线的数据已经默认包含在了库文件中。第 5 行显示图形，第 6 行将图形命名为 test 以 JPG 格式保存在 C 盘 case 文件夹中。

【运行结果】

运行结果见随书资源。

9.3.2 分级统计地图

分级统计地图(Choropleth Map，也叫色级统计地图法)，是一种在地图分区上使用视觉符号(通常是颜色、阴影或者不同疏密的晕线)表示一个范围值分布情况的地图。常用于选举和人口普查数据的可视化。分级统计地图假设数据的属性是在一个区域内部的平均分布，一般使用同一种颜色表示一个区域的属性。在整个制图区域的若干个小的区划单元内(行政区划或者其他区划单位，如国家、省份和市县等)，根据各分区的数量(相对)指标进行分级，并用相应的色级反映各区现象的集中程度或发展水平的分布差别。

在分级统计地图中，地图上每个分区的数量使用不同的色级表示，较典型的颜色映射方案有单色渐变系、双向渐变系、完整色谱变化。分级统计地图依靠颜色等来表现数据内在的模式，因此选择合适的颜色非常重要，当数据的值域大或者数据的类型多样时，选择合适的颜色映射相当有挑战性。

使用 GeoPandas 绘制地图时，只需添加分类参数 column 并设置相应分类标准，即可绘制分级统计地图。此外，还可以通过控制 cmap 参数的值，更改分级地图的色系[①]。当然，GeoPandas 还有许多绘制分级统计地图的功能供读者探索，有兴趣的读者可以查阅官网，本书在此不再赘述。

例 9.10 仍以例 9.8 中 GeoPandas 自带的世界地图数据为例，为了清晰看出世界人口在不同国家的具体分布，按照每个国家的人口数量绘制分级统计地图。

```
1:  import matplotlib.pyplot as plt
2:  import geopandas
3:  world = geopandas.read_file(geopandas.datasets.get_path('naturalearth_lowres'))
4:  fig, ax = plt.subplots(1,1)
5:  world.plot(column = 'pop_est',ax = ax,legend = True, cmap = 'viridis')
6:  plt.show()
```

【例题解析】

上述代码以绘制单色渐变系分级统计地图为例，利用 GeoPandas 进行体现世界人口分布的分级统计地图绘制。

基本绘制方法与 GeoPandas 绘制常规地图一致，第 1 行和第 2 行分别引入

---

① 具体渐变色系取值详细参见：color example code：colormaps_reference.py — Matplotlib 2.0.2 documentation

Matplotlib库和GeoPandas库，第3行从GeoPandas自带数据集中获取世界地图的Shapefile文件，第4行建立一张画布，第5行在绘制地图时，加入分类参数column，并设置分类标准为pop_est(人口)列，即可绘制体现世界人口分布的单色渐变分级统计地图。

从运行结果中可以明显看出，中国是世界上人口最多的国家，而南极洲至今仍无人类定居。

【运行结果】

运行结果见随书资源。

9.3.3 点描法地图

点描法地图(Dot Map，又称点分布地图——Dot Distribution Map、点密度地图——Dot Density Map)是一种通过在地理背景上绘制相同大小的点来表示数据在地理空间上分布的方法。点数据描述的对象是地理空间中离散的点，具有经度和纬度的坐标，但是不具备大小的信息，如某区域内的餐馆、公司分布等。点描法地图一般有两种类型。

(1) 一对一，即一个点只代表一个数据或者对象，因为点的位置对应只有一个数据，所以必须保证点位于正确的空间地理位置。

(2) 一对多，即一个点代表的是一个特殊的单元，这个时候需要注意不能将点理解为实际的位置，这里的点代表聚合数据，往往是任意放置在地图上的。

点描法地图是观察对象在地理空间上分布情况的理想方法。借助点描法地图，可以很方便地掌握数据的总体分布情况，但是当需要观察单个具体的数据时，它是不太适合的。对于多数据系列的点描法地图可以使用不同形状表示不同类型的数据点。

点描法地图就是散点图与地图的图层叠加，关键在于将散点的位置(x,y)变成经纬坐标(long,lat)，使用plotnine包中的geom_map()函数先绘制地图的图层，再使用geom_point()函数绘制散点，最后使用geom_text()添加文本内容。有时候也可以使用geom_label()函数将散点用文本框表示。

例9.11 已知国家地图数据集Shapefile文件，包括Virtual_Map1.shp，Virtual_Map1.shx，Virtual_Map1.dbf。其中，Virtual_Map1.shp与Virtual_Map1.dbf中包含国家名称及经纬度信息等属性，其部分数据如图9-7和图9-8所示；Virtual_Map1.shx中包括国家的几何特征。城市信息数据集Virtual_city.csv中包含城市名称、经纬度及其所属国家等信息，部分数据如图9-9所示。根据以上信息，以点描法绘制地图将数据进行可视化。

```
   SP_ID country                                           geometry
0      1   PETER  POLYGON ((109.37588 38.89535, 109.33380 38.953...
1      2    JACK  POLYGON ((111.90042 45.52326, 111.90042 45.000...
2      3   EELIN  POLYGON ((115.43478 48.02326, 115.22440 47.500...
3      4     JAY  POLYGON ((121.15708 50.52326, 120.94670 50.174...
4      5    JOHN  POLYGON ((121.11501 50.98837, 120.73633 51.162...
5      6     RON  POLYGON ((124.81767 48.25581, 124.64937 48.430...
6      7   PETER  POLYGON ((130.16129 54.06977, 130.24544 54.011...
```

图9-7 Virtual_Map1.shp数据集部分数据

SP_ID	country
1	PETER
2	JACK
3	EELIN
4	JAY
5	JOHN
6	RON

图 9-8 Virtual_Map1. dbf 数据集部分数据

1	lat	long	group	country	orange	apple	banana	watermelon	city
2	39	115	1	PETER	6.44	2	4	6	peter
3	46	109	2	JACK	2.94	4	6	4	jack
4	52	112	3	EELIN	4.22	8	2	6	eelin
5	49.95890136	118.1007883	4	JAY	2.78	3	10	4	jay
6	52.74031008	120.5577373	5	JOHN	9.86	7	6	5	john
7	55	125	6	RON	7.77	3	6	5	ron
8	44.2735934	126.8631362	7	KRIS	1.55	2	3	7	kris

图 9-9 Virtual_city. csv 数据集部分数据

```
1:  import geopandas as gpd
2:  import pandas as pd
3:  from plotnine import *
4:  df_map = gpd.GeoDataFrame.from_file('Virtual_Map1.shp')
5:  df_city = pd.read.csv('Virtual_city.csv')
6:  df = pd.merge(right = df_map, left = df_city, how = 'right', on = 'country')
7:  df = gpd.GeoDataFrame(df)
标准点描法地图
8:  base_plot = (ggplot(df) + geom_map(fill = 'white', color = 'gray') +
geom_point(aes(x = 'long', y = 'lat'), shape = 'o', colour = 'black', size = 6, fill = 'r') +
geom_text(aes(x = 'long', y = 'lat', label = 'city'), colour = 'black', size = 10, nudge_y = -1.
5) +
scale_fill_cmap(name = 'RdYIBu_r'))
9:  print(base_plot)
标签型点描法地图
10:  base_plot = (ggplot(df) + geom_map(fill = 'white', color = 'gray') +
geom_label(aes(x = 'long', y = 'lat', label = 'city'), colour = 'black', size = 10, fill = 'orange')
+
scale_fill_cmap(name = 'RdYIBu_r'))
11:  print(base_plot)
```

【例题解析】

为了在国家地图中清晰标记出各个城市的地理位置，首先需要将国家和城市信息的数据集进行合并，因此第 4 行和第 5 行分别导入数据集 Virtual_Map1. shp 和 Virtual_city. csv，其中这里所说的 Virtual_Map1. shp 是由 GeoPandas 调用内部包将 Virtual_Map1. shp，Virtual_Map1. shx，Virtual_Map1. dbf 三个文件封装后得到的国家地理信息的 SHP 文件。第 6 行通过 merge( ) 函数将两个数据集合并，并存放在一个 GeoDataFrame 中(第 7 行)。

点描法地图的展现形式有两种，分别是标准点描法地图和标签型点描法地图。其中，标准点描法地图的城市位置用散点表示，城市名称显示在散点正下方。第 8 行是绘制标准点描法地图的方法，将散点的位置(x,y)变成经纬坐标(long,lat)后，使用 geom_point()函数绘制散点，然后使用 geom_text()添加文本内容，利用 scale_fill_cmap()指定散点的颜色。第 9 行显示图形。

标签型点描法地图将城市位置直接用文本框表示，城市名称显示在文本框内。第 10 行是绘制标签型点描法地图的方法，使用 geom_label()将散点用文本框表示，并指定其大小和颜色，利用 scale_fill_cmap()为散点指定颜色。第 11 行显示图形。

从运行结果中可以看出，无论是标准点描法地图还是标签型点描法地图，都清晰地展示出了各个国家中的城市位置分布情况，为掌握数据的总体分布情况提供帮助。

【运行结果】

运行结果见随书资源。

9.3.4 带气泡的地图

带气泡的地图(Bubble Map)，其实就是气泡图和地图的结合，根据数据(lat，long，value)在地图上绘制气泡。位置信息(lat，long)对应到地图的具体地理位置，数据的大小(Value)映射到气泡面积大小，有时候还存在第四维类别变量(Catergory)，可以使用颜色区分数据系列。带气泡的地图比分级统计地图更适合用于比较带有地理信息的数据的大小，但是当地图上的气泡过多、过大时，气泡间会相互遮盖而影响数据展示，所以在绘制时需要考虑设置气泡的透明度。带气泡的地图与点描法地图类似，只是在它的基础上添加了新的变量，并将此映射到散点的大小或者颜色。

例 9.12 以例 9.11 中的数据为例，利用 Virtual_city. csv 数据集中橙子的价格列，将各个城市橙子的价格高低用带气泡的地图展示。

```
  1:  import geopandas as gpd
  2:  import pandas as pd
  3:  from plotnine import *
  4:  df_map = gpd.GeoDataFrame.from_file('Virtual_Map1.shp')
  5:  df_city = pd.read.csv('Virtual_city.csv')
  6:  df = pd.merge(right = df_map, left = df_city, how = 'right', on = 'country')
  7:  df = gpd.GeoDataFrame(df)
(1) 数值映射到单个视觉通道(气泡大小)
  8:  base_plot = (ggplot(df) + geom_map(fill = 'white', color = 'gray') +
            geom_point(aes(x = 'long', y = 'lat', size = 'orange'), shape = 'o', colour = 'black',
size = 6, fill = '#EF5439') +
            geom_text(aes(x = 'long', y = 'lat', label = 'city'), colour = 'black', size = 10,
nudge_y = -1.5) +
            scale_size(range = (2.9), name = 'price'))
```

```
 9:  print(base_plot)
(2) 数值映射到两个视觉通道(气泡大小和颜色)
10:  base_plot = (ggplot(df) + geom_map(fill = 'white',color = 'gray') +
            geom_point(aes(x = 'long',y = 'lat',size = 'orange',fill = 'orange'),shape = 'o',
colour = 'black) +
            geom_text(aes(x = 'long',y = 'lat',label = 'city'),colour = 'black',size = 10,
nudge_y = -1.5) +
            scale_fill_cmap(name = 'YIOrRd') +
            scale_size(range = (2,9),name = 'price'))
11:  print(base_plot)
```

【例题解析】

上述代码利用 GeoPandas 绘制带气泡的地图。

绘制带气泡的地图与绘制点描法地图一致,首先需要将国家和城市信息的数据集进行合并。第 4 行和第 5 行分别导入数据集 Virtual_Map1.shp 和 Virtual_city.csv;第 6 行和第 7 行将两个数据集合并,并存放在一个 GeoDataFrame 中。

绘制带气泡的地图常用的方法主要有两种:将数值映射到单个视觉通道和将数据映射到两个视觉通道。其中,将数据映射到单个视觉通道是指通过气泡大小体现数据之间的差异,如图 9-14(a)所示;将数值映射到两个视觉通道,是指用气泡大小和颜色体现数据之间的差异,如图 9-14(b)所示。

第 8 行是绘制数值映射到单个视觉通道的带气泡的地图,通过气泡的从小到大来反映橙子价格的由低至高。其绘制方法是:将气泡的位置(x,y)变成经纬坐标(long,lat)后,使用 geom_point()函数绘制气泡,气泡的大小由 orange 列控制;然后使用 geom_text()添加文本内容,使用 scale_size()控制气泡大小的范围,本例中将气泡的大小控制在 2~9。第 9 行显示图形。

第 10 行是绘制数值映射到两个视觉通道的带气泡的地图,通过气泡颜色区分不同的城市,气泡大小反映橙子价格的高低。其基本绘制方法是:将气泡的位置(x,y)变成经纬坐标(long,lat)后,使用 geom_point()函数绘制气泡,然后使用 geom_text()添加文本内容,利用 scale_fill_cmap()控制气泡颜色,scale_size()控制气泡大小。第 11 行显示图形。

一般情况下,数值映射到两个视觉通道比数值映射到单个视觉通道图表的清晰表达程度更好。从运行结果中可以看出,城市 kris 的橙子价格最低,城市 john 的橙子价格最高。很明显,优化后图表的清晰表达程度更好。

【运行结果】

运行结果见随书资源。

小结

本章主要介绍了三种数据类型(网络图、文本数据、地理数据)的可视化方法。

对于文本可视化，本章主要是针对中文文本的可视化。介绍了 jieba 分词的三种分词模式以及自定义词典。此外，还介绍了绘制词云图的5个步骤。通过词云图，展示数据中的主要信息。

对于网络图而言，推荐使用 Python 中的第三方库 NetworkX 绘制，它支持创建无向图、有向图、有多重边无向图和有多重边有向图。对于每种类型的图形，都可以利用相关操作函数，为其添加结点和边，有必要时还可以删除指定的结点和边以及计算结点和边的数量。

对于地理可视化，常用于地理信息系统，是数据分析经常用到的功能之一。Python 有许多第三方库支持地图可视化功能，如 GeoPandas、Basemap 等，本章主要通过讲解 GeoPandas、Basemap 的基本用法，以及分级统计地图、点描法地图和带气泡地图的绘制方法来介绍地理空间可视化。

习题

请从以下各题中选出正确答案(正确答案可能不止一个)。

1. 以下哪条语句可以实现在 NetworkX 中为网络图添加结点 a?(　　)

   A. G.add_node(a)　　B. G.add_node('a')

   C. G.remove_node('a')　　D. G.remove_node('a')

2. 使用 NetworkX 绘制网络图时，网络图类型与函数相对应的是(　　)。

   A. 无多重边无向图→G=nx.Graph()

   B. 无多重边有向图→G=nx.DiGraph()

   C. 有多重边无向图→G=nx.MultiGraph()

   D. 有多重边有向图→G=nx.MultiDigraph()

3. 利用 NetworkX 绘制如图 9-10 所示的道路网络图，并找出最短加权路径，应使用下列哪个语句?(　　)

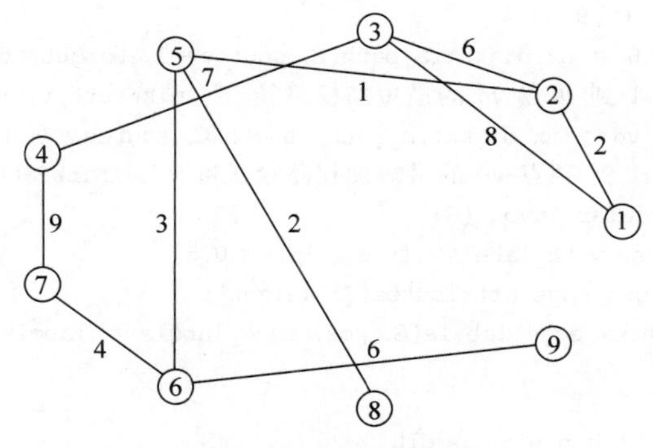

图 9-10　道路网络图

A.
```
import matplotlib.pyplot as plt
import networkx as nx
G = nx.Graph()
```

```
G.add_weighted_edges_from([(1,2,2),(1,3,8),(2,3,6),(2,5,1),(3,4,7),(4,7,9),(5,
6,3),(5,8,2),(6,7,4),(6,9,6)])
minWPath_v1_v6 = nx.dijkstra_path(G, source = 1, target = 6)
print("顶点 v1 到 顶点 v6 的最短加权路径: ", minWPath_v1_v6)
lMinWPath_v1_v6 = nx.dijkstra_path_length(G, source = 1, target = 6)
print("顶点 v1 到 顶点 v6 的最短加权路径长度: ", lMinWPath_v1_v6)
pos = nx.circular_layout(G)
nx.draw(G, pos, with_labels = True, alpha = 0.5)
labels = nx.get_edge_attributes(G,'weight')
nx.draw_networkx_edge_labels(G, pos, edge_labels = labels)
plt.show()
```

B.
```
import matplotlib.pyplot as plt
import networkx as nx
G = nx.DiGraph()
G.add_weighted_edges_from([(1,2,2),(1,3,8),(2,3,6),(2,5,1),(3,4,7),(4,7,9),(5,
6,3),(5,8,2),(6,7,4),(6,9,6)])
minWPath_v1_v6 = nx.dijkstra_path(G, source = 1, target = 6)
print("顶点 v1 到 顶点 v6 的最短加权路径: ", minWPath_v1_v6)
lMinWPath_v1_v6 = nx.dijkstra_path_length(G, source = 1, target = 6)
print("顶点 v1 到 顶点 v6 的最短加权路径长度: ", lMinWPath_v1_v6)
pos = nx.circular_layout(G)
nx.draw(G, pos, with_labels = True, alpha = 0.5)
labels = nx.get_edge_attributes(G,'weight')
nx.draw_networkx_edge_labels(G, pos, edge_labels = labels)
plt.show()
```

C.
```
import matplotlib.pyplot as plt
import networkx as nx
G = nx.Graph()
G.add_edges_from([(1,2,2),(1,3,8),(2,3,6),(2,5,1),(3,4,7),(4,7,9),(5,6,3),(5,
8,2),(6,7,4),(6,9,6)])
minWPath_v1_v6 = nx.dijkstra_path(G, source = 1, target = 6)
print("顶点 v1 到 顶点 v6 的最短加权路径: ", minWPath_v1_v6)
lMinWPath_v1_v6 = nx.dijkstra_path_length(G, source = 1, target = 6)
print("顶点 v1 到 顶点 v6 的最短加权路径长度: ", lMinWPath_v1_v6)
pos = nx.circular_layout(G)
nx.draw(G, pos, with_labels = True, alpha = 0.5)
labels = nx.get_edge_attributes(G,'weight')
nx.draw_networkx_edge_labels(G, pos, edge_labels = labels)
plt.show()
```

D.
```
import matplotlib.pyplot as plt
import networkx as nx
G = nx.Graph()
G.add_weighted_edges_from([(1,2,2),(1,3,8),(2,3,6),(2,5,1),(3,4,7),(4,7,9),(5,
6,3),(5,8,2),(6,7,4),(6,9,6)])
minWPath_v1_v6 = nx.dijkstra_path(G, source = 1, target = 6)
```

```
print("顶点 v1 到 顶点 v6 的最短加权路径：", minWPath_v1_v6)
lMinWPath_v1_v6 = nx.dijkstra_path_length(G, source = 1, target = 6)
print("顶点 v1 到 顶点 v6 的最短加权路径长度：", lMinWPath_v1_v6)
pos = nx.circular_layout(G)
nx.draw(G, pos, with_labels = True, alpha = 0.5)
labels = nx.get_edge_attributes(G,'weight')
nx.draw_networkx_labels(G, pos, edge_labels = labels)
plt.show()
```

4. 如下代码的运行结果是(　　)。

```
import jieba
text = "工业互联网实施的方式是通过通信、控制和计算技术的交叉应用,建造一个信息物理系统,促进物理系统和数字系统的融合。"
seg = jieba.cut(text,cut_all = False)
print(''.join(seg))
```

A. 工业 互联 互联网 联网 实施 的 方式 是 通过 通信 、控制 和 计算 计算技术 技术 的 交叉 应用 ，建造 一个 信息 物理 物理系 系统 ，促进 物理 物理系 系统 统和 数字 系统 的 融合 。

B. 工业 互联网 实施 的 方式 是 通过 通信 、控制 和 计算技术 的 交叉 应用 ，建造 一个 信息 物理 系统 ，促进 物理 系统 和 数字 系统 的 融合 。

C. 工业/互联网/实施/的/方式/是/通过/通信/、/控制/和/计算技术/的/交叉/应用/，/建造/一个/信息/物理/系统/，/促进/物理/系统/和/数字/系统/的/融合/。

D. 工业/互联/互联网/联网/实施/的/方式/是/通过/通信/、/控制/和/计算/计算技术/技术/的/交叉/应用/，/建造/一个/信息/物理/物理系/系统/，/促进/物理/物理系/系统/统和/数字/系统/的/融合/。

5. 下列选项中,用于控制 jieba.cut()分词模式的是(　　)。

A. data　　B. HMM　　C. is_all　　D. cut_all

6. Python 要创建自定义词典,可以使用语句(　　)。

A. jieba.load_userdict(file_name)　　B. jieba.cut_for_search(file_name)
C. jieba.lcut_for_search(file_name)　　D. jieba.cut(file_name)

7. 下列选项中,关于词云图说法错误的是(　　)。

A. 词云图可以控制词语的位置、大小、字体等
B. 词语出现的频率越高,在词云中的字体越大
C. 生成词云图可以使用 Python 中的词云生成器 WordClouds
D. 使用 WordCloud 制作词云图,默认绘制矩形图形

8. 安装 GeoPandas 的最简便的语句是(　　)。

A. pip install geopandas
B. conda install --channel conda-forge geopandas
C. conda install geopandas
D. conda uninstall geopandas

9. 下列有关常用库/包的说法错误的是(　　)。

A. jieba 分词库,其功能包括支持三种分词模式(精确模式、全模式、搜索引擎模式),支持繁体分词,支持自定义词典等

B. WordCloud 库 ,是优秀的词云展示第三方库,以词语为基本单位,通过图形可视化的方式,更加直观和艺术地展示文本

C. GeoPandas 的安装和使用非常简单,直接使用 pip install geopandas 或 conda install geopandas 即可

D. Basemap 是 Matplotlib 的一个子包,负责地图绘制

10. 下列关于地理空间可视化说法错误的是(　　)。

A. GeoPandas 包自带世界地图的数据信息,可以使用 read_file()函数导入数据,然后使用 plotnine 包的 geom_map()函数绘制世界地图

B. 用户利用下载的地理信息数据编制地图,应当严格执行《地图管理条例》有关规定;编制的地图如需向社会公开,还应当按规定履行地图审核程序

C. 带气泡的地图比分级统计地图更适合用于比较带有地理信息的数据的大小,但是当地图上的气泡过多、过大时,气泡间会相互遮盖而影响数据展示,所以在绘制时需要考虑设置气泡的透明度

D. 一般情况下,数值映射到单个视觉通道比数值映射到两个视觉通道图表的清晰表达程度更好

参考文献

[1] 阿斯顿·张,李沐,扎卡里·C.立顿,等.动手学深度学习[M].北京：人民邮电出版社,2019.

[2] 阿曼多·凡丹戈.Python数据分析[M].韩波,译.2版.北京：人民邮电出版社,2018.

[3] 陈封能,斯坦巴克,库马尔,等.数据挖掘导论[M].范明,范宏建,等译.北京：人民邮电出版社,2011.

[4] 段小手.深入浅出Python机器学习[M].北京：清华大学出版社,2018.

[5] 郭清溥,张功富.大数据基础[M].北京：电子工业出版社,2020.

[6] 韩家炜,坎伯.数据挖掘概念与技术[M].范明,孟小峰,译.3版.北京：机械工业出版社,2012.

[7] 黑马程序员.Python数据分析与应用：从数据获取到可视化[M].北京：中国铁道出版社,2019.

[8] 洪安祥,陈刚,吴炯锋,等.基于分形编码的图像相似匹配研究[J].电子学报,2002(05)：624-627.

[9] 黄红梅,张良均,等.Python数据分析与应用[M].北京：人民邮电出版社,2018.

[10] 贾俊平,何晓群,金勇进.统计学[M].7版.北京：中国人民大学出版社,2018.

[11] 克林顿·布朗利.Python数据分析基础[M].陈光欣,译.北京：人民邮电出版社,2017.

[12] 刘大成.Python数据可视化之Matplotlib实战[M].北京：中国工信出版社,2018.

[13] 卢西亚诺·拉马略.流畅的Python[M].安道,吴珂,译.北京：人民邮电出版社,2017.

[14] 鲁特兹.Python学习手册[M].李军,刘红伟,等译.4版.北京：机械工业出版社,2011.

[15] 罗攀.从零开始学Python数据分析[M].北京：机械工业出版社,2018.

[16] 米尔顿.深入浅出数据分析[M].李芳,译.北京：电子工业出版社,2010.

[17] 邱锡鹏.神经网络与深度学习[M].北京：机械工业出版社,2020.

[18] 阮敬.Python数据分析基础[M].北京：中国统计出版社,2018.

[19] 石胜飞.大数据分析与挖掘[M].北京：人民邮电出版社,2018.

[20] 唐松,陈智铨.Python网络爬虫从入门到实践[M].北京：机械工业出版社,2017.

[21] 王珊,萨师煊.数据库系统概论[M].北京：高等教育出版社,2014.

[22] 韦斯·麦金尼.利用Python进行数据分析[M].徐敬一,译.北京：机械工业出版社,2018.

[23] 吴长顺.营销学[M].北京：经济管理出版社,2001.

[24] 谢金星,邢文训,王振波.网络优化[M].北京：清华大学出版社,2000.

[25] 伊恩·古德费洛,约书亚·本吉奥,亚伦·库维尔.深度学习[M].赵申剑,黎彧君,符天凡,等译.北京：人民邮电出版社,2017.

[26] 伊凡·伊德里斯.Python数据分析基础教程NumPy学习指南[M].张驭宇,译.2版.北京：人民邮电出版社,2014.

[27] 伊戈尔.米洛瓦诺维奇,等.Python数据可视化编程实战[M].颛清山,译.北京：人民邮电出版社,2018.

[28] 余本国.Python数据分析基础[M].北京：清华大学出版社,2017.

[29] 余本国.基于Python的大数据分析基础及实战[M].北京：中国水利水电出版社,2018.

[30] 翟纯红,郝家龙.会计基础[M].北京：中国时代经济出版社,2014.

[31] 张杰.Python数据可视化之美：专业图表绘制指南[M].北京：电子工业出版社,2020.

[32] 张俊红.对比Excel,轻松学习Python数据分析[M].北京：电子工业出版社,2019.

[33] 张良均,王路,等.Python数据分析与挖掘实战[M].北京：机械工业出版社,2020.

[34] 张文霖,刘夏璐,狄松.谁说菜鸟不会数据分析[M].北京：电子工业出版社,2013.

[35] 周志华.机器学习[M].北京：清华大学出版社,2016.

图书资源支持

感谢您一直以来对清华版图书的支持和爱护。为了配合本书的使用，本书提供配套的资源，有需求的读者请扫描下方的“书圈”微信公众号二维码，在图书专区下载，也可以拨打电话或发送电子邮件咨询。

如果您在使用本书的过程中遇到了什么问题，或者有相关图书出版计划，也请您发邮件告诉我们，以便我们更好地为您服务。

我们的联系方式：

地　　址：北京市海淀区双清路学研大厦 A 座 714

邮　　编：100084

电　　话：010-83470236　010-83470237

客服邮箱：2301891038@qq.com

QQ：2301891038（请写明您的单位和姓名）

资源下载：关注公众号“书圈”下载配套资源。

资源下载、样书申请

书圈

图书案例

清华计算机学堂

观看课程直播